创新型计算机“十三五”规划教材

大学信息技术

（Windows 7+Office 2010）

主编　高　煜　安有国

上海交通大学出版社
SHANGHAI JIAO TONG UNIVERSITY PRESS

内容提要

本书分 8 章，内容包括信息与计算机技术概述、Windows 7 操作系统、文字处理软件 Word 2010、电子表格处理软件 Excel 2010、演示文稿制作软件 PowerPoint 2010、计算机网络与因特网、VBA 程序设计基础、数据库基础等。

本书可作为高等院校，中、高等职业技术院校，以及各类计算机教育培训机构的专用教材，也可供广大初、中级电脑爱好者自学使用。

图书在版编目（CIP）数据

大学信息技术 : Windows 7+Office 2010 / 高煜，安有国主编. -- 上海 : 上海交通大学出版社，2019
ISBN 978-7-313-21717-2

Ⅰ. ①大… Ⅱ. ①高… ②安… Ⅲ. ①Windows 操作系统－高等学校－教材②办公自动化－应用软件－高等学校－教材 Ⅳ. ①TP316.7②TP317.1

中国版本图书馆 CIP 数据核字(2019)第 170205 号

大学信息技术（Windows 7+Office 2010）

主　　编：高　煜　安有国
出版发行：上海交通大学出版社　　地　　址：上海市番禺路 951 号
邮政编码：200030　　电　　话：021-64071208
印　　制：北京京华铭诚工贸有限公司　　经　　销：全国新华书店
开　　本：787mm×1092mm　1/16　　印　　张：15.75　　字　　数：299 千字
版　　次：2019 年 8 月第 1 版　　印　　次：2019 年 8 月第 1 次印刷
书　　号：ISBN　978-7-313-21717-2/TP
定　　价：46.00 元

前言

PREFACE

随着信息技术的飞速发展，计算机已经渗透到人们生产、生活的各个领域，正迅速改变着人们的工作、学习和生活方式。熟练地操作计算机、掌握计算机的基础知识和应用技术已成为当代大学生必须具备的基本技能，也是学生争取优秀工作岗位的重要前提。

基于此，我们结合目前信息与计算机技术的发展状况，以及国家关于大学计算机基础教学的最新指示文件精神，编写了这本书。

本书特色

- **理实一体，易教易学：**本书注重讲、学、练相结合，循序渐进，逐步深入，精讲知识点，强化实践。在讲解知识点时，力求做到概念准确、语言精练、通俗易懂。这样，既便于教师教，又便于学生学。
- **内容丰富，安排合理：**本书根据高等院校关于计算机基础教学的课程目标精心设置内容，主要包括信息与计算机技术概述、Windows 7 操作系统、文字处理软件 Word 2010、电子表格处理软件 Excel 2010、演示文稿制作软件 PowerPoint 2010、计算机网络与因特网、VBA 程序设计基础、数据库基础等内容。
- **实例众多，精彩实用：**书中各章都安排了大量的实例，这些实例都是针对当前所讲的知识点而设计，且具有很强的实用性。

本书作者团队

本书由高煜、安有国担任主编，赵爱军、宋义秋、闫珅担任副主编，刘斓波、魏亚楠、郝冬、毛亚娟、郭秋红、王小东参与了教材的编写。

由于编者水平有限，书中存在的不妥之处，恳请各位读者、朋友批评指正。

本书编委会

主　　编　高　煜　安有国

副 主 编　赵爱军　宋义秋　闫　珅

参　　编　刘斓波　魏亚楠　郝　冬

毛亚娟　郭秋红　王小东

目录
CONTENTS

第1章 信息与计算机技术概述

信息时代的来临，给人们的生活带来了前所未有的变化。信息的获取、分析、处理、发布和应用都离不开计算机技术。

本章将介绍信息与计算机技术知识，包括信息与信息技术、计算机的产生与发展、计算机的分类、计算机的应用领域、计算机系统的组成、计算机中信息的表示、多媒体技术、信息安全等。

1.1 信息与信息技术

1.1.1 信息概述

1. 数据与信息

数据（Data）是指存储在某种媒介上可以加以鉴别的符号集合。数据不仅包括数字、文字、字母和其他特殊字符，还包括图形、图像、动画、影像及声音等。

信息（Information）是对客观世界中各种事物的运动状态和变化的反映，是客观事物之间相互联系和相互作用的表征。

数据和信息这两个概念既有联系又有区别，数据是信息的表现形式和载体，信息是数据的表达，是数据的内涵。数据经过加工处理成为信息，而信息需要经过数字化转变成数据才能存储和传输。

2. 信息处理

随着社会的进步和发展，人们对信息的开发利用不断深入，信息量剧增，信息间的关联也日益复杂，因此对信息处理就显得越来越重要。而随着对大容量信息进行高速处理的计算机的出现，信息的有效处理也成为了可能。信息处理实质上就是由计算机进行数据处理的过程，即通过数据的采集和输入，有效地把数据组织到计算机中，再由计算机系统对数据进行存储、加工和输出等一系列操作。

在信息处理过程中，输入就是接收由输入设备提供的数据；处理就是对数据进行操作，按一定方式对它们进行转换和加工；输出就是在输出设备输出数据、显示处理结果；存储就是存储处理结果供以后使用。

3. 信息的特点

（1）社会性。信息一开始就直接联系于社会应用，只有经过人们加工、取舍、组合，并通过一定的形式表现出来，才真正具有使用价值。

（2）传递性。信息无论在空间上还是时间上都具有可传递性，信息在空间上的传递称为通信，在时间上的传递称为信息存储。信息需要传递，信息如果不传递，其存在就失去了意义。语言、表情、动作、报刊、书籍、广播、电视、电话、网络等都是人们常用的信息传递方式。

（3）共享性。信息具有共享性，信息必须通过共享才能体现其价值。

（4）普遍性。信息无处不在，无时不有。人们身边处处都有信息，交通的红绿灯，上课的铃声，每天看到的，听到的无不是信息。

（5）时效性。信息的时效性是指信息仅在一定时间段内有价值。例如，小王很想在北京找一份工作，而本月 17 号北京将举办一个大型招聘会，结果直到 18 号小王才知道这个信息，由此错过了一次获取工作的机会。

（6）可再生性。信息经过处理后，可以其他形式再生。例如，从人造卫星发回地球的照片，人们将各种颜色或气团所代表的内容转化为具体信息，由此获得天气状况、水土生态现状、环境质量情况等信息；输入计算机的各种数据，可用显示、打印、绘图等方式再生成信息。

（7）可压缩性。信息可以被压缩，可以用不同的信息量来描述同一事物。人们常常用尽可能少的信息量描述一件事物的主要特征。

1.1.2 信息技术概述

1. 什么是信息技术

信息技术（Information Technology，IT）是指信息的收集、识别、提取、处理、存储、传递、控制、检测、分析和利用的技术。

信息技术的核心包括传感器技术（收集信息）、通信技术（传递信息）、计算机技术（处理和分析信息）及微电子技术（控制信息）等。

2. 信息技术的发展

人类已经进入信息社会，信息社会离不开信息技术。迄今为止，人类社会已经经历了五次信息技术革命。

（1）第一次信息技术革命是语言的使用。语言的使用是人类从猿进化到人的重要标志。人类最初只能通过手势、表情、肢体动作、嗓音等形式来表达和传递信息，因此只能在人的听觉和视觉所能及的范围内传递信息。语言的产生是信息表达和交流手段的一次关键性革命，产生了信息获取、信息传递技术（但受时空的限制）。

（2）第二次信息技术革命是文字的使用。文字可以长期存储信息，跨时间、跨地域地传递信息，从而产生了信息存储技术。

（3）第三次信息技术革命是造纸术和印刷术的使用。造纸术和印刷术的发明，把信息的记录、存储、传递和使用扩大到更广阔的空间，使知识的积累和传播有了可靠的保证，是人类信息存储与传播手段的一次重要革命。

（4）第四次信息技术革命是电报、电话、广播、电视的发明和普及应用。1837 年，美国人莫尔斯研制了世界上第一台有线电报机，使信息可以实时传送。1876 年，贝尔发明了电话，实现了人类的远距离通话，信息传递技术有了更大的发展。广播、电视的出现与发展则打破了信息交流的时空界限，提高了信息传播效率，是信息存储和传播手段的又一次重要革命。

（5）第五次信息技术革命是计算机、网络等现代信息技术的综合使用。第五次信息技术革命始于 20 世纪 60 年代，是一次信息传播和信息处理手段的革命，对人类社会产生了空前的影响，使信息数字化成为可能，信息产业应运而生。

随着现代信息技术的发展，信息产业分支也形成多元化发展趋势。总的来说，信息技术在未来将有以下几个发展方向。

（1）半导体、微电子等信息材料技术。信息材料技术是指信息材料的研发与制造技术，如半导体集成电路、高温超导材料、光电元件、纳米材料、超导电子存储器件、海量超级信息存储器、智能芯片、生物芯片、生物传感器等材料和产品的研发与制造技术。

（2）计算机硬件和软件技术。计算机硬件和软件技术包括并行处理计算机、光学计算机、生物计算机、神经网络计算机、平板电脑、模块软件、自动翻译系统、人工仿真系统、计算机集成化制造系统等。

（3）通信技术。现代通信技术将向着网络化、数字化、宽带化方向发展。

（4）信息应用技术。信息应用技术主要有电视会议、远程教学系统、电子出版、电子银行、电子货币和电子商务等。

1.2 计算机概述

近年来，计算机技术一直在高速发展，功能不断扩充。如今，计算机已经走入了人们生活的每一个角落。信息时代，谁都离不开计算机。

1.2.1 计算机的产生与发展

世界上公认的第一台通用电子计算机“电子数字积分计算机”（Electronic Numerical Integrator And Computer，ENIAC），诞生于 1946 年 2 月的美国宾夕法尼亚大学，其外观如

图 1-1 所示。它采用电子管作为计算机的基本元器件，全机大约用了电子管 18 000 个、继电器 1 500 个、电容 10 000 个、电阻 70 000 个，占地 170 平方米，重 30 吨，每小时耗电 150 千瓦，每秒能进行 5 000 次加法运算。

图 1-1　第一台通用电子计算机“ENIAC”

按照计算机所用的逻辑元件（电子器件）划分，计算机经历了以下四个时代。

第一代（1946—1958 年）：电子管计算机。其主要特点是：硬件方面，采用电子管作为基本逻辑电路元件，主存储器采用水银延迟线存储器、磁鼓和磁芯等，外存储器则采用磁带；软件方面，只能使用机器语言和汇编语言；计算机体积庞大、运算速度慢、功耗大、可靠性差、价格昂贵；应用以科学计算为主。

第二代（1958—1964 年）：晶体管计算机。其主要特点是：硬件方面，采用晶体管作为基本逻辑电路元件，主存储器主要采用磁芯，外存储器开始采用磁盘；软件有了很大的发展，出现了各种各样的高级语言及其编译程序，还出现了以批处理为主的操作系统；计算机的体积大大缩小，耗电减少，重量减轻，可靠性提高，性能比第一代计算机有很大的提高；应用以科学计算和各种事务处理为主，并开始用于工业控制。

第三代（1964—1971 年）：中小规模集成电路计算机。其主要特点是：硬件方面，计算机的主要逻辑部件采用中小规模集成电路，主存储器开始采用半导体存储器；软件方面，对计算机程序设计语言进行了标准化，并提出了结构化程序设计思想；计算机的体积进一步减小，运算速度、运算精度、存储容量及可靠性等主要性能指标大为改善；计算机的应用领域和普及程度有了迅速发展。

第四代（1971 年至今）：大规模及超大规模集成电路计算机。其主要特点是：硬件方面，计算机的逻辑部件由大规模和超大规模集成电路组成，主存储器采用半导体存储器，计算机的外围设备多样化、系列化；软件方面，实现了软件固化技术，出现了面向对象的计算机程序设计思想，并广泛采用了数据库技术、计算机网络技术。

在第四代计算机发展过程中，最重要的成就之一表现在中央处理器的体积不断减小，集成度不断提高，运算速度越来越快，计算机逐渐向微型机方向发展，并逐渐走进办公室、学校及普通家庭。

1.2.2　计算机的特点

计算机作为一种智能化的高级工具，具有以下几个特点。

（1）运算速度快。目前计算机的最高运算速度已超过十亿亿次/秒，这使得在过去需要几年甚至几十年才能完成的任务，现在只需要几分钟即可完成，从而极大地提高了工作效率；随着科学的发展，计算机的运算速度还在不断提高。

（2）精度高。计算机的精度取决于机器的字长，字长越长，精度越高。不同型号的计算机字长不同，有 8 位、16 位、32 位、64 位等，目前较流行的计算机大多为 64 位字长。

（3）具有记忆能力和逻辑判断能力。计算机的记忆能力，指其对数据的存储能力；计算机还具有逻辑运算能力，能对信息进行识别、比较、判断等。

（4）自动化程度高。计算机内部的操作运算都是在程序的控制之下自动完成的，人们只需按照用户的要求编写正确的程序，计算机就可以按照程序的指令要求，自动完成指定的任务，在此过程中，不需要人们的干预。

1.2.3　计算机的分类

按照规模的大小和功能的强弱，可以将计算机分为巨型计算机、大型计算机、小型计算机和微型计算机等。

1. 巨型计算机

巨型计算机（简称巨型机）也称为超级计算机，它具有极高的性能和极大的规模，价格昂贵，主要用于航天、气象、地质勘探等尖端科技领域。巨型计算机的研发和生产是一个国家科技实力的体现，我国是世界上能生产巨型计算机的少数几个国家之一，成功研制了“银河”“曙光”“天河”“神威”等巨型计算机，其中“神威”巨型计算机如图 1-2 所示。

图 1-2　“神威”巨型计算机

2. 大型计算机

大型计算机（简称大型机）虽然在量级上不及巨型计算机，但也有很高的运算速度和很大的存储量，适用于政府部门或大型企业（如银行），主要用于复杂事务处理、海量信息管理、大型数据库管理和数据通信等。目前，生产大型机的厂商主要有美国的 IBM 公司和 DEC 公司，以及日本的富士通公司等。

3. 小型计算机

小型计算机（简称小型机）的规模比大型机小，但仍能支持十几个用户同时使用。这类计算机价格便宜，适用于中小型企事业单位。像 DEC 公司生产的 VAX 系列、IBM 公司生产的 AS/400 系列都是典型的小型机。

4. 微型计算机

微型计算机（简称微机）是当今使用最普遍的一类计算机，其特点是体积小、功耗低、功能多、性价比高。微机按结构和性能的不同，又可分为单片机、单板机、个人计算机（PC）、工作站和服务器等几种类型。其中，个人计算机包括台式计算机、笔记本电脑、一体机和平板电脑等类型，如图 1-3 所示。

图 1-3　微型计算机

1.2.4　计算机的应用领域

计算机问世之初，主要用于数值计算，“计算机”也因此得名。但随着计算机技术的迅猛发展，计算机的应用已渗透到社会的各个领域，正在改变着人们的工作、学习和生活方式，推动着社会的发展。归纳起来，计算机的应用领域主要有以下几个方面。

1. 科学运算

科学运算是计算机最早、最成熟的应用领域。利用计算机可以方便地实现数值计算，从而代替人工计算。计算机不仅具有强大的信息存储能力，而且具有非常高的计算速度和精度，因而使得人们能既快速又准确地完成各类复杂的运算，从而大大提高了工作效率。例如，气象预报需要求解描述大气运动规律的微分方程，发射导弹需要求解导弹弹道曲线方程，都要通过计算机高速而精确的计算才能完成。

2. 自动控制

自动控制是指通过计算机对某一过程进行自动操作，它不需人工干预，能按照设定的目标和状态进行过程控制。所谓过程控制是指对操作数据进行实时采集、检测、处理和判断，按最佳值进行调节的过程。

目前，自动控制广泛用于操作复杂的钢铁、石油化工、医药等行业的生产中。使用计算机进行自动控制可大大提高控制的实时性和准确性，提高生产效率和产品质量，降低成本，缩短生产周期。

计算机自动控制还在国防和航空航天领域中起决定性作用。例如，无人驾驶飞机、导弹、人造卫星和宇宙飞船等飞行器的控制，都是靠计算机实现的。可以说计算机是现代国防和航空航天领域的神经中枢。

3. 信息处理

信息处理指非科学、工程方面的所有计算和管理，以及任何形式的数据资料的处理。例如，企业的生产管理、财务管理、仓库管理，学校的学生成绩管理、学籍管理、试题库管理，奥运会上的成绩统计、新闻采集与发布等。图 1-4 所示为某企业的信息管理系统。

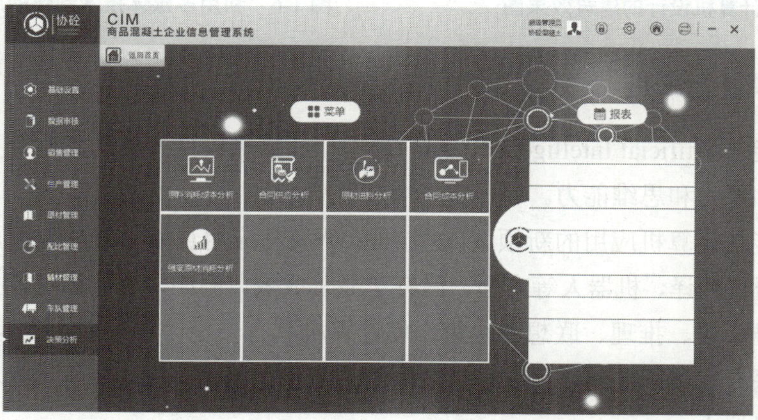

图 1-4　某企业的信息管理系统

4. 计算机辅助系统

计算机在计算机辅助设计（Computer Aided Design，CAD）、计算机辅助制造（Computer Aided Manufacturing，CAM）和计算机辅助教学（Computer Aided Instruction，CAI）等方面发挥着越来越大的作用。例如，奥运场馆的设计、京沪高速铁路的效果图设计、纺织品花色设计、服装设计、三维动画设计，以及模具设计、电路设计等，都能较好地利用计算机提高设计速度、缩短设计周期、保证设计质量，从而更好地节省人力、物力、财力，进一步解放生产力。图 1-5 为利用计算机设计的建筑效果图。

5. 多媒体应用

随着电子技术特别是通信和计算机技术的发展，人们已经有能力把文本、音频、视频、动画、图形和图像等各种信息形式综合起来，构成一种全新的信息形式——多媒体（Multimedia）。近些年来，多媒体技术广泛应用于医疗、教育、商业、军事、出版等领域。图 1-6 为某款香水的多媒体视频截图。

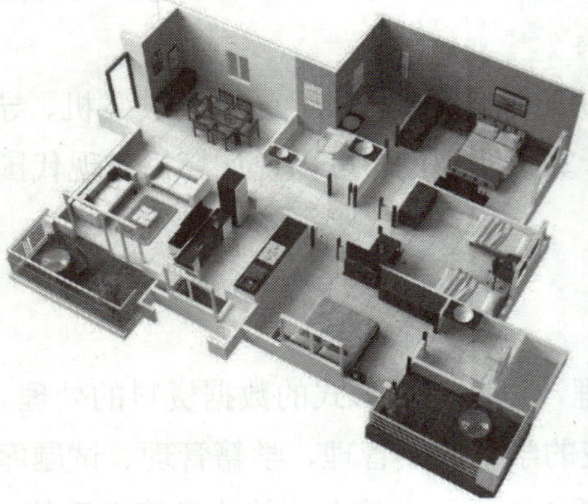

图 1-5　利用计算机设计的建筑效果图

图 1-6　利用多媒体技术制作的广告

6. 人工智能应用

人工智能（Artificial Intelligence，AI）是指让计算机模拟人类的某些智力行为，使其具有人的感知能力和思维能力。

人工智能是计算机应用的新领域，这方面的研究和应用正处于发展阶段，在医疗诊断、定理证明、语言翻译、机器人等方面，已有了显著成效。例如，用计算机模拟人脑的部分功能进行思维学习、推理、联想和决策，使计算机具有一定“思维能力”。我国已成功开发了一些中医专家诊断系统，可以模拟名医给患者诊病开方。图 1-7 所示为利用人工智能技术研制的机器人。

7. 网络应用

随着因特网的普及，利用计算机实现远距离通信和信息处理已经越来越方便。例如，QQ 聊天、电子邮件、音乐下载、电子政务、网上购物、网上银行、网络搜索等应用，推动着信息社会更快地发展。图 1-8 所示为某一购物网站。

图 1-7 利用人工智能制作的机器人

图 1-8 购物网站

1.3 计算机系统的组成

一个完整的计算机系统由硬件系统和软件系统两大部分组成。硬件是计算机的躯体，软件是计算机的灵魂，二者缺一不可。

1.3.1 冯・诺依曼结构

1946 年，美籍匈牙利数学家约翰・冯・诺依曼（John von Neumann）提出了存储程序计算机的设计思想，奠定了现代计算机的结构基础。半个多世纪以来，尽管计算机体系结构发生了重大变化，性能不断提高，但从本质上讲，存储程序控制仍是现代计算机的结构基础，因此统称为冯・诺依曼型计算机。

冯・诺依曼型计算机的基本工作原理可概括为“存储程序”和“控制程序”。在物理结构上，计算机由运算器、控制器、存储器、输入设备和输出设备 5 个部分组成，如图 1-9 所示。

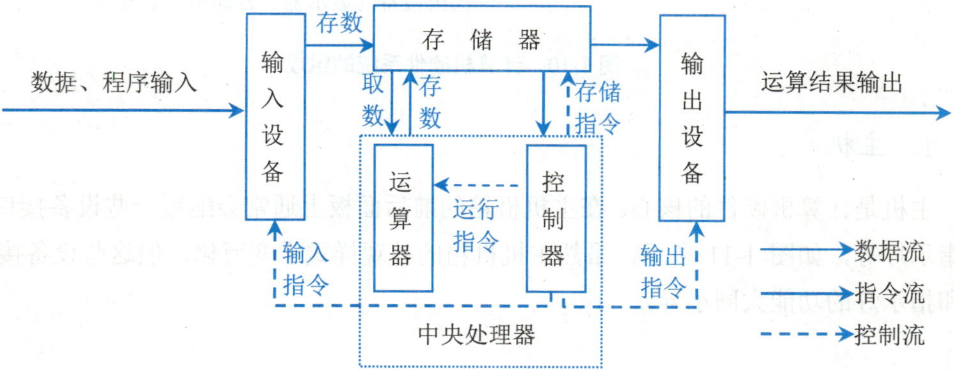

图 1-9 冯・诺依曼结构计算机硬件体系

（1）运算器是进行算术运算、逻辑运算的部件。运算器中的一个运算单元能进行一位二进制数运算，运算单元的个数表示运算器的位数（即计算机的字长），现代计算机一般使用 16 位、32 位或 64 位运算器。

（2）控制器是计算机的控制中心，向其他部件发出控制信号，指挥所有部件协调工作。如今的大规模集成电路技术已将控制器和运算器集成在一块芯片中，这块芯片称为中央处理器（Central Processing Unit，CPU）。

（3）存储器是用来存放程序和数据的，分为内存（如 RAM，ROM）和外存（如硬盘、光盘、U 盘等）。

（4）输入设备（如键盘、鼠标、话筒、扫描仪等）用于输入程序或数据。

（5）输出设备（如显示器、打印机、音箱等）用于输出结果。有的设备（外存储器、触摸屏）可能兼有输入和输出的功能，这样的设备称为输入/输出设备（Input/Output devices，I/O 设备）。

1.3.2　计算机硬件系统的组成

计算机硬件系统是指在计算机系统中看得见、摸得着的物理装置，其组成如图 1-10 所示。

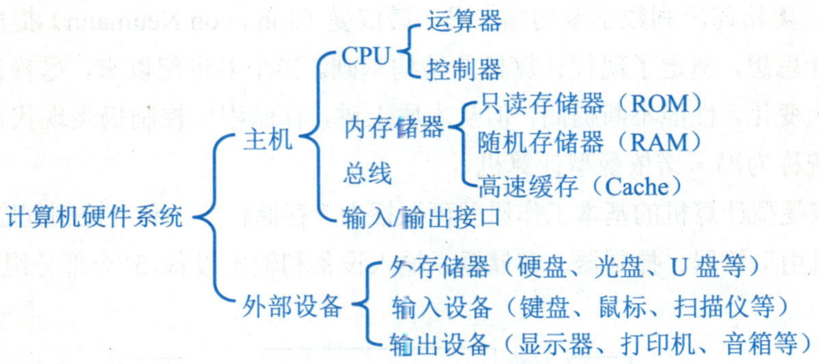

图 1-10　计算机硬件系统的组成

1．主机

主机是计算机硬件的核心。在主机机箱的前后面板上通常会配置一些设备接口、按钮和指示灯等，如图 1-11 所示。虽然主机机箱的外观样式千变万化，但这些设备接口、按钮和指示灯的功能大同小异。

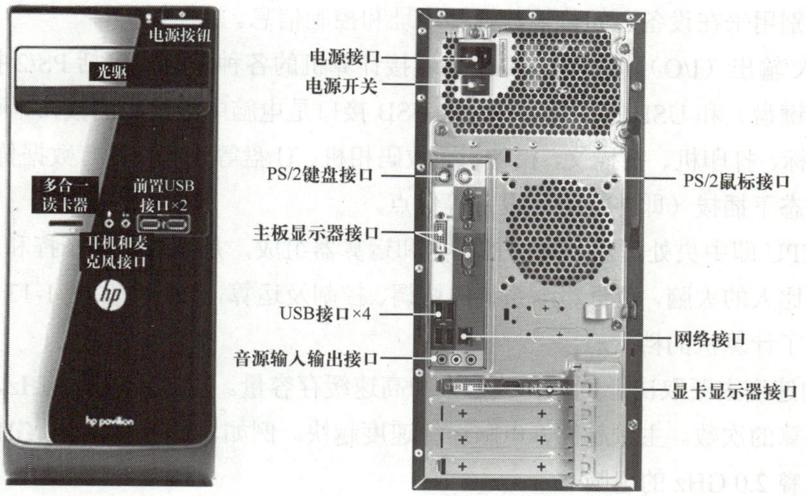

图 1-11　主机机箱前后面板

在主机机箱中还安装着微型计算机的大部分重要硬件设备，如主板、CPU、内存储器、各种板卡、电源及各种连线等。

（1）主板又称母板，它是一块印刷电路板，是计算机中其他组件的载体，在各组件中起着协调工作的作用，如图 1-12 所示。主板主要由 CPU 插槽、总线及总线扩展槽（如内存插槽和 PCI 扩展槽）、输入/输出（I/O）接口、缓存、电池及各种集成电路等组成。

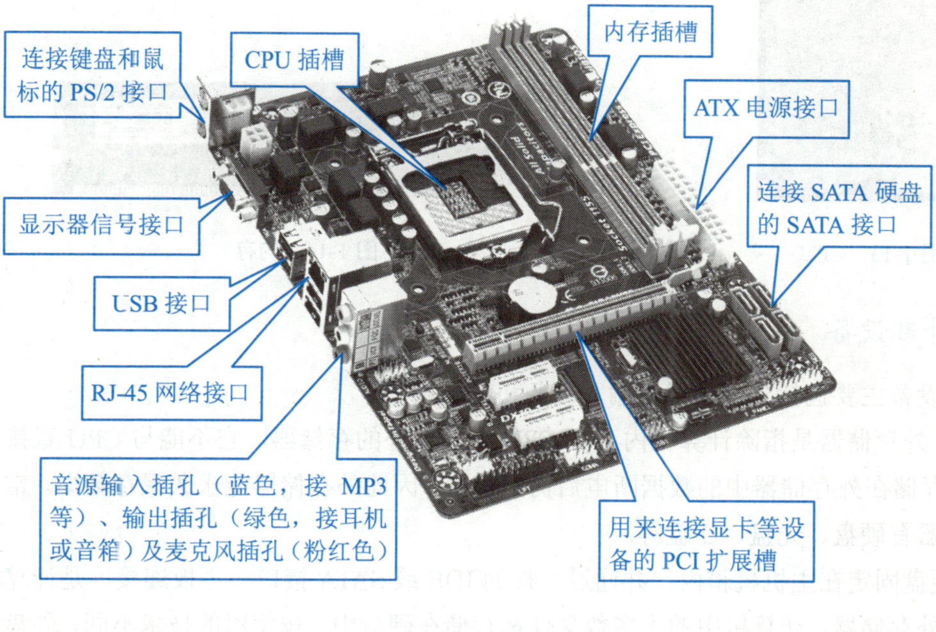

图 1-12　主板

① 总线和总线扩展槽：总线用于在计算机的各个部件之间传输信息；总线扩展槽用来连接计算机的内存、显卡等部件。总线按传输信息的不同分为数据总线、地址总线和控

制总线，分别用来在设备之间传输数据、地址和控制信息。

② 输入/输出（I/O）接口：主要用来连接计算机的各种外设，包括 PS/2 接口（用来连接鼠标和键盘）和 USB 接口等。其中，USB 接口是电脑中最常用的接口，可以用来连接键盘、鼠标、打印机、扫描仪、摄像机、数码相机、U 盘等设备，具有数据传输速度快，可在开机状态下插拔（即热插拔）设备等优点。

（2）CPU 即中央处理器，它由控制器和运算器组成，是计算机的指挥和运算中心，其重要性好比人的大脑，负责整个系统的协调、控制及运算，其外观如图 1-13 所示。CPU 的规格决定了计算机的档次。

CPU 的速度主要取决于主频、核心数和高速缓存容量。主频单位有 MHz，GHz 等，表示每秒运算的次数。主频越高，电脑运算速度越快。例如，采用酷睿 3.0 GHz 的电脑要快于采用酷睿 2.0 GHz 的电脑。

（3）内存储器（简称内存）的作用是用于暂时存放需要 CPU 处理的数据，其外观如图 1-14 所示。计算机在处理数据时，首先需要将数据从外存储器（如硬盘）中调入内存，然后才能由 CPU 处理。显然，内存容量越大，频率越高，CPU 在同一时间内处理的信息量就越多，计算机的性能就越好。

内存一般采用半导体存储单元，包括随机存储器（RAM），只读存储器（ROM），以及高速缓存（Cache）。

图 1-13　CPU

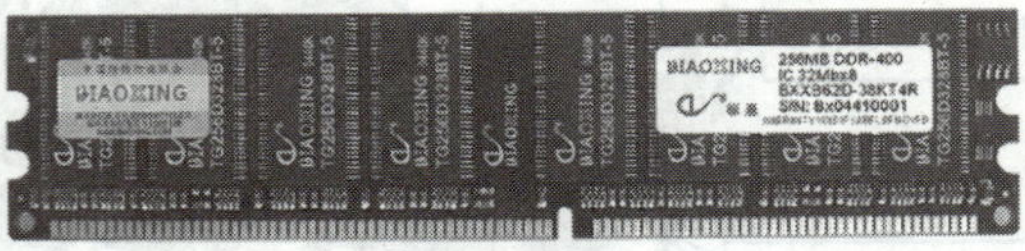

图 1-14　内存

2. 外部设备

外部设备主要包括外存储器、输入设备和输出设备。

（1）外存储器是指除计算机内存及 CPU 缓存以外的存储器，它不能与 CPU 直接交换数据。存储在外存储器中的数据断电后仍然保留，因此外存储器能永久保存数据。常见的外存储器有硬盘、光盘、U 盘等。

① 硬盘固定在主机机箱内，并通过主板的 IDE 或 SATA 接口与主板连接，是计算机最主要的外存储器，计算机中的大多数文件都存储在硬盘中。按使用的技术不同，硬盘可以分为传统的机械硬盘（见图 1-15）和新型的固态硬盘（见图 1-16）。与机械硬盘相比，固态硬盘具有体积小、重量轻、速度快、发热低、抗震性强、适应温度范围广、长期使用

性能衰减低等优点；缺点是容量小，单位容量价格高。

图 1-15　机械硬盘

图 1-16　固态硬盘

② 光盘是利用激光原理进行读、写的辅助存储设备，如图 1-17 所示。光盘需要光驱来读取/写入内容。目前市面上的光驱产品主要有：DVD 光驱、DVD 刻录机、蓝光 COMBO 和蓝光刻录机等。

③ U 盘是目前应用较广泛的移动存储介质，如图 1-18 所示。它比硬盘更便于携带，比光盘存取速度快。U 盘通过 USB 接口与计算机相连，实现即插即用。一般的 U 盘容量有 8 G，16 G，32 G，64 G，128 G，256 G，512 G 等。

图 1-17　光盘

图 1-18　U 盘

（2）输入设备是用来向计算机输入命令、程序、数据、文本、图形、图像、音频和视频等信息的设备，其主要作用是把人们可读的信息转换为计算机能识别的二进制代码输入计算机，由计算机处理。常用的输入设备有键盘、鼠标和扫描仪等，如图 1-19 所示。

图 1-19　输入设备

（3）输出设备可以将计算机的处理过程或处理结果以人们熟悉的文字、图形、图像、声音等形式展现出来，常用的输出设备有显卡、显示器和打印机等，如图 1-20 所示。

图 1-20　输出设备

1.3.3　计算机软件系统的组成

软件是指为计算机运行工作服务的各种程序、数据及相关资料。软件是计算机的灵魂，是计算机具体功能的体现，要让计算机为人们工作，必须在计算机中安装相应的软件。一台没有安装软件的计算机无法完成任何有实际意义的工作。

软件主要分为系统软件和应用软件两大类，下面分别对它们进行介绍。

1. 系统软件

系统软件是管理和控制计算机软、硬件资源的软件，它的功能是使计算机能够正常工作或具备解决某些问题的能力。系统软件包括操作系统、数据库管理系统和语言处理程序。

（1）操作系统是控制和管理计算机软、硬件资源的平台。它在计算机系统中占有特殊的地位，计算机需要安装操作系统才能正常工作。这是因为，一方面，用户需要通过操作系统去操作计算机，合理、有效地利用各种资源，而不必去直接操作计算机硬件；另一方面，计算机中所有其他软件都建立在操作系统的基础上，并得到它的支持与服务。操作系统与其他软硬件的关系如图 1-21 所示。

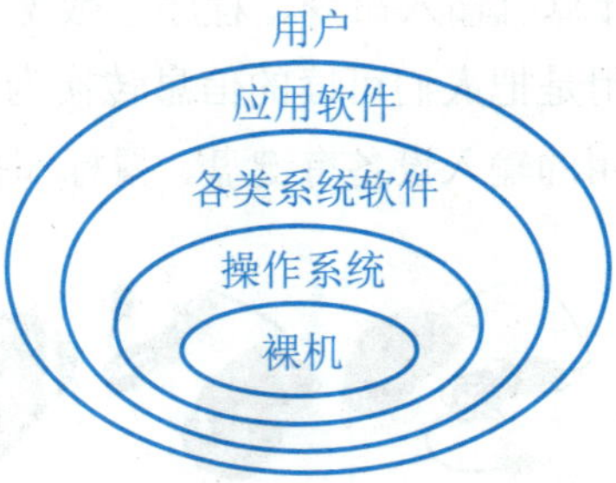

图 1-21　操作系统与其他软硬件的关系

常见的操作系统有 Windows，Linux 等。其中，Windows 是最常用的操作系统，又包括 Windows XP，Windows 2003，Windows 2008，Windows Vista，Windows 7，Windows 8，Windows 10 等版本。

（2）数据库管理系统是用户建立、使用和维护数据库的软件，简称 DBMS。目前，常用的数据库管理系统有 Visual FoxPro，Sybase，Oracle，SQL Server 等。

（3）语言处理程序一般是由汇编程序、编译程序、解释程序和相应的操作程序等组成。它是为用户设计的编程服务软件，其作用是将高级语言源程序翻译成计算机能识别的目标程序。

2. 应用软件

应用软件是为用户的某种实际应用或解决某种特殊问题而编制的各种程序，它具有较强的实用性和针对性。从其服务对象的角度来看，可将应用软件分为通用软件和专用软件两类。

（1）通用软件。这类软件通常是为解决某一类问题而设计的，而这类问题是很多人都会遇到和需要解决的。例如，办公软件 Office，图像处理软件 Photoshop，动画制作软件 Flash，工程绘图软件 AutoCAD，杀毒软件 360，压缩/解压缩软件 WinRAR 等。

（2）专用软件。在市场上可以买到通用软件，但有些具有特殊功能和需求的软件是无法买到的。例如，某个用户希望有一个程序能自动控制厂里的车床，同时也能将各种事务性工作集成起来统一管理，这种需要组织人力单独开发的软件称为专用软件。

1.4　计算机中信息的表示

在计算机系统中，数字和符号都是用电子元件的不同状态表示的，即以高低电平表示。因此，计算机中的数都用二进制表示。

1.4.1　计算机中信息的存储单位

数据的最小单位是二进制的一个数位，记为 bit 或 b。为了度量信息存储容量，将 8 位二进制码（8 bit）称为 1 字节（Byte，简称 B）。例如，一个字符占一个字节，一个汉字占两个字节。

其他常见的存储单位有：千字节（KB）、兆字节（MB）、吉字节（GB）及太字节（TB）等。它们之间的换算关系为：1 KB=1 024 B，1 MB=1 024 KB，1 GB=1 024 MB，1 TB=1 024 GB。

1.4.2　数制

1. 数制的概念

数制也称进位计数制，是用一组固定的符号和统一的规则来表示数值的方法。进位计数制的两个核心概念是基数（R）和位权。

基数是一个进位计数制允许选用的基本数字符号的个数，又称为进制。一般而言，R 进制数的基数为 R，可供选用的计数符号有 R 个，分别为 $0\sim R-1$，每个数位计满 R 就向其高位进 1，即“逢 R 进一”。例如，十进制数的基数为 10，可供选用的计数符号有 10 个，分别为 0～9，每个数位计满 10 就向其高位进 1，即“逢十进一”。

在任何进制中，一个数码处在不同位置上，所代表的基本值不同，这个基本值就是该位的位权（简称权）。例如，十进制中，数字 6 在十位数上表示 6 个 10，在百位数上表示 6 个 100，在小数点后 1 位表示 6 个 0.1，可见每个数码所表示的数值等于该数码乘以位权。位权的大小是以基数为底、数码所在位置的序号为指数的整数次幂。序号记法为：以小数点为基准，整数部分自右向左依次为 0，1，…（递增），小数部分自左向右依次为−1，−2，…（递减）。

例如，将十进制数 385.26 按权展开为 $3\times10^2+8\times10^1+5\times10^0+2\times10^{-1}+6\times10^{-2}$，即 3 的位权是 10^2，8 的位权是 10^1，5 的位权是 10^0，2 的位权是 10^{-1}，6 的位权是 10^{-2}。

2. 数制的表示

为了指明给出的数是何种数制的数，常采用下面两种方法。

（1）下标法：用圆括号将给出的数据括起来，在右括号的下方注明该数的进制，即表示为$(\text{数值})_{\text{计数制}}$。例如，二进制数 110.01 表示为$(110.01)_2$，八进制数 23.21 表示为$(23.21)_8$。

（2）后缀法：在给出的数的右边用后缀字母来表明数制。后缀字母分别为：二进制数用字母 B 表示，如 1101.01B；十进制数用字母 D 表示（D 可省略）；八进制数用字母 O 表示，如 263.21O；十六进制数用字母 H 表示，如 F4.C1H。

3. 常见数制

（1）十进制数所采用的计数符号（或称数码）有 10 个，即 0，1，2，……，9。低位向高位进位的规律是“逢十进一”。例如：

$879=800+70+9=8\times10^2+7\times10^1+9\times10^0$

其中，10 称为十进制的基数，10^2，10^1，10^0 称为各数位的权。

（2）二进制数所采用的计数符号有两个，即 0 和 1。它的进位规律是“逢二进一”。例如：

$101.1B=(101.1)_2=1\times2^2+0\times2^1+1\times2^0+1\times2^{-1}$

其中，2 称为二进制的基数，2^2，2^1，2^0，2^{-1} 称为各数位的权。

（3）八进制数所采用的计数符号有 8 个，即 0，1，2，3，4，5，6 和 7。它的进位规律是“逢八进一”。例如：

$678O=(678)_8=6\times8^2+7\times8^1+8\times8^0$

其中，8 称为八进制的基数，8^2，8^1，8^0 称为各数位的权。

（4）十六进制数所采用的计数符号有 16 个，即 0～9，A，B，C，D，E 和 F。它的进位规律是“逢十六进一”。例如：

$2AB.1CH=(2AB.1C)_{16}=2\times16^2+A\times16^1+B\times16^0+1\times16^{-1}+C\times16^{-2}$

其中，16 称为十六进制的基数，16^2，16^1，16^0，16^{-1}，16^{-2} 称为各数位的权。

1.4.3 数制的转换

虽然不同进制数之间的转换过程是由计算机自动完成的，但我们仍有必要了解不同进制数之间的转换方法。

1. 其他进制数转换为十进制数

方法是：将其他进制数按权展开，然后各项相加，即得到相应的十进制数。

【例 1-1】 将二进制数 110.101 转换成十进制数。

【解】 按权展开

$$(110.101)_2=1\times2^2+1\times2^1+0\times2^0+1\times2^{-1}+0\times2^{-2}+1\times2^{-3}$$
$$=4+2+0+0.5+0+0.125$$
$$=(6.625)_{10}$$

【例 1-2】 将八进制数 54.23 转换成十进制数。

【解】 按权展开

$$(54.2)_8=5\times8^1+4\times8^0+2\times8^{-1}$$
$$=40+4+0.25$$
$$=(44.25)_{10}$$

【例 1-3】 将十六进制数 AF.4 转换成十进制数。

【解】 按权展开

$$(AF.4)_{16}=10\times16^1+15\times16^0+4\times16^{-1}$$
$$=160+15+0.25$$
$$=(175.25)_{10}$$

2. 十进制数转换为 R 进制数

要将十进制数转换为 R 进制数，整数部分和小数部分需要分别遵守不同的转换规则。

整数部分的转换采用“除 R 取余法”。即把十进制数不断除以 R，取每次所得余数，直到商为 0，将所有余数按倒序排列即为相应的进制数。小数部分的转换则采用“乘 R 取整法”，并将所得数按顺序排列。

【例 1-4】 将十进制数 12.0625 转换成八进制数。

【解】 将 12.0625 的整数部分和小数部分分开处理：

整数部分

除数	被除数/商	取余数
8	12	4 ↑
	1	1 ↑
	0	

小数部分

算式	取整数
$0.0625\times8=0.5$	0 ↓
$0.5\times8=4$	4 ↓

结果：$(12.0625)_{10}=(14.04)_8$。

【例 1-5】 将十进制数 12.0625 转换成二进制数。

【解】 将 12.0625 的整数部分和小数部分分开处理：

整数部分（取余数，自下而上读取）：

除数	被除数	余数
2	12	0
2	6	0
2	3	1
2	1	1
	0	

小数部分（取整数，自上而下读取）：

算式	整数
0.0625×2=0.125	0
0.125×2=0.25	0
0.25×2=0.5	0
0.5×2=1.0	1

结果：$(12.0625)_{10}=(1100.0001)_2$。

3. 二进制数和八进制数之间的相互转换

由于二进制数和八进制数之间存在特殊的关系：$8^1=2^3$，即 1 位八进制数对应 3 位二进制数，因此转换比较容易。即以小数点为中心，整数部分自右向左，每 3 位为 1 组，最后 1 组不满 3 位时高位补 0；小数部分自左向右，每 3 位为 1 组，最后 1 组不满 3 位时低位补 0，然后将 3 位二进制数转换为 1 位的八进制数。相反，八进制数转换为二进制数时，将 1 位的八进制数转换为 3 位的二进制数即可。

【例 1-6】 将二进制数 1101010.0101 转换成八进制数。

【解】 $N=(001\ 101\ 010.010\ 100)_2$

↓ ↓ ↓ ↓ ↓

1 5 2 . 2 4

所以，$(1101010.0101)_2=(152.24)_8$。

【例 1-7】 将八进制数 272.12 转换成二进制数。

【解】 $N=(2\ 7\ 2\ .\ 1\ 2)_8$

↓ ↓ ↓ ↓ ↓

010 111 010 . 001 010

所以，$(272.12)_8=(10111010.00101)_2$。

4. 二进制数和十六进制数之间的相互转换

由于二进制数和十六进制数之间存在特殊的关系：$16^1=2^4$，即 1 位十六进制数对应 4 位二进制数，故转换方法与二进制数和八进制数之间的转换方法类似，区别是分组时以每 4 位为 1 组。

【例 1-8】 将二进制数 10111010.1101011 转换成十六进制数。

【解】 $N=(\underline{1011}\ \underline{1010}.\underline{1101}\ \underline{0110})_2$

↓ ↓ ↓ ↓

B A .D 6

所以，$(10111010.1101011)_2=(BA.D6)_{16}$。

【例 1-9】 将十六进制数 B6.3C 转换成二进制数。

【解】 $N=(B\ \ 6\ .\ 3\ \ C)_{16}$

↓ ↓ ↓ ↓

$\underline{1011}\ \underline{0110}\ .\ \underline{0011}\ \underline{1100}$

所以，$(B6.3C)_{16}=(10110110.001111)_2$。

1.4.4 字符编码

字符编码采用国际通用的美国标准信息交换（American Standard Code for Information Interchange，ASCII）码，每个 ASCII 码以 1 个字节（Byte）存储，从数字 0 到数字 127 代表不同的常用字符。例如，大写字母 A 的 ASCII 码值为 65，小写字母 a 的 ASCII 码值为 97。常用字符与 ASCII 码值对照关系如表 1-1 所示。

表 1-1 常用字符与 ASCII 码值对照关系

码值	字符	码值	字符	码值	字符	码值	字符	码值	字符	码值	字符
0	NUL	22	SYN	44	,	66	B	88	X	110	n
1	SOH	23	ETB	45	-	67	C	89	Y	111	o
2	STX	24	CAN	46	.	68	D	90	Z	112	p
3	ETX	25	EM	47	/	69	E	91	[	113	q
4	EOT	26	SUB	48	0	70	F	92	\	114	r
5	ENQ	27	ESC	49	1	71	G	93	]	115	s
6	ACK	28	FS	50	2	72	H	94	^	116	t
7	BEL	29	GS	51	3	73	I	95	_	117	u
8	BS	30	RS	52	4	74	J	96	`	118	v
9	HT	31	US	53	5	75	K	97	a	119	w
10	LF	32	SP	54	6	76	L	98	b	120	x
11	VT	33	!	55	7	77	M	99	c	121	y
12	FF	34	"	56	8	78	N	100	d	122	z
13	CR	35	#	57	9	79	O	101	e	123	{

（续表）

码值	字符	码值	字符	码值	字符	码值	字符	码值	字符	码值	字符
14	SO	36	$	58	:	80	P	102	f	124	|
15	SI	37	%	59	;	81	Q	103	g	125	}
16	DLE	38	&	60	<	82	R	104	h	126	~
17	DC1	39	'	61	=	83	S	105	i	127	DEL
18	DC2	40	(	62	>	84	T	106	j		
19	DC3	41	)	63	?	85	U	107	k		
20	DC4	42	*	64	@	86	V	108	l		
21	NAK	43	+	65	A	87	W	109	m		

1.4.5 汉字编码

从汉字编码的角度看，计算机对汉字信息的处理过程实际上是各种汉字编码间的转换过程。这些编码主要包括汉字机外码、汉字交换码、汉字机内码和汉字字形码等。

（1）汉字机外码也称为汉字输入码，是用键盘将汉字输入到计算机中的编码方式。目前常用的输入码有拼音码、五笔字型码、自然码、表形码、认知码、区位码和电报码等。一种好的输入码应具有编码规则简单、易学好记、操作方便、重码率低、输入速度快等优点，用户可根据自己的需要进行选择。

（2）汉字交换码是汉字信息处理系统之间或者通信系统之间进行信息交换的汉字代码，简称交换码，它是为方便在各种系统、设备之间进行信息交换而制定的。我国制定颁布了《国家标准信息交换用汉字编码字符集 基本集》（GB/T 2312—1980），也称为国标码。

国标码中收集了 682 个常用图形符号（如序号、数字、罗马数字、英文字母、日文假名、俄文字母、汉语注音等）和 6 763 个汉字。这些汉字分为两级：第一级包括常用汉字 3 755 个，按拼音排序；第二级包括一般汉字 3 008 个，按部首排序。

（3）汉字机内码是在计算机内部存储、处理汉字的代码。每个汉字输入计算机后就转换为机内码，然后才能在计算机中处理和传输。

（4）汉字字形码是汉字的输出码。输出汉字时都采用图形方式，无论汉字的笔画数是多少，每个汉字都可以写在同样大小的方块中。通常用 16×16 点阵来显示汉字。

1.5 多媒体技术

多媒体技术是 20 世纪 80 年代末兴起并得到迅速发展的一门技术。它使计算机具备了综合处理文字、音频、图像、视频和动画的能力，帮助人们创作了许多丰富多彩、赏心悦目的作品，给人们的生活、工作和学习增添了色彩和乐趣。

1.5.1　多媒体技术的概念

如今，多媒体技术的应用无处不在，无论是使用计算机观看影片、听音乐、制作文档，还是通过 Internet 与他人进行视频聊天，召开视频会议等，它们都属于多媒体技术的范畴。那么，什么是多媒体技术？多媒体技术有什么特性？下面便来寻找这些问题的答案。

1. 多媒体的定义

媒体在计算机领域有两种含义：一种是指媒质，即存储信息的实体，如硬盘、光盘、U 盘等；二是指传递信息的载体，如数字、文字、声音、图形、图像等。

国际电信联盟（ITU）在 1993 年定义了以下 5 种媒体。

（1）感觉媒体（Perception Medium）：指使人直接产生感觉的媒体，如声音、文字、图形、图像和视频等。人们通常所说的媒体便是指感觉媒体。

（2）表示媒体（Representation Medium）：是为加工、处理和传输感觉媒体而人为研究构造出来的一种媒体，其目的是更有效地加工、处理和传送感觉媒体。表示媒体包括各种编码方式，如字符编码、图像编码、音频编码、视频编码等。

（3）表现媒体（Presentation Medium）：是指在感觉媒体和用于通信的电信号之间转换的一类媒体。它又分为两种：一种是输入表现媒体，如键盘、摄像机、话筒等；另一种是输出表现媒体，如显示器、音箱、打印机等。

（4）存储媒体（Storage Medium）：用于存放表示媒体的物理实体，如内存、硬盘、光盘、U 盘等。

（5）传输媒体（Transmission Medium）：用来将媒体从一处传送到另一处的物理传输介质，如双绞线、同轴电缆、光纤、无线电波等。

多媒体（Multimedia）是指多种媒体的综合集成与交互。多媒体不仅是指多种媒体本身，而且包含处理和应用它的一整套技术，因此“多媒体”与“多媒体技术”是同义词。

简而言之，多媒体技术是指利用计算机综合处理文本、图形、图像、声音、动画、视频等媒体的技术。

2. 多媒体技术的特性

根据多媒体技术的定义可以看出它有几个显著的特征，即多样性、集成性、实时性和交互性。

（1）多样性：利用多媒体，人们不但可以看到文字说明、静止图像，还能观看视频、听到声音等，使信息的表现方式更加丰富。

（2）集成性：包括两方面，一方面是把不同媒体设备集成在一起，形成多媒体系统；

另一方面是利用多媒体技术将文字、图形、图像、声音、视频等多种媒体信息集成在一起，综合体现它们的应用。

（3）实时性：由于多媒体技术是研究多种媒体集成的技术，其中声音和视频（或其他活动的图像）都与时间有着密切的关系，这就决定了多媒体技术应支持实时处理。如播放时，声音和视频都不能有停顿的现象。

（4）交互性：所谓交互性是指参与的各方都可以对多媒体信息进行编辑、控制和传递。多媒体系统一般具有捕捉、编辑、存储、显现和通信功能，用户能够随意控制声音、影像等媒体信息，实现用户和用户之间、用户和计算机之间的双向交流。

3. 多媒体信息的特点

多媒体信息被分为多种类型，每种类型又有其自身的特点。常见的多媒体信息类型有文本、图像、图形、音频、视频、动画等。

（1）文本：指中文、英文、符号等各种字符，是计算机文字处理的基础，也是多媒体应用的基础。文本有非格式化与格式化两种形式：非格式化文本中字符的大小是固定的，仅能按一种形式和类型使用，不具备排版功能；格式化文本可进行格式编排，如可为文本设置字体、大小、颜色、倾斜、加粗等属性。

（2）图像：本质上是一组像素点阵的记录信息，记载着构成图案的各个像素的颜色和亮度等，也称为位图（Bitmap）图像。图像的分辨率越高，组成图像的点阵就越密，图像文件的尺寸就越大。图像主要是由数字化输入设备（如数码相机、扫描仪等）捕获的实际场景画面，或以数字化形式存储的画面。图像主要用于表现自然景色、人物等，能表现对象的颜色细节和质感。图像的优点是形象、直观、信息量大；缺点是文件的尺寸较大，因此，图像在存储时一般都是经过压缩的。目前有很多种图像压缩格式，如 TIF，JPEG，GIF 等。

（3）图形：是由诸如直线、曲线、圆或曲面等几何图形形成的，从点、线、面到三维空间的黑白或彩色几何图，也称为矢量图。图形的优点是可以任意放大、缩小而不失真，占用存储空间小；缺点是仅能表现对象结构，无法表现对象质感。

（4）音频：也泛称声音，除语音、音乐外，还包括动物鸣叫声等自然界的各种声音。常用的声音格式有：WAV（波形音频文件）、MP3 等。无论哪种声音，其本质都是相同的，都是具有振幅和频率的声波。其中，振幅表示声音的强弱，频率表示音调的高低。声音的数据量也非常大，故必须进行压缩处理。

（5）视频：若干幅内容相互联系的图像连续播放就形成了视频。视频主要源于摄像机拍摄的连续自然场景画面。视频的几个主要参数如下：① 帧速，每秒钟播放的静止画面数，单位为 FPS，一般来说，只要帧速达到 16 FPS，视频的效果就可令人满意；② 数据量，视频未经压缩的数据量为帧速乘以每幅图像数据量。通过压缩，可使数据量减小为原来的几十分之一甚至更小。

（6）动画：与视频类似，动画也是由多幅连续的、上下关联的画面序列构成，序列中的每幅图画称为“帧（frame）”。用计算机制作的动画有两种，一种称为造型动画，一种称为帧动画。其中，造型动画每帧由图形、声音、文字等造型元素组成，由脚本控制角色的表演和行为；帧动画是由一幅幅连续画面组成的图像序列。

1.5.2　多媒体数据压缩编码技术

数据压缩是通过减少计算机中存储数据或者通信传播中数据的冗余度，达到增大数据密度，最终使数据的存储空间减少的技术。下面分别介绍音频、图像、视频压缩编码及标准。

1. 音频压缩编码及标准

将量化后的数字声音信息直接存入计算机将会占用大量的存储空间。在多媒体音频信号处理中，一般需要对数字化后的声音信号进行压缩编码，使其成为具有一定字长的二进制数字序列，以减少音频的数据量，并以这种形式在计算机内传输和存储。按照压缩原理的不同，声音的压缩编码可分为3类，即波形编码、参数编码和混合型编码。

（1）波形编码主要利用音频采样值的幅度分布规律和相邻采样值间的相关性进行压缩，目标是力图使重构的声音信号的各个样本尽可能地接近于原始声音的采样值。这种编码保留了信号原始采样值的细节变化，即保留了信号的各种过渡特征，因而复原的声音质量较高。波形编码技术有脉冲编码调制（PCM）、自适应增量调制（ADM）和自适应差分脉冲编码调制（ADPCM）等。

（2）参数编码是一种对语音参数进行分析合成的方法。语音的基本参数是基音周期、共振峰、语音谱、声强等，如能得到这些语音基本参数，就可以不对语音的波形进行编码，而只要记录和传输这些参数就能实现声音数据的压缩。

（3）混合型编码是一种在保留参数编码技术的基础上，引用波形编码准则去优化激励源信号的方案。

音频文件格式是指在计算机中存储音频文件的方式，采用不同编码的音频文件，其在计算机中的存储格式、文件大小和音质也不相同。下面介绍一些常见的音频编码和格式。

（1）PCM编码：即脉冲编码调制，指模拟音频信号经过采样、量化后直接形成数字音频信号，未经过任何压缩处理。PCM编码最大的优点就是音质好，最大的缺点就是体积大。在计算机应用中，能够达到音频最高保真水平的就是PCM编码。例如，常见的WAV格式音频文件，以及Audio CD就采用了PCM编码。

（2）WAV格式（*.wav）：基于PCM编码的WAV格式是音质最好的音频文件格式。在Windows平台中，几乎所有的音频软件都提供对它的支持。此外，由于WAV格式音质很高，因此它是音乐编辑创作的首选格式，适合保存音频素材。WAV格式的缺点是对存储空间需求太大，不便于保存和传播。

提　示

由于基于 PCM 编码的 WAV 格式音频没有经过任何压缩，因此它常作为一种中介格式，用在其他编码的相互转换之中。例如，将 MP3 转换成 WAV，再将 WAV 转换成其他格式。

（3）MP3 格式（*.mp3）：使用 MP3（全称是 MPEG-1 Audio Layer 3）或 MP3PRO 编码技术。MP3 编码是目前最为普及的音频压缩编码，可以在 12∶1 的压缩比下保持较高品质的音质；MP3PRO 编码是对传统 MP3 编码技术的一种改良，它最大的特点是在低码率下保持非常高的音质。MP3 格式的音频文件还支持流技术（边下载边播放），可以在线播放。

（4）WMA 格式（*.wma）：是使用 Windows Media Audio 编码后的文件格式，由微软开发，其压缩率一般可以达到 18∶1。WMA 格式支持防复制功能，可以限制播放时间和播放次数等，从而防止盗版；WMA 格式还支持流技术，可以在线播放。

（5）RealAudio 格式（*.ra）：RealAudio 是由 Real Networks 公司推出的一种音频文件格式，它支持多种音频编码，最大的特点就是可以实时传输音频信息，尤其是在网速较慢的情况下仍然可以较为流畅地传送数据，提供足够好的音质让用户能在线聆听，因此 RealAudio 主要适用于网络上的在线播放。

提　示

学到这里，大家或许对音频编码和音频文件格式的概念有些困惑。音频编码是对音频数据流采用的压缩技术；而音频文件格式是对压缩后的音频数据流采用的封装技术。许多音频编码都有与其名称相同的音频文件格式，因此我们常将二者混为一谈。但也有例外，如 WAV 格式的音频文件也可以使用 MP3 编码。

（6）AIFF 格式（*.aif 或*.aiff）：是苹果公司开发的音频文件格式。AIFF 虽然是一种很优秀的文件格式，但由于它主要是针对苹果电脑，并没有在普通 PC 平台上流行。

（7）OGG 格式（*.ogg）：使用 Ogg Vorbis 编码技术，它可以在相对较低的码率下实现比 MP3 更好的音质，但不被大多数软件支持。

（8）APE 格式（*.ape）：使用 APE 编码。APE 编码是一种无损音频编码，可以提供 50%～70%的压缩比。

提　示

数字音频数据有两种类型：波形数据和 MIDI 数据。波形数据是模拟音频通过采样、量化后得到的数据。我们在前面介绍的数字音频都是波形数据。

MIDI 是乐器和计算机之间交换音乐信息所使用的一种标准语言，MIDI 数据只是一些指令。所以，与波形文件相比，MIDI 文件非常小。常见的 MIDI 文件格式的扩展名为“*.mid”“*.rmi”等。

2. 图像压缩编码及标准

JPEG 是国际标准化组织（ISO）和国际电工委员会（IEC）联合图像专家组制定的静止图像压缩标准，是适用于连续色调（包括灰度和彩色）静止图像压缩算法的国际标准。JPEG 算法共有 4 种运行模式，其中一种是基于空间预测（DPCM）的无损压缩算法，另外 3 种是基于 DCT 的有损压缩算法。

JPEG-2000 与以往的 JPEG 标准相比，JPEG-2000 压缩率比 JPEG 高约 30%。JPEG-2000 与传统 JPEG 最大的不同在于它放弃了 JPEG 所采用的以 DCT 变换为主的分块编码方式，而改为以小波变换为主的多分辨率编码方式。

图形图像在多媒体作品中的应用非常广泛，为了适应不同方面的应用，图形图像可以以多种格式进行存储。下面介绍一些常见的图形图像格式。

（1）BMP 格式：是 Windows 操作系统中“画图”程序的标准文件格式，此格式与大多数 Windows 和 OS/2 平台的应用程序兼容。由于该格式采用的是无损压缩，因此，其优点是图像完全不失真，缺点是图像文件的尺寸较大。

（2）JPEG 格式：JPEG 能以很高的压缩比例来保存图像（可选择压缩比例）。虽然它采用的是具有破坏性的压缩算法，但图像质量损失不多，通常用于存储自然风景照、人和动物的各种彩照、大型图像等。

（3）GIF 格式：该格式图像最多可包含 256 种颜色，颜色模式为索引颜色模式，文件占用的存储空间较小，支持透明背景，且支持多帧，特别适合作为网页图像或网页动画。

（4）PNG 格式：该格式兼有 GIF 和 JPEG 的特点，采用无损压缩方式来缩小文件的体积，提高图像的显示速度，并能保存图像的透明信息。

（5）TIFF 格式：是一种应用非常广泛的图像文件格式，几乎所有的扫描仪和图像处理软件都提供对它的支持。TIFF 格式分压缩和非压缩两大类。

（6）PSD 格式：是 Photoshop 专用的图像文件格式，可保存图层、通道等信息。其优点是保存的信息量多，便于修改图像；缺点是文件占用的存储空间较大。

（7）WMF 格式：是一种矢量图形文件格式，文件尺寸很小，可以在 CorelDRAW，Illustrator 等软件中使用。

（8）CDR 格式：是 CorelDRAW 软件专用的文件格式，其他图形、图像编辑软件无法编辑此类文件。该文件格式可以同时保存矢量图形和位图对象，因而它是一种混合文件格式。

（9）AI 格式：是 Illustrator 软件专用的矢量图形文件格式。

3. 视频压缩编码及标准

在制作影视作品的过程中，经常会发现有些视频文件无法导入软件中进行编辑，或导入后出现播放不正常的问题。一般情况下，这些问题都是由视频的编码引起的。那么什么是视频编码呢？

所谓视频编码就是指使用特定技术对视频进行压缩，以在尽量不损害播放效果的情况下减少其存储空间的一种技术。常见的视频编解码标准有运动图像专家组（MPEG）制定的 MPEG 系列标准，国际电信同盟-电信标准化部门（ITU-T）主导制定的 H.26x 系列标准，以及 Real-Networks 公司的 RealVideo、微软公司的 WMV 和 VC-1、苹果公司的 QuickTime 等。

下面主要介绍常用的 MPEG 和 H.26x 系列编码标准。

（1）MPEG 系列标准：到目前为止，已经公布的 MPEG 标准主要有 MPEG-1/2/4/7/21/B，其中，MPEG-1，MPEG-2 和 MPEG-4 标准已经得到广泛应用。

MPEG-1：是低分辨率数字视频编码标准，典型应用为 VCD，目前已基本被淘汰。

MPEG-2：是高分辨率数字视频编码标准。MPEG-2 相比 MPEG-1 提高了视频的分辨率，满足了用户高清晰度的要求，但由于其对视频的压缩性能没有提高多少，使得视频存储容量太大，不适合网络传输。MPEG-2 编码的典型应用为 DVD，HDTV（高清晰电视广播）等。

MPEG-4：MPEG-4 采用了更先进的压缩技术，使用它编码的视频无论清晰度还是压缩率都比 MPEG-1 和 MPEG-2 有显著提高，更适合网络传输。另外，MPEG-4 可以方便地动态调整帧速率和比特率，以降低视频大小。

（2）H.26x 系列标准：H.26x 系列编码标准包括 H.261，H.262，H.263 和 H.264，其中应用最广泛的是 H.264。

H.261：是第一个实用的数字视频编码标准，目前已被淘汰。

H.262：该编码标准在技术内容上和 MPEG-2 编码标准一致。

H.263：该编码标准主要是为低码流而设计的，它在低码流下能够提供比 H.261 更好的图像效果。

H.264：也被称为 MPEG-4/AVC，它是由 MPEG 和 ITU-T 联合制定的，是在 MPEG-4 技术的基础之上建立起来的。H.264 最大的优势是具有很高的数据压缩比，在同等图像质量的条件下，H.264 的压缩比是 MPEG-2 的 2 倍以上，是 MPEG-4 的 1.5～2 倍。

例如，若原始文件的大小如果为 88 GB，采用 MPEG-2 压缩标准压缩后变成 3.5 GB，压缩比为 25∶1，而采用 H.264 压缩标准压缩后变为 879 MB，从 88 GB 到 879 MB，H.264 的压缩比达到惊人的 102∶1。H.264 在具有高压缩比的同时还拥有高质量流畅的图像。

提 示

要在计算机中播放和处理视频，需要安装相应的编码器。例如，大多数视频播放器都包含各种视频编码器，播放视频的过程其实就是使用相应的编码器对视频进行解码的过程。如果计算机中没有某类视频编码器，将无法播放使用该编码的视频。

视频文件格式与视频编码是不同的概念，但二者有一定的联系，视频文件格式是指对编码后的视频流进行封装的方式。采用相同编码的视频流可以使用不同的格式进行封装。下面介绍一些常见的视频文件格式。

（1）AVI 格式：是微软推出的视频文件格式，可用来封装多种编码的视频流，如 DivX，XviD（这两种编码属于 MPEG-4 编码的变种），RealVideo，H.264，MPEG-2，VC-1 等。

（2）MKV 格式：与 AVI 格式一样，可用来封装多种编码的视频流，被誉为万能封装器。

（3）MPG 格式：是 MPEG 编码的默认文件格式。

（4）MOV 格式：是苹果公司开发的音视频文件格式，常用来封装 QuickTime 编码的视频流，可以提供体积小、质量高的视频。

（5）WMV 格式：是微软公司主推的一种网络视频文件格式，具有很高的压缩比，适合在网上播放和传输。

（6）RM/RMVB 格式：用来封装采用 RealVideo 编码的音视频流，优点是具有很高的压缩比，缺点是多数视频编辑软件不支持 RealVideo 编码，需要转码才能使用。

（7）TS 格式：是高清视频专用的封装容器，多见于原版的蓝光、HD DVD 转换的视频影片，这些影片一般采用 H.264，VC-1 等视频编码。

（8）MP4 格式：目前广泛应用于封装 H.264 视频和 ACC 音频。

（9）3GP 格式：相当于 MP4 格式的简化版本，但文件体积更小，是手机上经常使用的视频文件格式。3GP 格式支持多种视频编码，如 H.263，H.264 和 MPEG-4 等。

1.6 信息安全

1.6.1 信息安全基础知识

信息安全是一门涉及计算机科学、网络技术、通信技术、密码技术、信息安全技术、应用数学、数论、信息论等多种学科的综合性学科。

所谓信息安全，是指防止信息财产被故意或偶然地非授权泄露、更改、破坏或使信息被非法的系统辨识、控制。信息安全主要面临两类威胁，一类是计算机信息泄露，另一类是数据破坏。

信息安全作为一门学科，在社会上得到了广泛的推广和应用，其技术也发展到了攻防兼备、测控管评（即监测、控制、管理、评估）一体化的程度，其核心技术包括密码技术、防火墙技术、虚拟专用网技术、反病毒技术，以及其他安全保密技术。

（1）密码技术是网络信息安全与保密的核心。通过密码技术，可以将机密、敏感的信息变换成难以读懂的乱码型文字，以此达到两个目的：其一，使不知道如何解密的人无法读懂密文中的信息；其二，使他人无法伪造或篡改密文信息。

（2）防火墙技术：防火墙是用来防止网络外部不安全因素影响的内部网络屏障，其目的是防止外部网络用户未经授权的访问。目前，防火墙采取的技术主要是包过滤、应用网关、子网屏蔽等。

（3）虚拟专用网技术（Virtual Private Network，VPN）：VPN 技术是一种利用公用网络来构建私有专用网络的技术。VPN 采用了多种安全机制，如隧道技术、加解密技术、密钥管理技术、身份认证技术等，确保资料在公众网络中传输时不被窃取，或是即使被窃取了，对方亦无法正确地读取数据包内所传送的资料，因此，VPN 具有极强的安全性。

此外，VPN 还具有较好的稳定性和易管理性。通常，VPN 是对企业内部网的扩展，通过它可以帮助远程用户、公司分支机构、商业伙伴及供应商同公司的内部网建立可信的安全连接，保证数据的安全传输。VPN 可用于移动用户的因特网接入，以实现安全连接；可用于实现企业网站之间安全通信。

（4）反病毒技术：由于计算机病毒具有较大的危害性，给网络用户带来极大的麻烦，因此，很多机构和计算机安全专家对计算机病毒进行了广泛的研究，从而开发了一系列查、杀、防病毒的工具软件和硬件设备，建立了较为成熟的反病毒机制，使计算机用户面对病毒时不再束手无策。

（5）审计和入侵检测：审计实际上是通过事后追查的手段来保证系统的安全。审计对涉及系统安全的操作做了一个完整的记录，当有违反系统安全策略的事件发生时，能够有效地追查事件发生的地点及过程。审计是操作系统一个独立的过程，它保留的记录包括事件发生的时间、产生这一事件的用户、操作的对象、事件的类型及该事件成功与否等。

入侵检测能够对用户的非法操作或误操作做实时监控，并且将该事件报告给管理员。入侵检测有基于主机和分布式两种方式，通常它是与系统的审计功能结合使用的，能够监视系统中的多种事件，包括对系统资源的访问操作、登录系统、修改用户特权文件、改变超级用户或其他用户的口令等。

1.6.2 计算机病毒与防治

计算机病毒是一种人为编制的特殊程序，或普通程序中的一段特殊代码，它的功能是影响计算机的正常运行，毁坏计算机中的数据或窃取用户的账号、密码等。由于它像生物病毒一样，具有传染性、破坏性，并能够进行自我复制，因此称为病毒。计算机病毒具有如下特点。

（1）寄生性：在大多数情况下，计算机病毒不是独立存在的，而是依附（寄生）在其他计算机文件中。

（2）破坏性：计算机病毒发作时，轻则占用系统资源，影响计算机的运行速度；严重的甚至会删除、破坏和盗取用户计算机中的重要数据，或损坏计算机硬件等。

（3）传染性：传染性是计算机病毒的基本特征。计算机病毒会进行自我复制，并通过各种渠道（如 U 盘、网络等）传染给其他计算机。

（4）潜伏性：计算机系统感染病毒后，病毒一般不会马上发作，而是潜伏在计算机中，继续进行传播而不被发现。当外界条件满足病毒发生的条件时，病毒才开始破坏活动。例如，“愚人节”病毒的发作条件是愚人节，即每年的 4 月 1 日。

（5）隐蔽性：计算机病毒具有很强的隐蔽性，它通常寄生在正常的程序之中，或使用正常的文件图标来伪装自己，如伪装成图片、文档或注册表文件等，使用户不易发觉。但当用户执行病毒寄生的程序，或打开病毒伪装成的文件时，病毒就会运行，对用户的计算机造成破坏。

计算机病毒的传染是通过一定途径实现的，为此要以预防为主制订出一系列的安全措施，堵塞计算机病毒的传染途径，降低病毒的传染几率，而且计算机即使受到传染，也可以立即采取有效措施将病毒清除，使病毒造成的危害减少到最低。

要预防计算机病毒，除了在计算机中安装杀毒软件外，还应养成良好的使用计算机和上网习惯。

（1）不使用来历不明的软件，不使用非法解密或复制的软件。

（2）对外来的机器和软件要进行病毒检测后再使用。

（3）养成良好的上网习惯：不要打开来历不明的电子邮件附件，不要浏览来历不明的网页，不要从不知名的站点下载软件。

（4）对系统中的系统盘和重要数据进行定期备份。

（5）定期使用反病毒软件检测磁盘上的系统区和文件并及时清除病毒。如果发现计算机被病毒感染了，则应立即清除病毒。通常使用人工处理或反病毒软件查杀两种方式进行清除。

① 人工处理的方法如下：用正常的文件覆盖被病毒感染的文件；删除被病毒感染的文件；重新格式化磁盘，但这种方法有一定的危险性，容易造成文件数据的破坏。

② 用反病毒软件对病毒进行清除是一种较好的方法。常用的反病毒软件有 360 杀毒软件、金山毒霸、瑞星、卡巴斯基等。这些反病毒软件操作简单、行之有效，但对某些病毒的变种不能清除，需使用专杀工具软件进行清除。

本章小结

本章主要介绍了信息与计算机的基础知识。通过本章的学习，读者应重点掌握以下内容。

（1）了解数据与信息的概念、信息的特点、信息技术的概念和发展。

（2）了解计算机的发展历史、特点、分类和应用领域。

（3）了解计算机系统的软硬件组成。

（4）掌握计算机中的数制和字符编码。

（5）了解多媒体技术的相关知识，包括多媒体的定义、多媒体的特征、多媒体数据压缩编码技术等。

（6）了解信息安全知识，包括信息安全基础知识，计算机病毒的概念、特点和预防方法等。

第 2 章　Windows 7 操作系统

操作系统是计算机软件的核心，其主要功能是管理和调度计算机所有的硬件和软件资源，对计算机的工作流程进行合理的组织。操作系统的种类很多，本章将介绍 Windows 7 操作系统的使用方法。

2.1　Windows 7 的基本操作

2.1.1　Windows 7 的启动与退出

1. 启动 Windows 7

当计算机安装了 Windows 7 操作系统后，启动计算机即可进入 Windows 7 操作系统，显示选择用户界面。单击用户名，如果没有设置用户密码，可以直接登录系统；如果设置了用户密码，则输入密码并按“Enter”键即可登录系统。

2. 退出 Windows 7

退出 Windows 7 操作系统之前，应关闭所有执行的程序和文档窗口。如果用户不关闭，系统将强制结束有关程序的运行。

单击任务栏左侧的“开始”→“关机”按钮，即可关闭计算机。用户还可以选择“切换用户”“注销”“锁定”“重新启动”“睡眠”几种方式退出系统。单击“开始”→“关机”按钮右侧的三角按钮，将显示其他退出系统方式的菜单项，如图 2-1 所示。

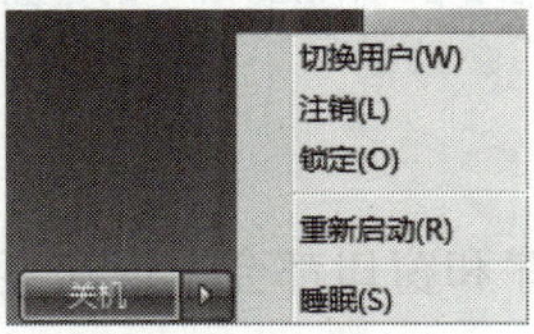

图 2-1　Windows 7 其他退出系统方式的菜单项

（1）切换用户：不关闭当前用户所打开的程序，直接切换到另一个用户。

（2）注销：关闭当前用户打开的所有程序，使当前用户退出，并允许其他用户登录系统。

（3）锁定：系统将保持当前的运行，计算机系统桌面将处于锁定状态。该功能通常在用户暂时不使用计算机，而又不希望他人操作计算机时使用。

（4）重新启动：关闭并重新启动计算机。

（5）睡眠：首先将内存中的数据保存到硬盘中，同时切断除了内存外其他设备的供电。在恢复时，如果没有切断电源，那么系统会从内存中直接恢复，只需要几秒钟；如果在睡眠期间切断过电源，因为硬盘中还保存有内存的状态镜像，因此还可以从硬盘中恢复。

2.1.2 Windows 7 的桌面

登录 Windows 7 后，首先展现在用户面前的是它的桌面。它主要包括桌面图标、任务栏和桌面区几个部分，如图 2-2 所示。作为一个视窗化的操作系统，Windows 7 的所有操作都从桌面开始，在桌面进行。

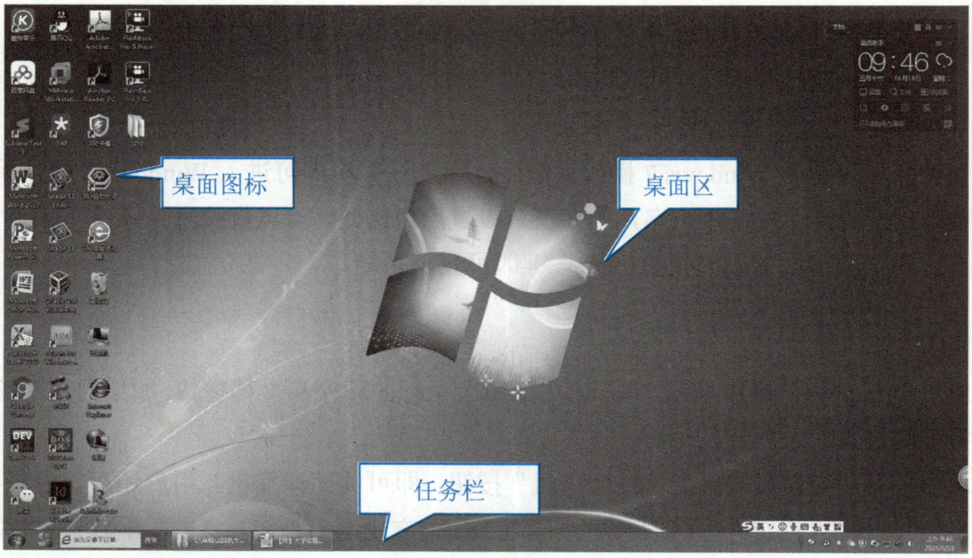

图 2-2 Windows 7 的桌面

1. 桌面区

在 Windows 中打开的所有程序和窗口都会呈现在桌面区上。

2. 桌面图标

Windows 桌面上或资源管理器中的伴有名称的小型图片称为图标。图标可代表程序、文件、文件夹、快捷方式和其他项目，双击它可启动或打开它所代表的项目。

Windows 7 桌面上的图标包括系统图标和应用程序图标等，如图 2-3 所示。系统图标主要有"计算机""Administrator""网络""回收站"等，双击此类图标可以打开系统或个人文件管理窗口；应用程序图标是安装应用软件时放置在桌面上的快捷方式，双击此类图标可以快速启动应用程序。

图 2-3　桌面图标

3. 任务栏

Windows 7 的任务栏位于桌面底部，由"开始"按钮、快速启动区、任务指示区、通知区和"显示桌面"按钮组成，如图 2-4 所示。计算机每运行一个程序或打开一个窗口，都会在任务指示区显示相应的程序按钮图标（任务图标）。

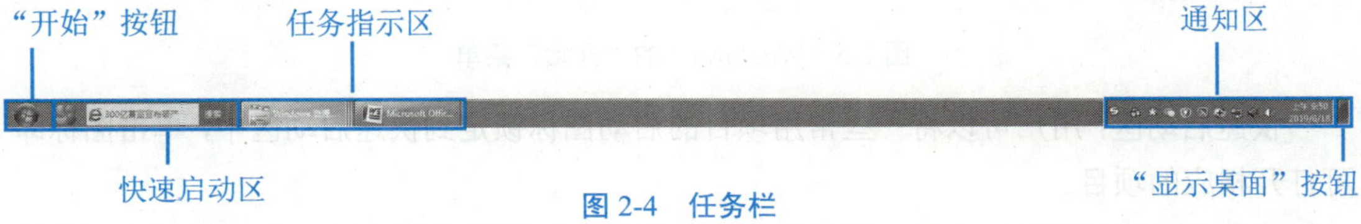

图 2-4　任务栏

"开始"按钮：单击任务栏左侧的"开始"按钮可打开"开始"菜单，如图 2-5 所示。其中包含了计算机中大多数应用程序和系统管理功能的启动项，利用它们可以打开相应的应用程序或系统管理窗口。

（1）"固定程序"列表：包括"计算机""文档""图片""音乐""控制面板"等项目，通过选择这些项目可以实现对计算机的操作与管理。

（2）"常用程序"列表：包含一些常用程序的快捷启动方式，单击程序名即可打开该程序。

（3）"所有程序"选项：选择"所有程序"选项将展开"所有程序"列表，用户可从该列表中找到并打开计算机中已安装的大多数应用程序。

（4）"搜索程序和文件"编辑框：通过在编辑框中输入关键字，可以在计算机中查找程序和文件。

图 2-5　Windows 7 的“开始”菜单

快速启动区：用户可以将一些常用项目的启动图标锁定到快速启动区中，单击图标即可打开相应的项目。

任务指示区：用户每执行一项任务，系统都会在任务指示区放置一个与该任务相关的图标。通过单击不同的图标，可在不同的任务之间切换。

通知区：显示当前时间、声音调节、一些在后台运行的应用程序等图标。单击或右击通知区中的图标可分别执行不同的操作。

“显示桌面”按钮：该按钮位于任务栏最右侧，单击该按钮可快速显示桌面。

2.1.3　窗口和对话框

窗口是操作系统用户界面中最重要的部分，用户和计算机的大部分交互操作都是在窗口中完成的。另外，对话框也为用户提供了强大的功能。

1. 窗口

在 Windows 7 中，窗口是屏幕中一种可见的矩形区域。各种窗口间会有差别，但大多数窗口都有共同的组成元素。要打开窗口，可单击或双击相应的项目或文件夹。下面，双击桌面上的“计算机”图标打开“计算机”窗口，以此窗口为例介绍窗口的组成元素，如图 2-6 所示。

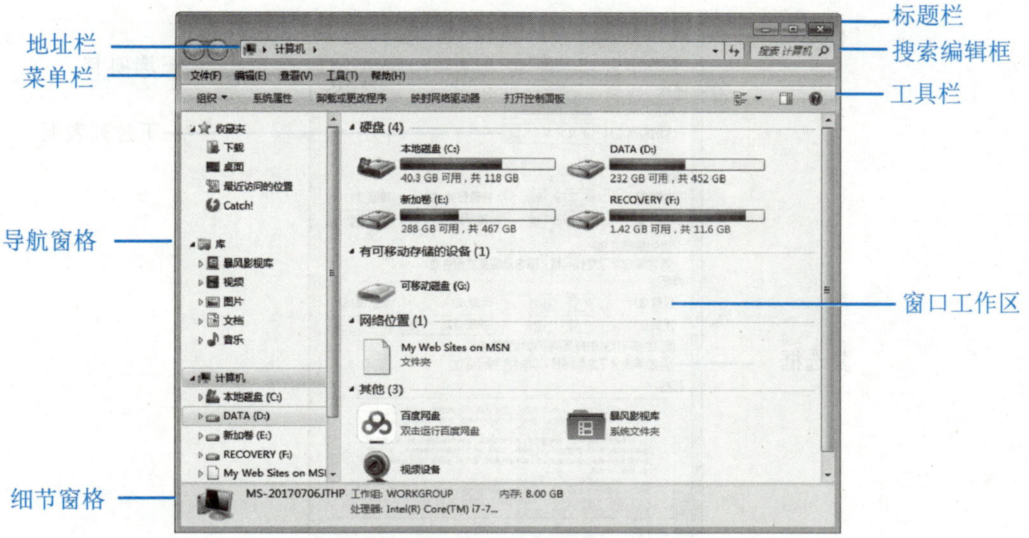

图 2-6 “计算机”窗口

标题栏： 位于窗口的最顶端，显示了窗口的“最小化”按钮、“最大化”按钮/“还原”按钮、“关闭”按钮，单击这些按钮可对窗口执行相应的操作。

搜索编辑框： 窗口右上角的搜索编辑框与“开始”菜单中的“搜索程序和文件”编辑框的使用方法和作用相同，都具有在计算机中搜索各类文件和程序的功能。

地址栏： 位于标题栏的下方，将用户当前的位置显示为以箭头分隔的路径。可以通过单击“返回”按钮或“前进”按钮导航至已经访问过的位置。

菜单栏： 是分类存放命令的地方。单击某个主菜单名可打开一个下拉菜单，从中可选择需要的子菜单。

工具栏： 提供了一组图标按钮，单击这些按钮可以快速执行一些常用操作。

导航窗格： 提供了收藏夹、库、计算机、网络等项目，单击项目名称可显示项目包含的内容；单击左侧三角按钮可展开项目列表。

窗口工作区： 用于显示当前窗口的内容或执行某项操作后显示的内容。当工作区因内容太多而无法显示完全时，在工作区右侧或下方将出现滚动条，拖动滚动条可显示其余内容。

细节窗格： 显示文件的大小、创建日期等详细信息。

2. 对话框

对话框是 Windows 的一种特殊窗口，用于为达到某一目的而进行的参数设置，是人机交互的基本手段。不同对话框的大小、形状各异，但基本上都是一组控制命令的集合。它一般在执行菜单命令或单击命令按钮后出现，通常由标题栏、选项卡、下拉列表框、复选框和按钮等组成，如图 2-7 所示。

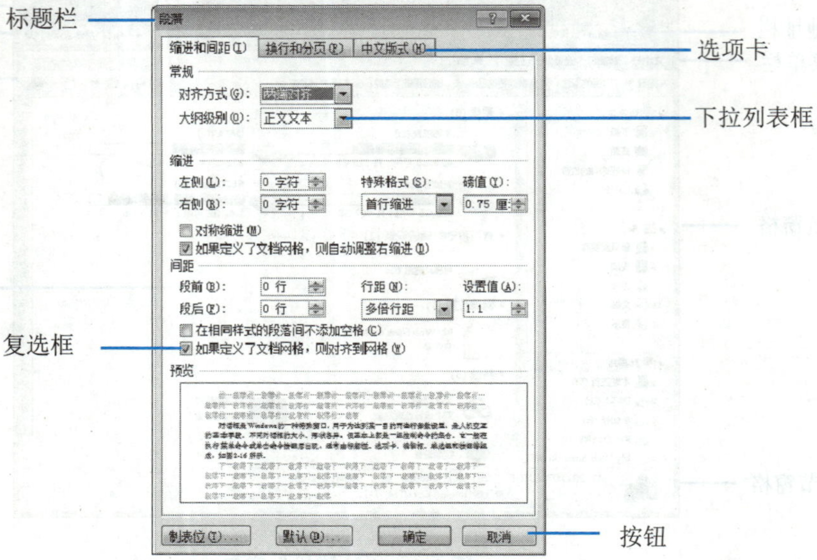

图 2-7　对话框

标题栏： 左侧显示了对话框的名称，右侧是关闭按钮，单击它可关闭对话框。

选项卡： 当对话框的内容很多时，通常采用选项卡的方式来分页，从而将内容归类到不同的选项卡中。通过单击选项卡标签可在不同选项卡之间切换。

下拉列表框： 在下拉列表框中显示了一个当前选项，可单击其右侧的三角按钮，在展开的下拉列表中可选择其他选项。

复选框： 用于设定或取消某些项目。单击可选中当前项，此时方框变为形状，再次单击可取消选择。

按钮： 在对话框中有许多按钮，单击这些按钮可以打开某个对话框或执行相关操作。几乎所有对话框中都有“确定”“取消”按钮。其中，单击“确定”按钮可使对话框中所做的设置生效并关闭对话框；单击“取消”按钮将取消设置并关闭对话框。

2.2　文件和文件夹的基本操作

计算机中的数据都是以文件的形式保存的。在 Windows 操作系统中，可以用文件夹对文件进行归类，并通过资源管理器来查看和管理。

2.2.1　文件和文件夹的定义

1. 文件

文件是数据在计算机中的组织形式。计算机中的任何程序和数据都是以文件的形式保存在计算机的外存储器（如硬盘、光盘和 U 盘等）中。Windows 7 中的所有文件都是用图标和文件名来标识的，其中文件名由主文件名和扩展名两部分组成，中间由“.”分隔。

主文件名：最多可以由 255 个英文字符或 127 个汉字组成，或者混合使用字符、汉字、数字甚至空格。但是，文件名中不能含有“\”“/”“:”“<”“>”“?”“*”“"”“|”字符。

扩展名：决定了文件的类型，也决定了可以使用什么程序来打开文件。常说的文件格式指的就是文件的扩展名。

从打开方式看，文件分为可执行文件和不可执行文件两种类型。

可执行文件：指的是可以由操作系统进行加载执行的文件，其扩展名主要有“.exe”“.com”等。

不可执行文件：指需要借助特定程序打开或使用的文件。例如，双击“.txt”文档，系统将调用“记事本”程序打开它。不可执行文件有许多类型，如文档文件、图像文件、视频文件等。每一种类型又可根据文件扩展名细分为多种类型。

2. 文件夹

文件夹是存放文件的场所，由一个黄色的方块图标和名称组成。计算机中的文件成千上万，如果把所有文件都存放在一起会有许多不便。为了有效地管理和使用文件，大多数文件系统允许用户在根目录下建立子目录（也称为文件夹），在子目录下再建立子目录（即在文件夹中再建文件夹），然后将文件分门别类地存放在不同的目录中。

如图 2-8 所示的目录结构像一棵倒置的树，树根为根目录，树中每一个分枝为子目录，树叶为文件。在树状目录结构中，用户可以将相同类型或相同主题的文件存放在一个目录中。

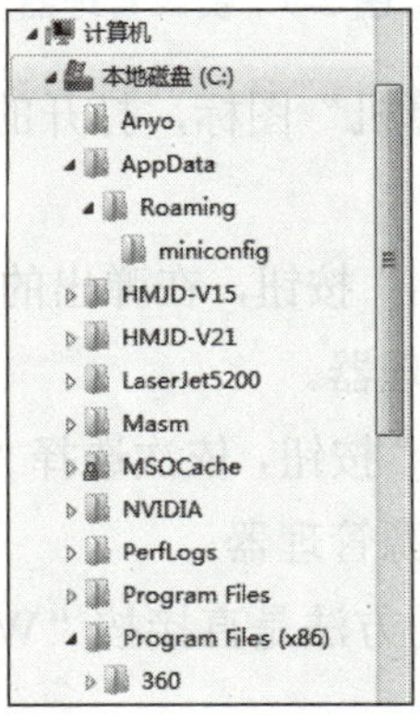

图 2-8 树状目录结构

文件路径是指文件存储的位置。文件夹层层嵌套，这就形成了文件在计算机中的路径。要找到某个文件，只要指定它的路径即可。

2.2.2 浏览文件和文件夹

浏览文件和文件夹是 Windows 中使用最多的操作，用户可通过资源管理器窗口来浏览文件和文件夹。

1. 打开资源管理器

在 Windows 7 中可使用以下几种方法打开资源管理器，打开的资源管理器如图 2-9 所示。

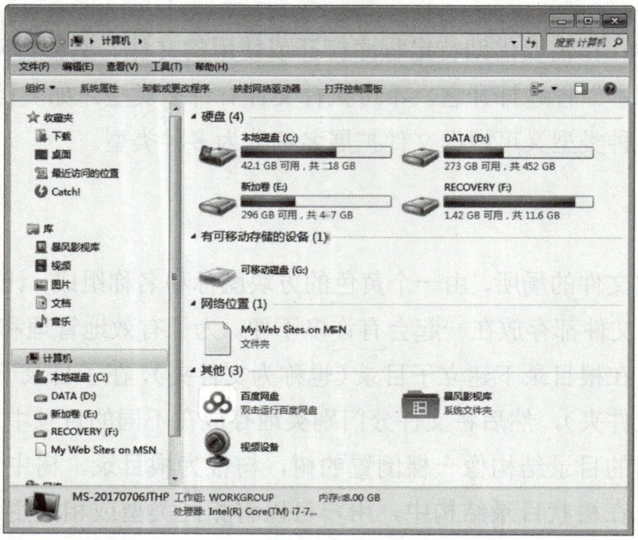

图 2-9 资源管理器

（1）直接双击桌面上的“计算机”图标，打开的“计算机”窗口实际上就是资源管理器。

（2）右击桌面左下角的“开始”按钮，在弹出的快捷菜单中选择“打开 Windows 资源管理器”选项，即可打开资源管理器。

（3）单击桌面左下角的“开始”按钮，依次选择“所有程序”→“附件”→“Windows 资源管理器”选项，也可以打开资源管理器。

（4）打开资源管理器最快捷的方法是直接按“Windows+E”组合键。

2. 使用资源管理器

（1）打开文件和文件夹，操作步骤如下。

步骤 1▶ 双击桌面上的“计算机”图标，打开资源管理器。

步骤 2▶ 双击磁盘 D，打开该磁盘，查看保存在该磁盘中的文件和文件夹。

步骤 3▶ 在磁盘 D 中双击任意一个文件夹将其打开，查看保存在其中的文件或文件夹。

步骤 4▶ 双击某个文件，系统会自动启动相应的应用程序将其打开；也可在选中文件后，单击工具栏中的“打开”按钮将其打开。

此外，也可利用资源管理器左侧的导航窗格来打开磁盘或文件夹窗口。

（2）改变图标的显示方式。Windows 7 是一个图形化的操作系统，其中驱动器、文件和文件夹等对象都是以图标方式显示的。为了方便查看文件夹中的内容，可以对图标的显示方式进行调整。方法是：单击工具栏中的“更改您的视图”按钮右侧的“更多选项”三角按钮，在展开的列表中选择一种显示方式，如“详细信息”（见图 2-10），系统将以详细信息方式显示当前文件夹中内容。

（3）改变图标的排序方式。为了方便查看和比较文件，还可改变图标的排序方式。具体操作步骤如下。

步骤 1▶ 右击资源管理器内容区空白处，弹出快捷菜单。

步骤 2▶ 将鼠标指针移至“排序方式”，显示其子菜单项，然后选择一种排序方式，如“名称”（见图 2-11），实现以名称为依据对图标进行排序。

步骤 3▶ 还可在“排序方式”子菜单中选择“递减”“递增”选项设置图标的排序方式。

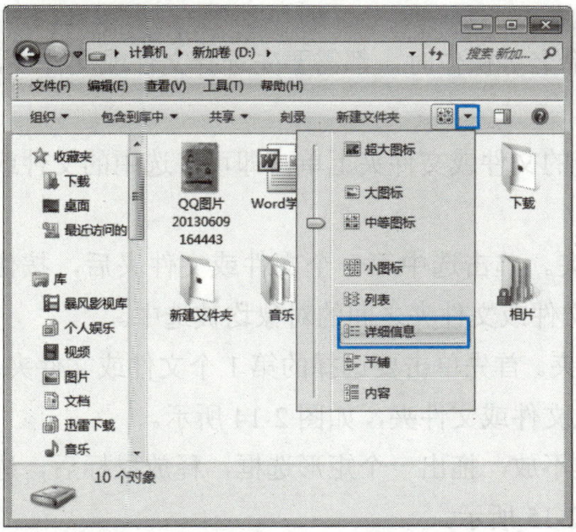

图 2-10 设置图标显示方式

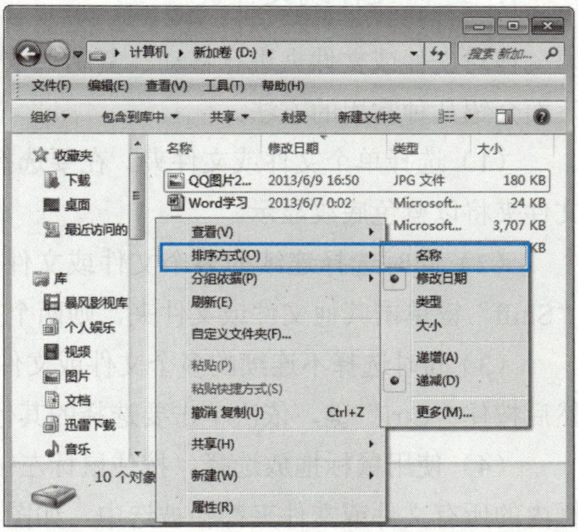

图 2-11 设置图标排序方式

（4）分组显示文件夹内容。右击资源管理器内容区空白处，可在弹出的快捷菜单中选择“分组依据”中的某子菜单项，如选择“类型”（见图 2-12），效果如图 2-13 所示。

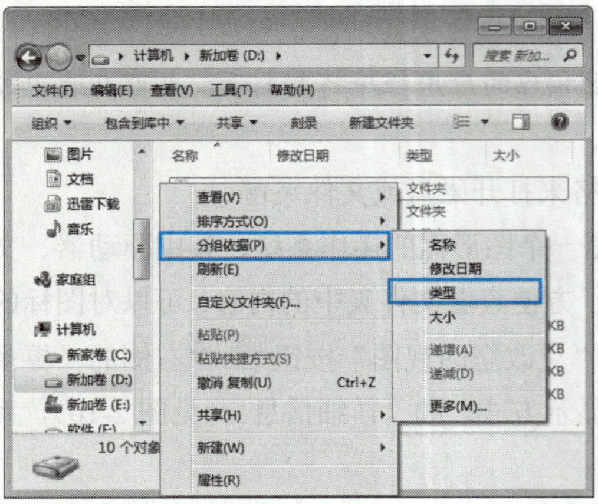

图 2-12　分组显示文件夹内容

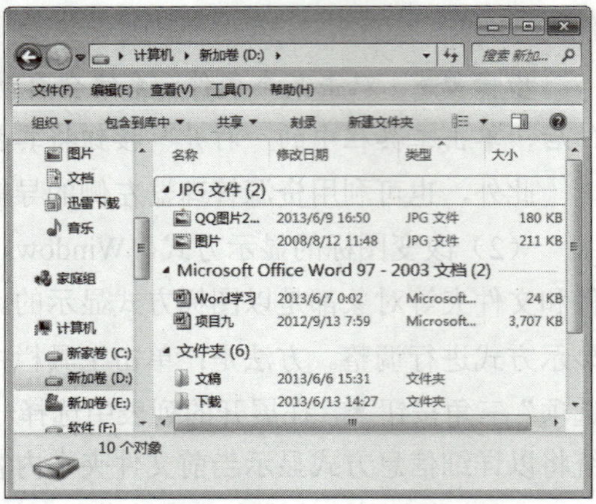

图 2-13　分组显示文件夹内容效果

2.2.3　管理文件或文件夹

在使用计算机的过程中，经常需要对文件或文件夹进行各种管理操作，如选择、新建、重命名、复制、移动、删除、查找文件或文件夹等。

1. 选择文件或文件夹

在对文件或文件夹进行移动、复制、重命名等操作时，都需要先选择文件或文件夹，下面介绍几种常用的方法。

（1）选择单个文件或文件夹。在要选择的文件或文件夹上单击即可，选中的文件或文件夹将以蓝色底纹显示。

（2）同时选择连续的多个文件或文件夹。单击选中第一个文件或文件夹后，按住“Shift”键单击其他文件或文件夹，则两个文件或文件夹之间的对象均被选中。

（3）同时选择不连续的多个文件或文件夹。首先单击要选择的第 1 个文件或文件夹，然后按住“Ctrl”键，依次单击要选择的其他文件或文件夹，如图 2-14 所示。

（4）使用鼠标拖放选择。按住鼠标左键不放，拖出一个矩形选框，释放鼠标后，选框内的所有文件或文件夹都会被选中，如图 2-15 所示。

（5）选择当前窗口中的所有文件和文件夹。单击工具栏中的“组织”按钮，在展开的下拉列表中选择“全选”选项，或者直接按“Ctrl+A”组合键。

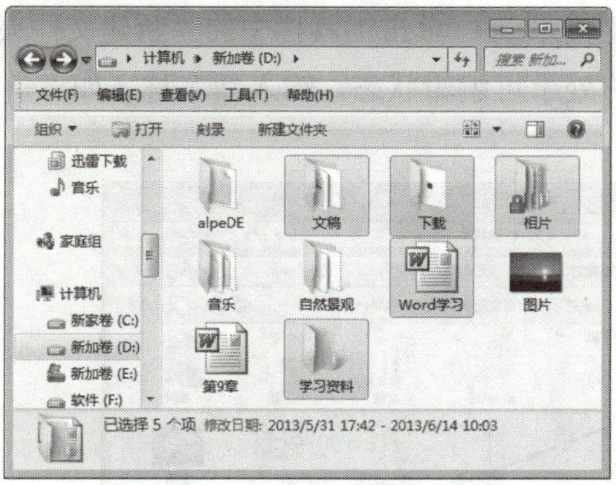

图 2-14　选择不连续的多个文件或文件夹

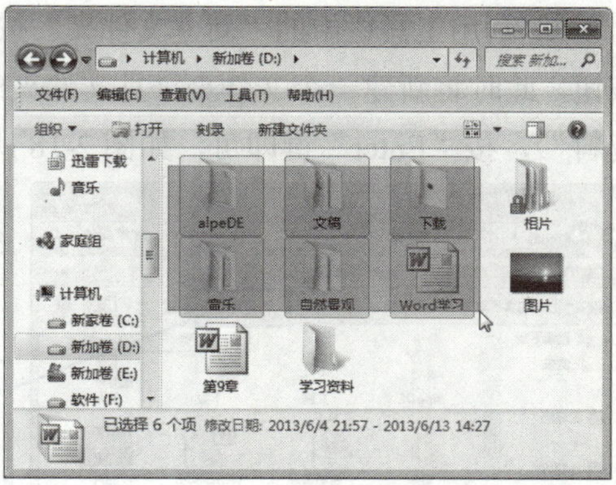

图 2-15　拖动鼠标选择多个文件或文件夹

2. 新建文件或文件夹

(1)新建文件。新建文件一般是通过软件进行，如通过 Microsoft Excel 软件新建 Excel 电子文档。另外，也可以在 Windows 7 系统中直接新建文件。

① 利用右键快捷菜单新建文件：打开用来存放新文件的磁盘驱动器或文件夹窗口，在空白区域右击，在弹出的快捷菜单中选择“新建”选项，然后在其子菜单中选择要创建的文件类型，如图 2-16 所示。

② 利用“文件”下拉菜单新建文件：在菜单栏中选择“文件”→“新建”选项，在其子菜单中选择要创建的文件类型，如图 2-17 所示。

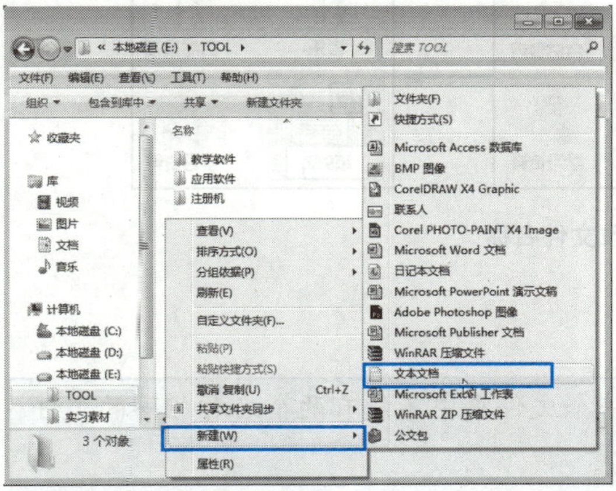

图 2-16　利用右键快捷菜单新建文件

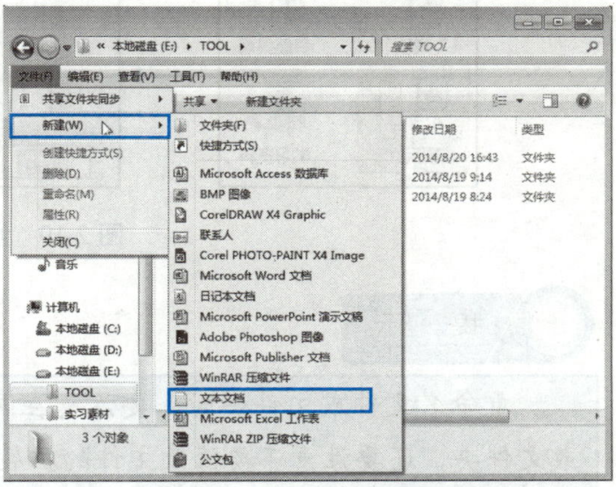

图 2-17　利用“文件”下拉菜单新建文件

(2) 新建文件夹。新建文件夹的方法和新建文件的方法相似。

① 利用右键快捷菜单新建文件夹：在窗口的空白区域右击，在弹出的快捷菜单中选择“新建”→“文件夹”选项。

② 利用“文件”下拉菜单新建文件夹：打开用来存放新文件夹的磁盘驱动器或文件夹窗口，在菜单栏中选择“文件”→“新建”→“文件夹”选项。

③ 利用工具栏中的“新建文件夹”按钮新建文件夹：单击工具栏中的“新建文件夹”按钮，此时将新建一个文件夹，且文件夹的名称处于可编辑状态，输入新名称（如“学习资料”），按“Enter”键即可，如图 2-18 所示。

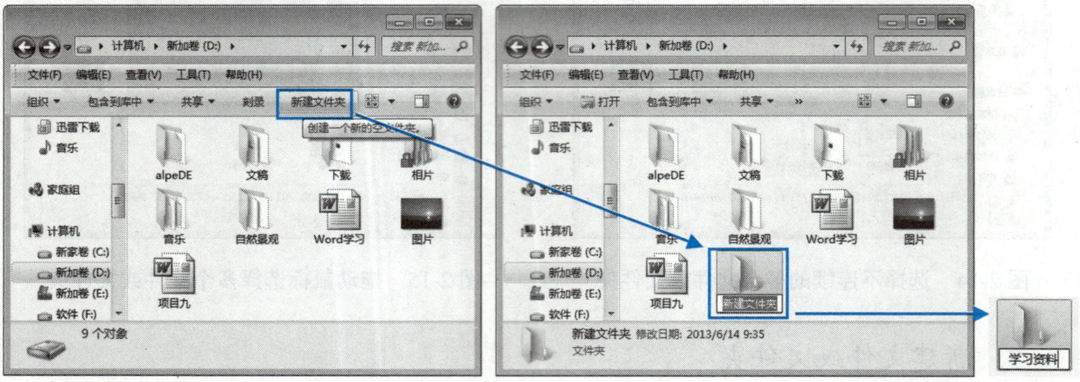

图 2-18　新建文件夹

3. 重命名文件或文件夹

为便于查找或分类管理文件或文件夹，经常会将文件或文件夹重命名，方法是：选中要重命名的文件或文件夹，单击文件或文件夹名称，使其处于可编辑状态，接着输入文件或文件夹的新名称，按“Enter”键或在空白区域单击，如图 2-19 所示。

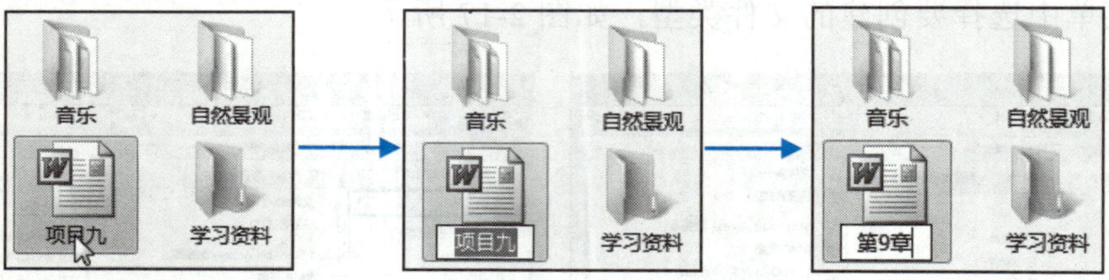

图 2-19　修改文件名称

提　示

重命名文件或文件夹时，要注意在同一个文件夹中不能有两个名称相同的文件或文件夹，还要注意不要修改文件的扩展名。

4. 复制与移动文件或文件夹

复制是指将所选文件或文件夹复制到指定位置，在原来的位置保留被复制的文件或文件夹，而移动则在原来的位置不保留所选文件或文件夹。下面先介绍复制文件或文件夹的具体操作步骤。

步骤 1▶ 打开要复制的文件或文件夹所在的磁盘驱动器或文件夹窗口。

步骤 2▶ 选中需要复制的文件或文件夹，单击工具栏中的“组织”按钮，在展开的列表中选择“复制”选项（见图 2-20），或者在选中对象后按“Ctrl+C”组合键。

步骤 3▶ 打开要复制到的目标磁盘驱动器或文件夹窗口，单击工具栏中的“组织”按钮，在展开的列表中选择“粘贴”选项（见图 2-21），或者按“Ctrl+V”组合键。

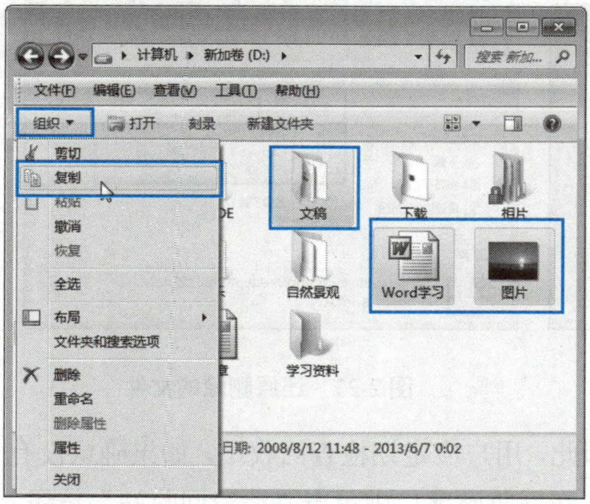

图 2-20　选择要复制的对象并执行“复制”命令

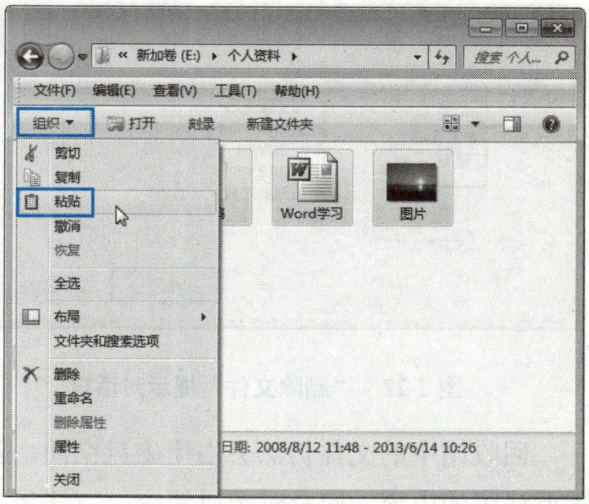

图 2-21　执行“粘贴”命令

提　示

在移动、复制文件或文件夹时，如果目标位置有名称相同的文件或文件夹，系统会弹出一个提示对话框，用户可根据需要选择是覆盖同名文件或文件夹、不移动文件或文件夹，还是保留同名文件或文件夹。

步骤 4▶ 如果要复制的文件较大，此时将出现一个复制进度对话框，视文件大小等待一段时间后，选定的文件或文件夹即被复制到当前文件夹中。

如果希望移动文件或文件夹，只需要将步骤 2 的操作改为选择“组织”→“剪切”选项，或者按“Ctrl+X”组合键，其余操作不变。

提　示

除了可以选择“组织”列表中的选项或组合键来执行“复制”“剪切”“粘贴”命令外，也可通过右击对象，在弹出的快捷菜单中选择相应选项来执行这些命令。

5. 删除文件或文件夹

对于不再需要的文件或文件夹，可以将其删除以腾出磁盘空间，具体操作步骤如下。

步骤 1▶ 选中要删除的文件或文件夹，按“Delete”键。

步骤 2▶ 弹出“删除文件”提示对话框，单击“是”按钮（见图 2-22），即可将所选文件或文件夹放入回收站，也即删除文件。

如果希望从回收站中恢复被误删除的文件或文件夹，可双击桌面上的“回收站”图标，打开“回收站”窗口，选中误删除的文件或文件夹，单击工具栏中的“还原此项目”按钮（见图 2-23），将该文件或文件夹恢复到原来的位置。

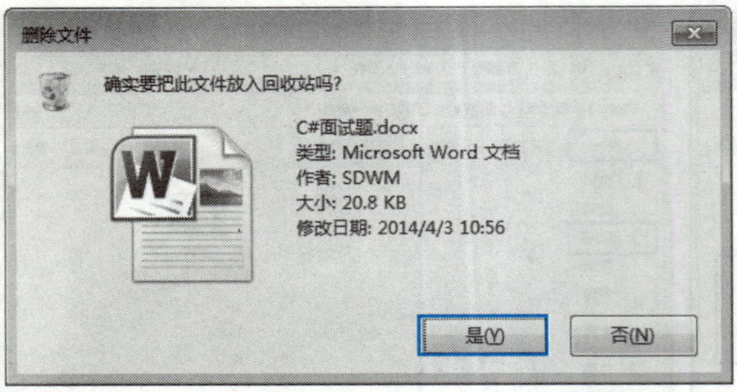

图 2-22 “删除文件”提示对话框

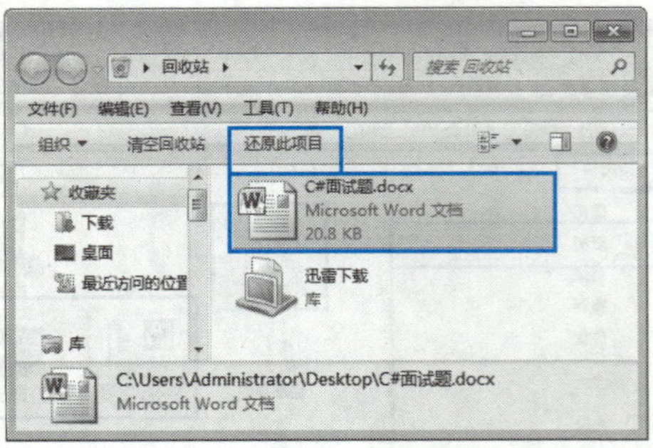

图 2-23 还原删除的文件

回收站中的文件仍然会占用磁盘空间，因此，用户应定期检查回收站，如果确认没有需要保留的内容，应及时予以清空。方法是：在回收站窗口中单击“清空回收站”按钮。

提 示

删除大文件时，可将其直接从硬盘中删除而不经过回收站。方法是：选中要删除的文件或文件夹，按“Shift+Delete”组合键，然后在弹出的提示框中确认即可。

6. 查找文件或文件夹

使用计算机时常会发生找不到某个文件或文件夹的情况，此时可借助 Windows 7 的搜索功能进行查找，具体操作步骤如下。

步骤 1▶ 打开资源管理器，在窗口的右上角搜索编辑框中输入要查找的文件或文件夹名称（如果记不清文件或文件夹全名，可只输入部分名称）。

步骤 2▶ 此时系统自动开始搜索，等待一段时间即可显示搜索结果，如图 2-24 所示。

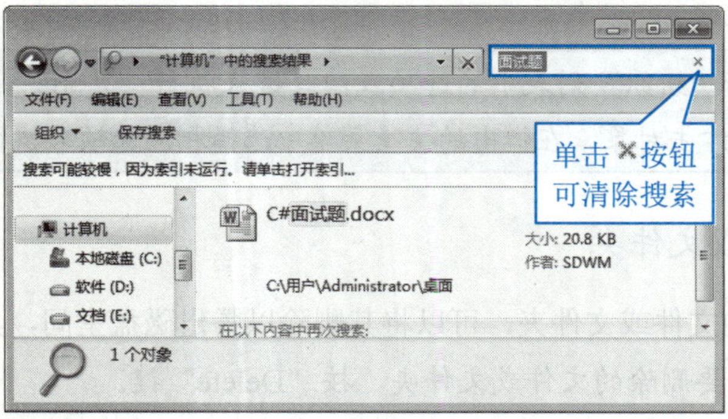

图 2-24 搜索文件

步骤 3▶ 对于搜到的文件或文件夹，用户可对其进行复制、移动或打开等操作。

由于现在的硬盘容量很大，若把整个硬盘搜索一遍将会耗费很长的时间，故设置合适的搜索范围很重要。如果能确定文件存放的大致文件夹位置，可首先在步骤 1 中打开该文件夹窗口，然后再进行搜索。

另外，在输入文件名时还可使用通配符。常用的通配符有星号（*）和问号（？）两种。其中，“*”代表一个或多个任意字符，“？”只代表一个字符。例如，“*.*”表示所有文件和文件夹；“*.jpg”表示扩展名为“.jpg”的所有文件；“?ss.doc”表示扩展名为“.doc”，文件名包含 3 个字符，并以“ss”结尾的所有文件。

2.2.4 查看和设置磁盘、文件或文件夹属性

如果希望查看磁盘驱动器、文件或文件夹等对象的简单信息，只需将图标的显示方式设置为“详细信息”方式；或选中要查看信息的对象，在窗口底部的“详细信息”面板中进行查看。如果希望了解对象的更多属性，可利用以下方法查看。

1. 查看和设置磁盘属性

磁盘驱动器是计算机中最常用的外存储设备，通过查看磁盘驱动器的具体信息，可以了解磁盘空间的使用情况，以及清除磁盘中的垃圾文件等。具体操作步骤如下。

步骤 1▶ 在“计算机”窗口中右击要查看属性的磁盘驱动器，在弹出的快捷菜单中选择“属性”选项。

步骤 2▶ 在打开的磁盘属性对话框的“常规”选项卡中查看该磁盘的文件系统类型，总容量、已用空间和可用空间，如图 2-25 所示。

步骤 3▶ 若单击“磁盘清理”按钮，则可清除该磁盘中的垃圾文件。

步骤 4▶ 单击“确定”按钮，关闭对话框。

当磁盘的可用空间很少时，应清理磁盘或删除磁盘中不用的文件或文件夹。

2. 查看和设置文件或文件夹属性

要查看和设置文件或文件夹属性，可按以下步骤进行操作。

步骤 1▶ 选中要查看属性的文件或文件夹，右击所选对象，在弹出的快捷菜单中选择“属性”选项。

步骤 2▶ 在打开的属性对话框的“常规”选项卡中查看所选文件或文件夹的大小、占用空间、创建时间等信息，还可查看和设置对象属性，如图 2-26 所示。

步骤 3▶ 文件或文件夹有只读和隐藏两种属性。将文件属性设置为“只读”后（勾选“只读”复选框），将不能更改文件内容，但可删除文件；将文件或文件夹属性设置为“隐藏”后，它将不会显示在资源管理器中。

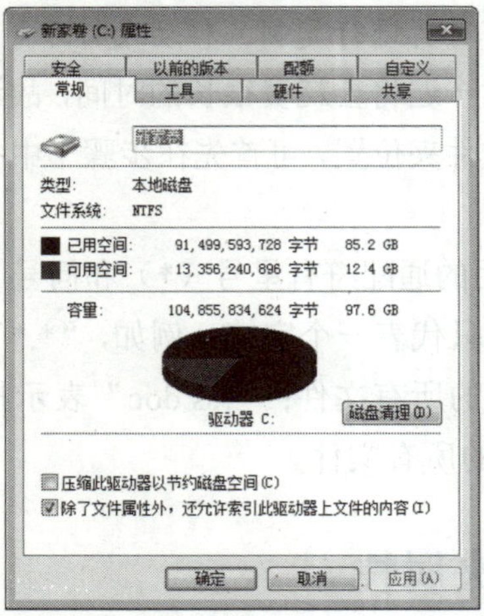

图 2-25　查看和设置磁盘属性

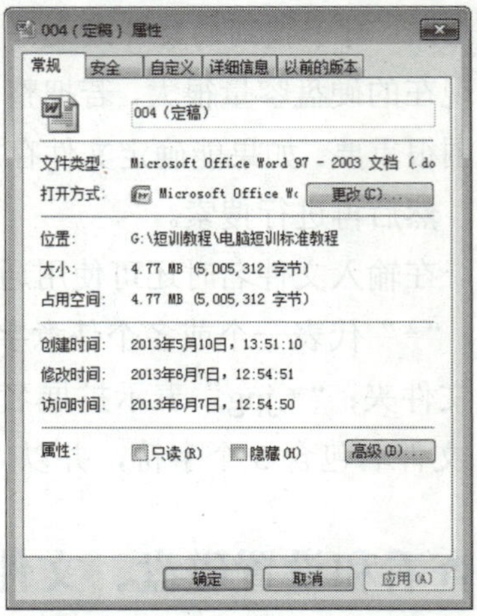

图 2-26　查看和设置文件属性

步骤 4▶ 单击“确定”按钮，关闭对话框。

2.2.5　设置文件夹选项

在 Windows 7 中，可以对文件和文件夹的显示方式、搜索方式等进行个性化设置。为此，可在资源管理器的工具栏中单击“组织”按钮，在展开的列表中选择“文件夹和搜索选项”选项，打开“文件夹选项”对话框（见图 2-27），在其中的相应选项卡中进行设置并确定即可。

例如，要设置显示文件的扩展名及显示隐藏的文件，可在“查看”选项卡中取消“隐藏已知文件类型的扩展名”复选框，以及选择“显示隐藏的文件、文件夹和驱动器”单选钮，如图 2-28 所示。

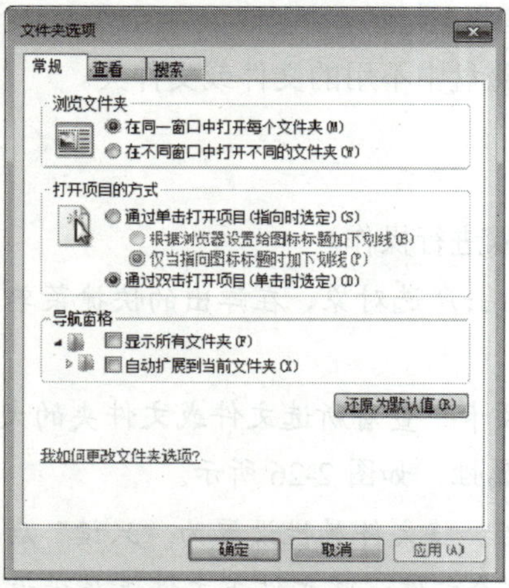

图 2-27　“文件夹选项”对话框

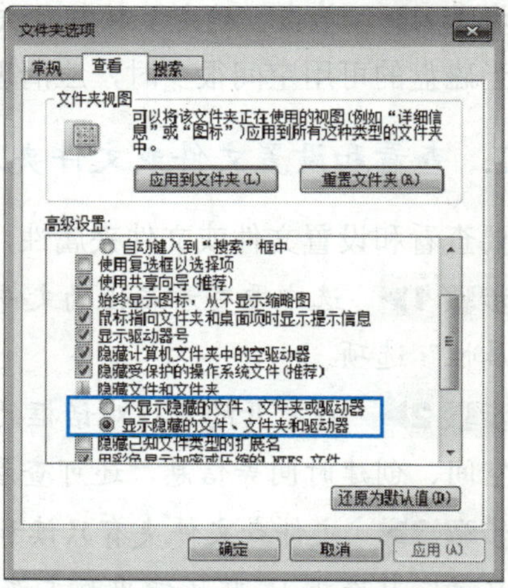

图 2-28　设置显示文件的扩展名及显示隐藏的文件

2.2.6　库式存储与管理

库是 Windows 7 的新增功能，是一个集合，类似一个文件夹，用于管理文档、音乐、视频等同类文件。库可以收集不同位置的文件，将其显示为一个集合，而无须关心其存储位置。Windows 7 有 4 个默认的库，分别为文档、音乐、图片和视频，如图 2-29 所示。

用户可以根据需要新建库。方法是：打开资源管理器，在窗口左侧窗格中选择“库”选项，再在“库”窗口的工具栏中单击“新建库”按钮，然后对库的名称进行更改即可，如图 2-30 所示。

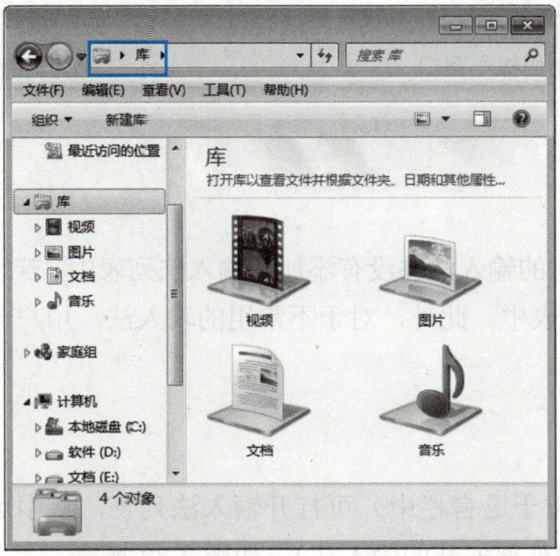

图 2-29　Windows 7 默认库

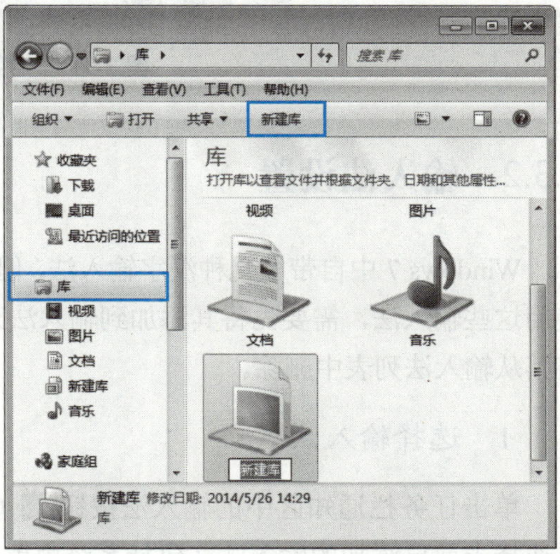

图 2-30　新建库

2.3　系统设置

2.3.1　控制面板

Windows 7 允许用户根据自己的使用习惯定制工作环境，以及管理计算机中的软硬件资源。控制面板是进行这些操作的门户，利用它可以设置屏幕显示效果，修改系统日期和时间，添加和删除程序，查看系统软硬件信息和优化系统，以及配置网络等。

单击“开始”按钮，在展开的列表中选择“控制面板”选项，打开“控制面板”窗口，如图 2-31 所示。可以看到，各系统设置工具被分门别类地放置在“控制面板”窗口中。用户可以通过“控制面板”窗口右上角的“查看方式”下拉列表，更改“控制面板”窗口中项目的显示方式。

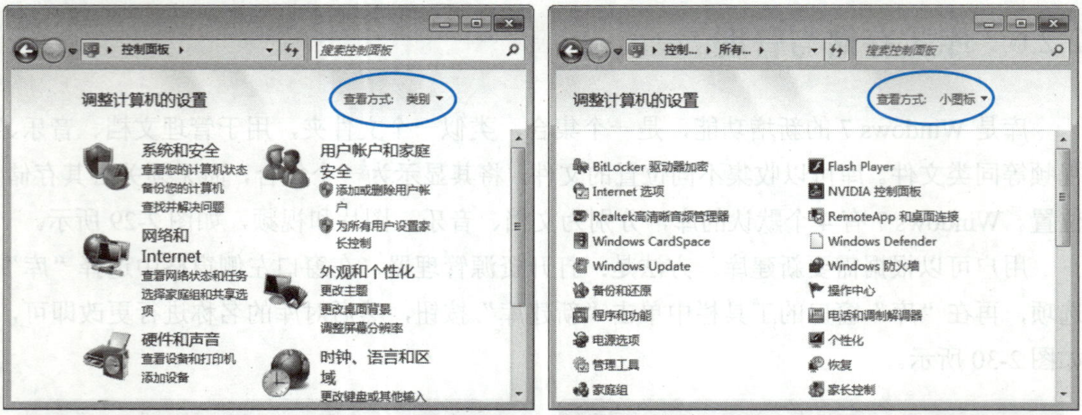

图 2-31 “控制面板”窗口

2.3.2 输入法设置

Windows 7 中自带了几种汉字输入法，但有的输入法并没有添加到输入法列表中。若想使用这些输入法，需要先将其添加到输入法列表中。此外，对于不常用的输入法，用户可将其从输入法列表中删除。

1. 选择输入法

单击任务栏通知区中的输入法按钮（位于语言栏中）可打开输入法列表，从中可以选择当前已添加的输入法（包括系统内置和外部安装的输入法），如图 2-32 所示。

技 巧

按“Ctrl+空格”组合键可关闭中文输入法，按“Ctrl+Shift”组合键可切换输入法。使用中文输入法时，默认情况下，输入的标点均为全角标点（汉字标点）。单击输入法提示条中的按钮，该按钮将变为形状，表示输入英文标点。

2. 设置输入法

步骤 1▶ 右击任务栏通知区中的输入法按钮，在弹出的快捷菜单中选择“设置”选项，打开“文本服务和输入语言”对话框，在“常规”选项卡中单击“添加”按钮，如图 2-33 所示。

步骤 2▶ 打开“添加输入语言”对话框，向下拖动滚动条，然后选中要添加的输入法，单击“确定”按钮，返回“文本服务和输入语言”对话框，从中可看到添加的输入法，如图 2-34 所示。

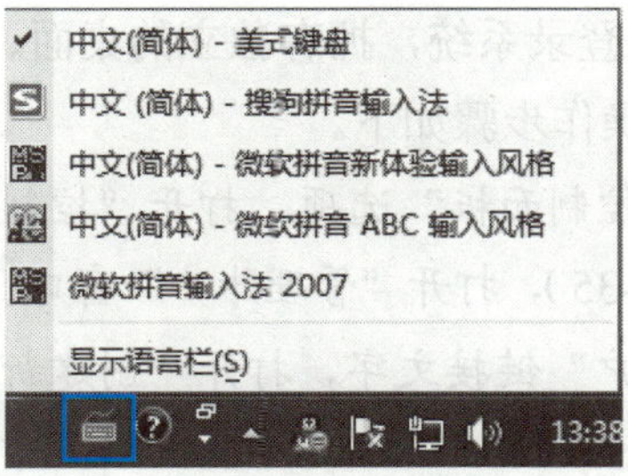

图 2-32 输入法列表

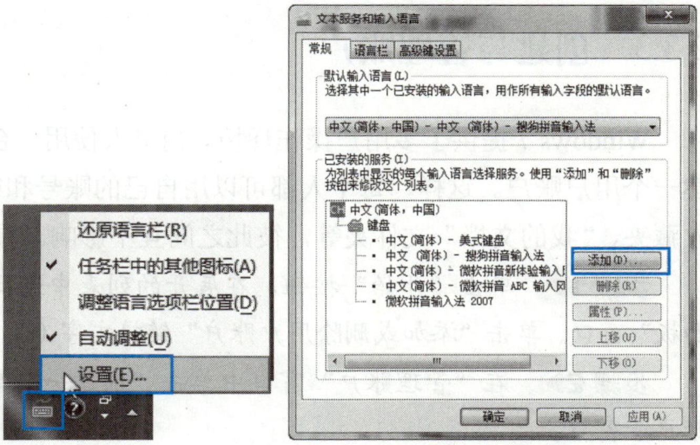

图 2-33 打开“文本服务和输入语言”对话框

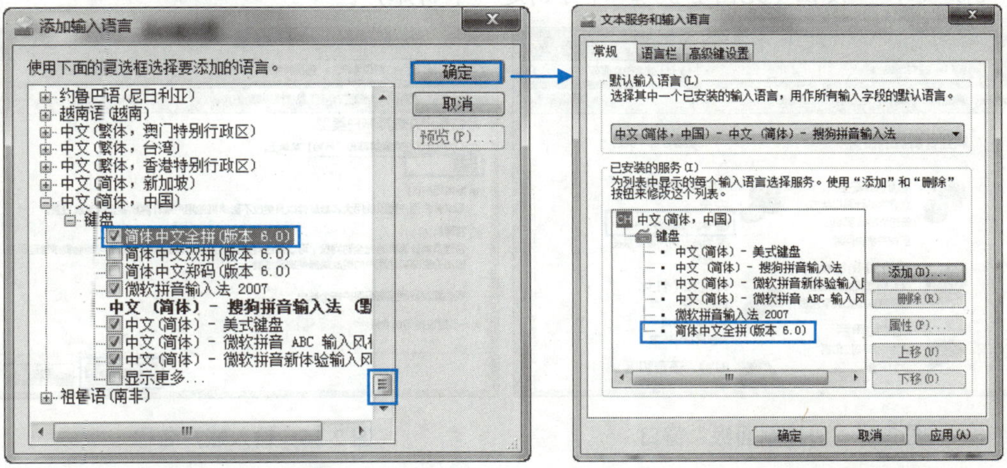

图 2-34 添加输入法

步骤 3 如果用户经常使用某种输入法，可以将其设置为默认输入法。方法是：在“文本服务和输入语言”对话框的“默认输入语言”下拉列表中选择要设置为默认输入法的选项，然后单击“确定”按钮即可。

要添加外部输入法，如目前流行的搜狗输入法、QQ 输入法等，可先下载这些输入法的安装程序，然后进行安装即可。

3. 删除输入法

要将输入法从语言栏中删除，可在图 2-34 所示的“文本服务和输入语言”对话框中选中要删除的输入法，然后单击“删除”按钮即可。

2.3.3 创建与管理账户

Windows 7 提供了多用户操作环境。当多人使用一台计算机时，可以分别为每个人创建一个用户账户。这样，每个人都可以用自己的账号和密码登录系统，拥有独立的桌面、收藏夹、“我的文档”文件夹等，彼此之间互不影响。具体操作步骤如下。

步骤 1▶ 单击“开始”按钮，在展开的列表中选择“控制面板”选项，打开“控制面板”窗口。单击“添加或删除用户账户”链接文字（见图 2-35），打开“管理账户”窗口。

步骤 2▶ 在“管理账户”窗口中单击“创建一个新账户”链接文字，打开“创建新账户”窗口。

步骤 3▶ 输入新账户名称“王楠”，保持默认的“标准用户”单选钮的选中状态，单击“创建账户”按钮（见图 2-36），即可创建一个新账户。

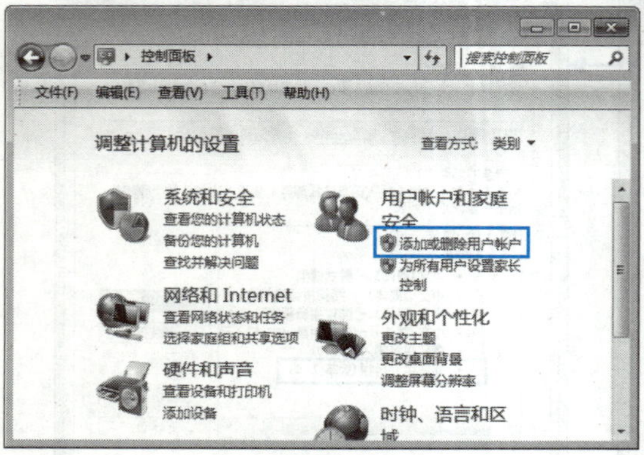

图 2-35　“控制面板”窗口

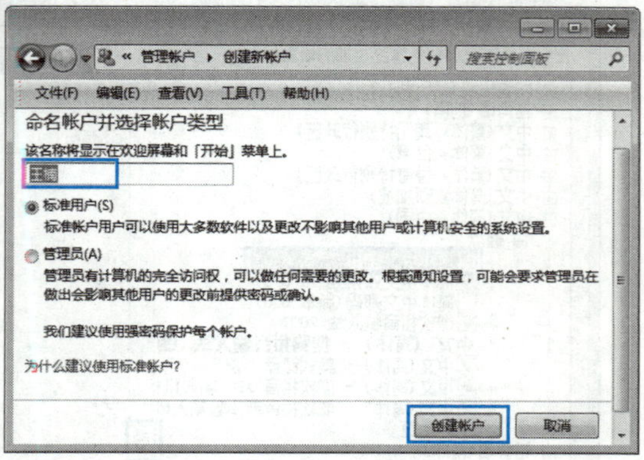

图 2-36　输入账户名称

步骤 4▶ 在“管理账户”窗口中单击新创建的“王楠”用户账户，如图 2-37 所示。

步骤 5▶ 打开“更改账户”窗口，单击“创建密码”链接文字，如图 2-38 所示。

步骤 6▶ 在打开的窗口中根据提示输入密码，然后单击“创建密码”按钮。

步骤 7▶ 在图 2-38 中单击左侧的“更改图片”链接文字，然后在打开的窗口中可更改用户账户的显示图片。

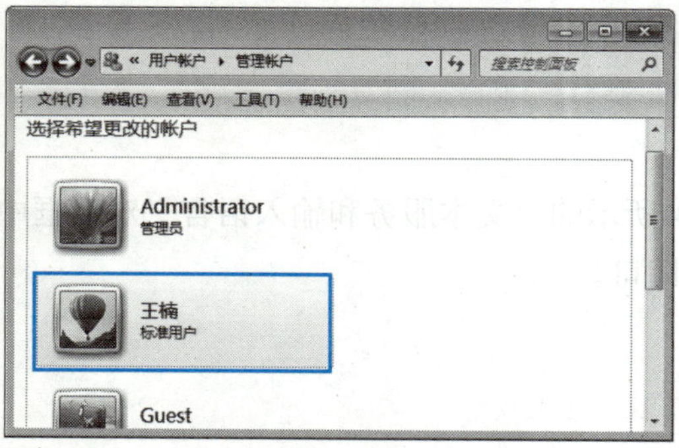

图 2-37　单击要更改的账户

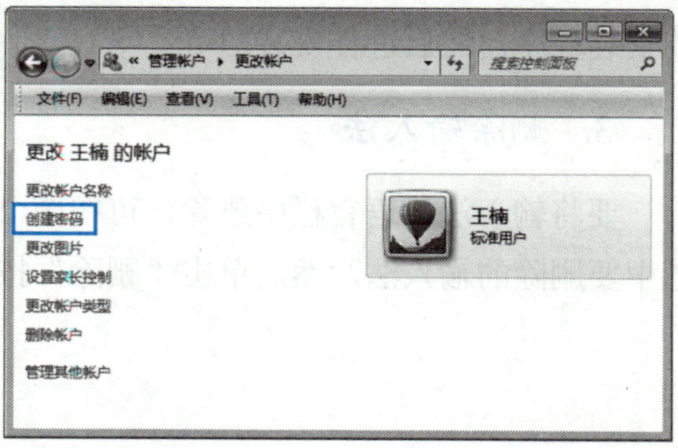

图 2-38　单击“创建密码”链接文字

2.4 软硬件管理

一个完整的计算机系统是由软件和硬件组成的。用户在使用计算机的过程中经常会用到安装和卸载软件，运行各种软件，查看计算机的硬件设备信息及性能，以及安装和管理硬件驱动程序等操作。

2.4.1 查看计算机软硬件配置

查看计算机软硬件配置的具体操作如下。

步骤 1▶ 右击桌面上的“计算机”图标，在弹出的快捷菜单中选择“属性”选项，打开“系统”窗口。

步骤 2▶ 在“系统”窗口中可以看到计算机操作系统的版本、CPU 型号、内存大小及计算机名等信息，如图 2-39 所示。

步骤 3▶ 单击“系统”窗口左上角的“设备管理器”链接文字，在打开的“设备管理器”窗口中，还可以看到计算机所有硬件的详细信息，如图 2-40 所示。

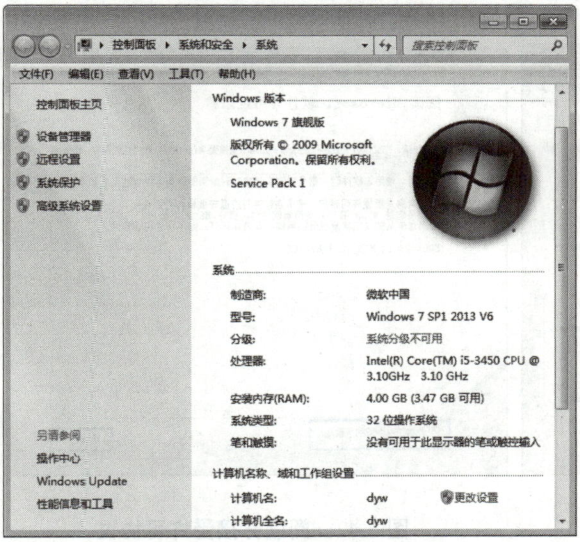

图 2-39 查看计算机基本信息

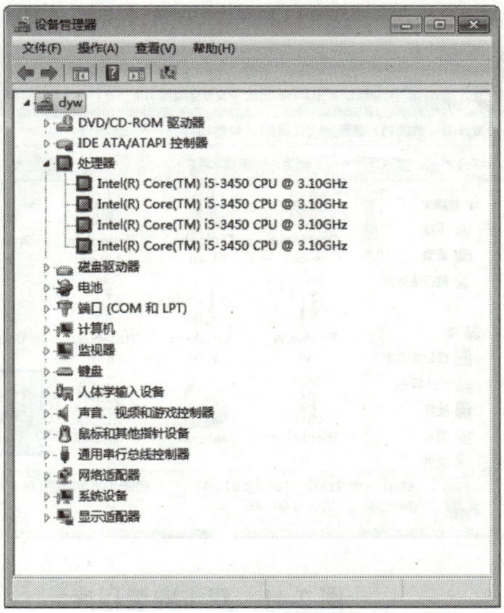

图 2-40 “设备管理器”窗口

提 示

在“设备管理器”窗口中，如果某一硬件选项前面带有问号或感叹号，则表示该硬件的驱动程序没有安装好，需要重新安装。

2.4.2 安装和卸载软件

由于大多数应用程序安装和卸载方法基本相同，因此，只要用户熟悉了一种应用程序的安装和卸载方法，就可以轻松安装和卸载其他应用程序了。

1. 安装应用程序

应用程序必须安装到 Windows 7 中才能使用。一般软件都配置了自动安装程序，将安装光盘放入光驱，系统会自动运行它的安装程序，根据提示进行操作即可。如果软件安装程序没有自动运行，则需要在存放软件的文件夹中找到 Setup.exe 或 Install.exe（也可能是软件名称）等安装程序图标，双击它便可进行安装操作。

下面以安装办公软件 Office 2010 为例，说明应用程序的安装步骤。

步骤 1▶ 将 Office 2010 安装光盘放入光驱，Office 安装程序会自动运行。若 Office 2010 的安装文件储存在硬盘中，可找到并双击 Setup.exe 文件（见图 2-41），运行 Office 2010 的安装程序。

步骤 2▶ 稍微等待一会儿，打开安装对话框，选中“我接受此协议的条款”复选框，单击“继续”按钮，如图 2-42 所示。

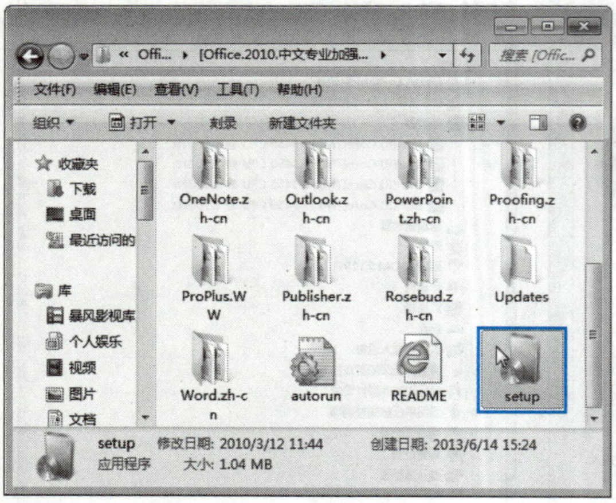

图 2-41 双击安装程序

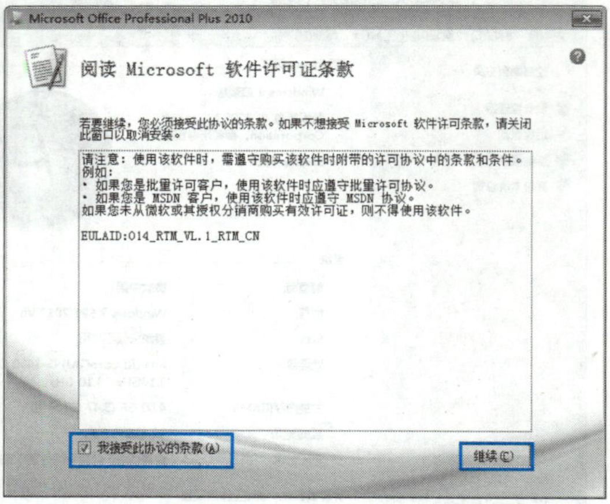

图 2-42 阅读并接受许可协议

步骤 3▶ 在打开的界面中单击“立即安装”按钮，如图 2-43 所示。

步骤 4▶ 开始安装 Office 2010 并显示安装进度，如图 2-44 所示。安装完毕后，单击“关闭”按钮，然后根据提示重新启动计算机，Office 2010 安装成功。

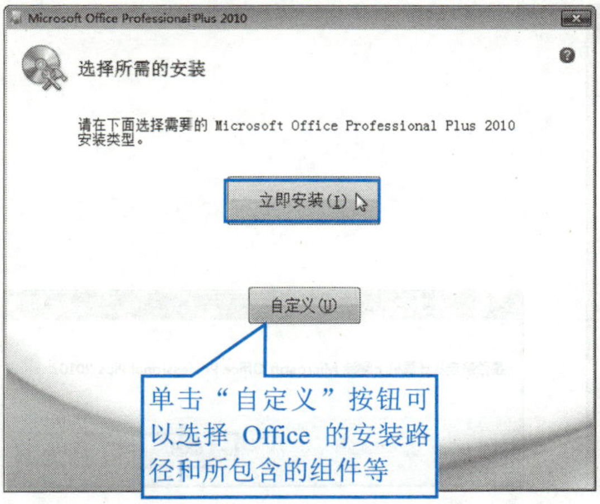

图 2-43 开始安装

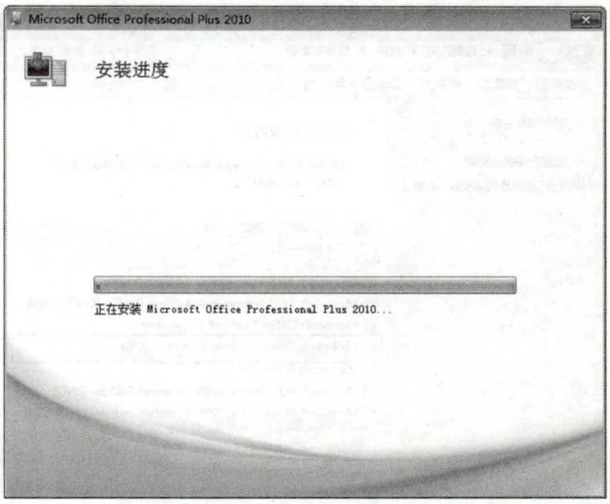

图 2-44 显示安装进度

2. 卸载应用程序

在计算机中安装过多的应用程序不仅会占据大量的硬盘空间，还会影响系统的运行速度，所以对于不使用的应用程序，应该将其卸载。具体操作步骤如下。

步骤 1▶ 打开“控制面板”窗口，单击“程序”链接文字，如图 2-45 所示。

步骤 2▶ 打开控制面板的“程序”界面，单击“程序和功能”类别下方的“卸载程序”链接文字，如图 2-46 所示。

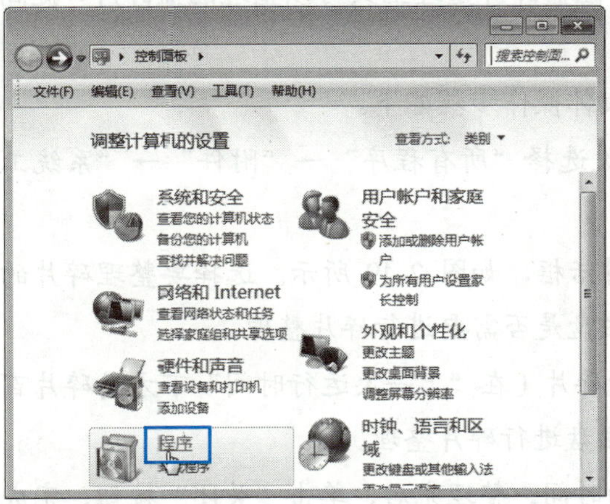

图 2-45 单击“程序”链接文字

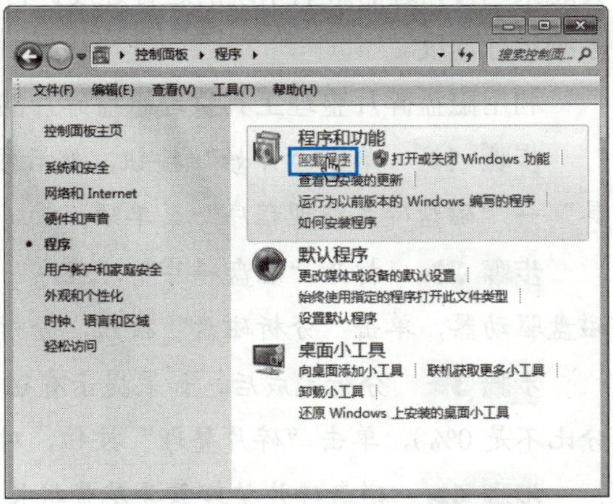

图 2-46 单击“卸载程序”链接文字

步骤 3▶ 打开“程序和功能”界面，在程序列表中选择要卸载的应用程序，单击列表上方的“卸载”按钮，如图 2-47 所示。

步骤 4▶ 弹出提示对话框，单击“是”按钮（见图 2-48），然后根据提示卸载该程序。

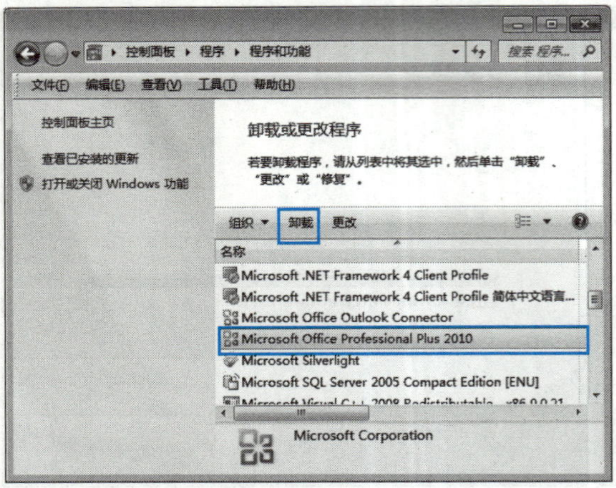

图 2-47　卸载程序

图 2-48　确认卸载程序

此外，某些程序也可在“开始”菜单中，通过执行应用程序的卸载命令来卸载程序。

2.4.3　整理磁盘碎片

使用计算机时，系统自身和用户经常需要在磁盘上存储和删除文件，日久天长就会在磁盘上产生大量碎片（未使用的磁盘空间）。当碎片越来越多时，系统读取文件的速度就会越来越慢，进而影响系统的运行速度。利用磁盘碎片整理工具可以整理磁盘碎片，提高系统运行速度。

利用磁盘碎片整理工具整理磁盘碎片的具体操作步骤如下。

步骤 1▶ 单击“开始”按钮，然后依次选择“所有程序”→“附件”→“系统工具”→“磁盘碎片整理程序”菜单项。

步骤 2▶ 打开“磁盘碎片整理程序”对话框，如图 2-49 所示。选择要整理碎片的磁盘驱动器，单击“分析磁盘”按钮，分析磁盘是否需要进行碎片整理。

步骤 3▶ 分析完成后，如果提示有磁盘碎片（在“上一次运行时间”下方的碎片百分比不是 0%），单击“碎片整理”按钮，对磁盘进行碎片整理。

步骤 4▶ 磁盘碎片整理需要花费很长的时间。整理完后，单击“关闭”按钮，完成指定磁盘的碎片整理工作。

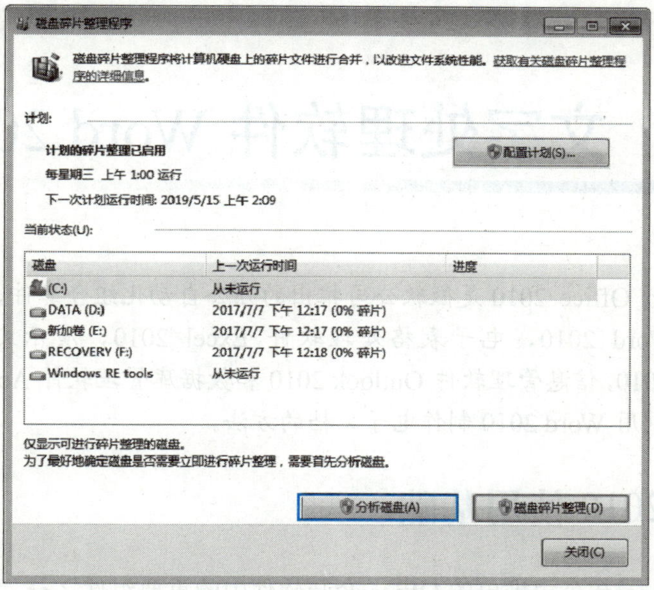

图 2-49　“磁盘碎片整理程序”对话框

本章小结

本章主要介绍了 Windows 7 操作系统的使用方法。通过本章的学习，读者应重点掌握以下内容。

（1）掌握 Windows 7 的基本操作。

（2）掌握文件和文件夹的基本操作。

（3）掌握 Windows 7 的系统设置方法。

（4）掌握 Windows 7 的软硬件管理方法。

第 3 章 文字处理软件 Word 2010

Microsoft Office 2010 是微软公司推出的办公自动化组合套件，它包括文字处理软件 Word 2010，电子表格处理软件 Excel 2010，演示文稿制作软件 PowerPoint 2010，信息管理软件 Outlook 2010 和数据库管理软件 Access 2010 等。本章将介绍利用 Word 2010 制作电子文档的方法。

3.1 Word 2010 使用基础

Word 是 Microsoft 公司推出的 Office 套装软件中的重要组件之一，利用它可以编排各种类型的文档，如公文、报告、论文、书信、简历、杂志和图书等。

3.1.1 Word 2010 的启动与退出

1. Word 2010 的启动

在 Windows 7 中，启动 Word 2010 的方法主要有以下 3 种。

（1）单击“开始”按钮，依次选择“所有程序”→“Microsoft Office”→“Microsoft Word 2010”选项，如图 3-1 所示。

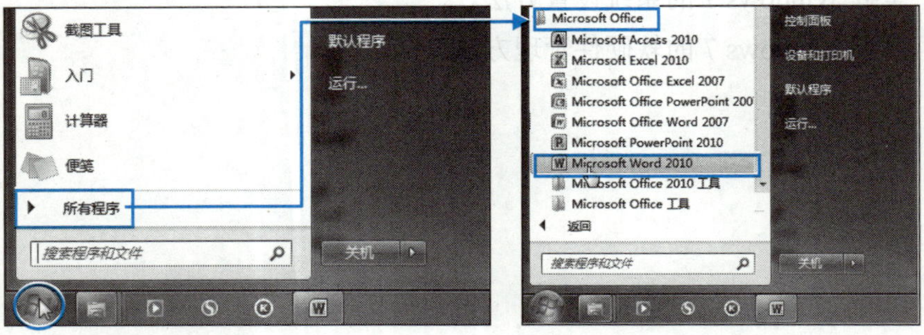

图 3-1 从“开始”菜单启动 Word 2010

（2）双击桌面上的 Word 2010 的快捷图标。

（3）在资源管理器中双击某个 Word 文档，可启动 Word 2010 程序并打开该文档。

2. Word 2010 的退出

与其他 Windows 应用程序类似，Word 2010 的退出包括以下 3 中常见方法。

（1）单击 Word 2010 窗口标题栏右侧的“关闭”按钮。

（2）在 Word 2010 中，选择“文件”→“退出”选项。

（3）按“Alt+F4”组合键或双击标题栏左侧的控制菜单图标。

提　示

如果对文档进行了编辑操作而未保存，在退出 Word 2010 时会弹出提示对话框，提示用户是否保存文档。保存文档的操作详见后面的讲解。

3.1.2 Word 2010 的工作界面

启动 Word 2010 后即进入其工作界面（见图 3-2），它主要包括标题栏、功能区、编辑区和状态栏等组成元素。

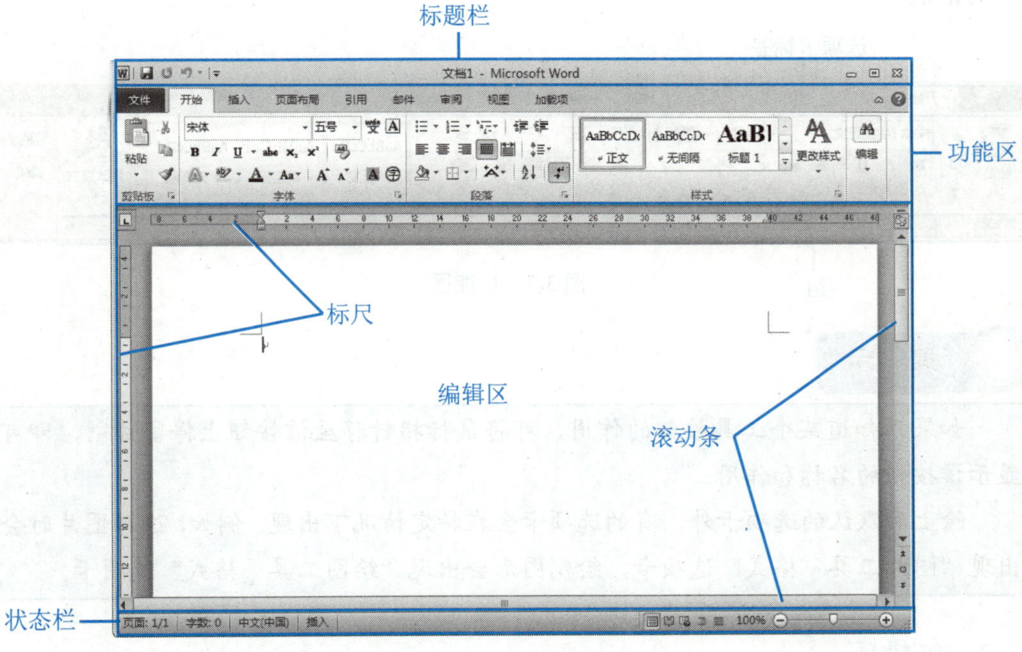

图 3-2　Word 2010 的工作界面

1. 标题栏

标题栏位于窗口的最上方，用来显示文档的名称。标题栏包括控制菜单图标、快速访问工具栏、文档名称和窗口控制按钮等。

（1）控制菜单图标：位于标题栏的最左边。单击该图标，在打开的菜单中，可以对窗口进行还原、移动、大小、最小化、最大化和关闭等操作。

（2）快速访问工具栏：用于放置一些使用频率较高的工具。默认情况下，该工具栏包含了“保存”、“撤销”和“恢复”按钮。用户也可以自定义快速访问工具栏，方法是：单击该工具栏右侧的“自定义快速访问工具栏”三角按钮，在展开的列表中选择要添加或删除的选项。

（3）文档名称：位于标题栏的正中位置，表示当前正在使用的文档名称。

（4）窗口控制按钮：位于标题栏的最右边，共有 3 个按钮，从左到右分别是最小化按钮、还原或最大化按钮和关闭按钮。

2. 功能区

功能区用选项卡的方式分类存放着编排文档时所需要的工具。单击功能区中的选项卡可切换到不同的选项卡，从而显示不同的工具；在每一个选项卡中，工具又被分类放置在不同的组中，如图 3-3 所示。某些组的右下角有一个“对话框启动器”按钮，单击该按钮可打开相关对话框。例如，单击“字体”组右下角的“对话框启动器”按钮，可打开“字体”对话框。

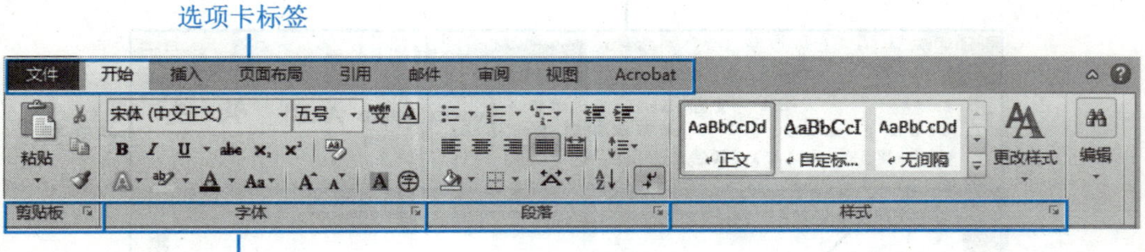

图 3-3　功能区

提　示

如果不知道某个工具按钮的作用，可将鼠标指针移至该按钮上停留片刻，即可显示该按钮的名称和作用。

除上面默认的选项卡外，有的选项卡会在特定情况下出现。例如，选择图片时会出现“图片工具　格式”选项卡，绘制图形会出现“绘图工具　格式”选项卡。

3. 编辑区

编辑区是 Word 2010 的工作窗口，用户可以在此进行文档的输入、编辑、排版、浏览等操作。编辑区由滚动条、标尺和文本区域组成。

（1）滚动条：分为垂直滚动条和水平滚动条。当文档内容不能完全显示在窗口中时，可通过拖动文档编辑区下方的水平滚动条或右侧的垂直滚动条查看隐藏的内容。

（2）标尺：分为水平标尺和垂直标尺，主要用于确定文档内容在纸张上的位置和设置段落缩进等。单击编辑区右上角的“标尺”按钮，可显示或隐藏标尺。

（3）文本区域：水平标尺下方的空白区域即为文本区域，在文本区域左上角有一个不停闪烁的光标，它用于定位当前的编辑位置。

4. 状态栏

位于 Word 文档窗口底部，其左侧显示了当前文档的状态和相关信息，右侧显示的是视图模式切换按钮和视图显示比例调整工具。

3.1.3 Word 2010 的视图模式

针对用户在编辑或查阅文档时的不同需要，Word 2010 提供了页面视图、阅读版式视图、Web 版式视图、大纲视图和草稿 5 种视图模式。切换到“视图”选项卡，在“文档视图”组中单击相应的按钮（见图 3-4），或在视图栏中单击相应的视图按钮，即可在不同的视图模式之间切换。

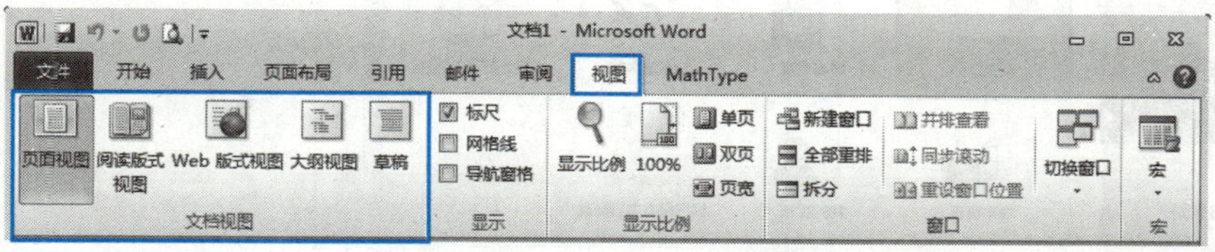

图 3-4 Word 2010 的视图模式

（1）页面视图：这种视图模式是用户在实际工作中使用最多的，它显示出来的文档内容和打印出来的效果基本一致，文档中的页眉、页脚、页边距、图片及其他元素均会显示其正确的位置。

（2）阅读版式视图：这种视图模式模拟阅读图书方式，将两页文档内容同时显示在一个视图窗口中，从而方便阅读文档内容。

（3）Web 版式视图：利用 Web 版式视图可以预览 Word 文档在 Web 浏览器中的显示效果。它适用于创建和编辑 Web 页。

（4）大纲视图：大纲视图主要用于 Word 长文档的快速浏览和编排。在该视图模式下，用户不仅可以快速查看文档的结构，还可以通过拖动标题来重新组织文档的结构。

（5）草稿：草稿视图不显示文档的页边距、页眉、页脚和图片等元素，仅显示标题和正文，是最节省计算机系统硬件资源的视图模式。

3.2 文档的基本操作

Word 文档的基本操作包括新建和保存、打开、编辑、打印、保护文档等。只有掌握这些基本操作，才能更好地使用 Word。

3.2.1 新建和保存文档

1. 新建文档

每次启动 Word 2010 时，它都会自动新建一个空白文档，并以“文档 1”命名，此时即可在该文档中输入内容。如果还需要新建其他文档，可使用以下几种方法。

（1）单击“文件”选项卡，在展开的列表中选择“新建”选项，在“可用模板”区域选择要创建的文档类型，如“空白文档”，单击“创建”按钮，如图 3-5 所示。

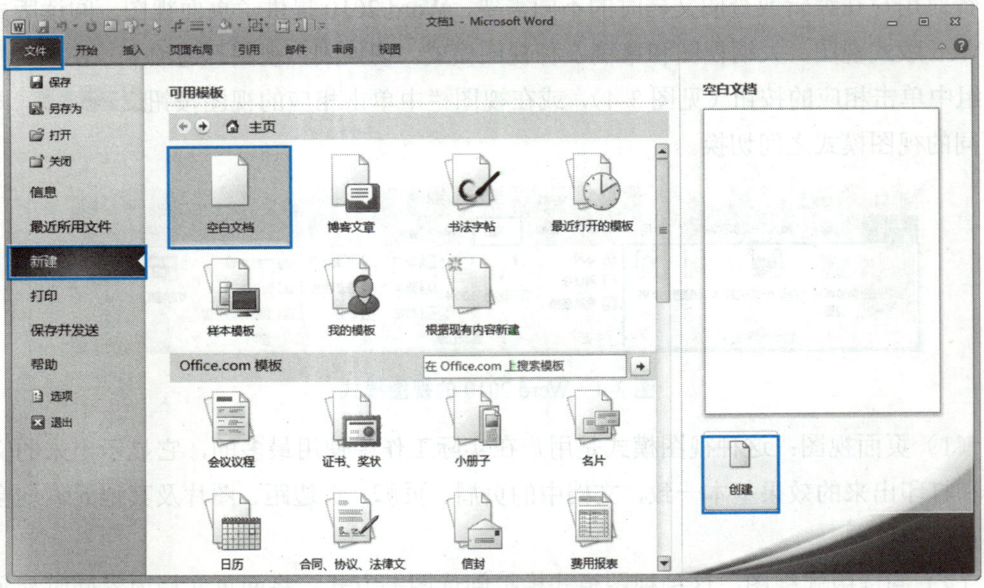

图 3-5 新建文档

（2）按“Ctrl+N”组合键，新建一个空白文档。

2. 保存文档

单击“快速访问工具栏”中的“保存”按钮，或按“Ctrl+S”组合键，或选择“文件”→“保存”选项，打开“另存为”对话框。输入文件名（如“计算机的发展”）并选择保存类型和保存位置，单击“保存”按钮即可，如图 3-6 所示。

提 示

当打开某个文档进行修改时，若希望保留原文档，可选择“文件”→“另存为”选项，打开“另存为”对话框，将文档以不同的名称或位置保存。如此一来，修改结果将只反映在另存后的文档中，原文档没有任何改动。

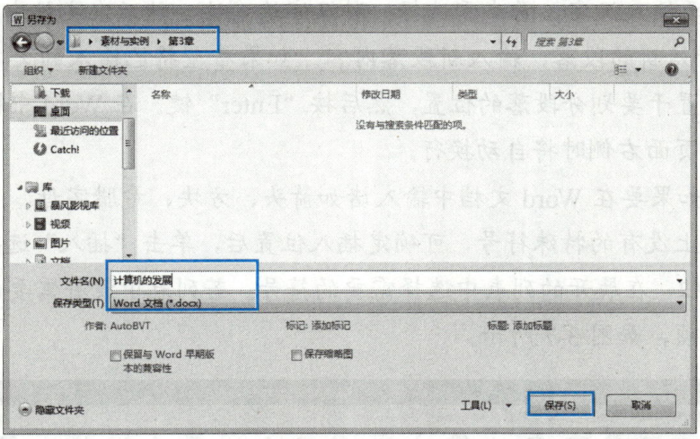

图 3-6 “另存为”对话框

3.2.2 打开文档

若希望使用 Word 对现有文档进行编辑，必须首先将其打开。常用的打开文档的方法有如下几种。

（1）打开文档所在的文件夹，双击文档的图标即可将其打开。

（2）在 Word 2010 中选择“文件”→“打开”选项，或按“Ctrl+O”组合键，在打开的“打开”对话框中选择目标文档所在的磁盘和文件夹，然后选择文档并单击“打开”按钮即可。

（3）若要打开最近编辑过的文档，可在“文件”列表中选择“最近所用文件”选项，在打开的界面中显示了最近打开过的文档名称列表（默认为 25 个），单击所需文档名称即可将其打开。

3.2.3 编辑文档

新建文档后，便可以在其中输入文本并进行编辑了。本小节通过输入和编辑“计算机的发展”文档为例，学习在 Word 文档中输入和编辑文本的方法。

1. 输入文本和特殊符号

文本包括汉字、标点、英文字母和特殊符号等。借助键盘和各种输入法可以输入英文、汉字、标点和一些特殊符号。此外，Word 还提供了一些辅助功能，借助这些功能可方便地输入特殊符号和日期等。具体操作步骤如下。

步骤 1▶ 要输入汉字，首先需选择一种汉字输入法，然后在文档中输入所需文字。按“Enter”键开始新的段落，输入新段落内容。如果希望将已输入的文本划分为两个段落，可将插入符置于要划分段落的位置，然后按“Enter”键。在 Word 中输入文本时可看到，当文本到达页面右侧时将自动换行。

步骤 2▶ 如果要在 Word 文档中输入诸如箭头、方块、希腊字母、带声调的拼音和单位符号等键盘上没有的特殊符号，可确定插入位置后，单击“插入”选项卡“符号”组中的“符号”按钮，在展开的列表中选择需要的符号。若列表中没有需要的符号，则选择“其他符号”选项，如图 3-7 所示。

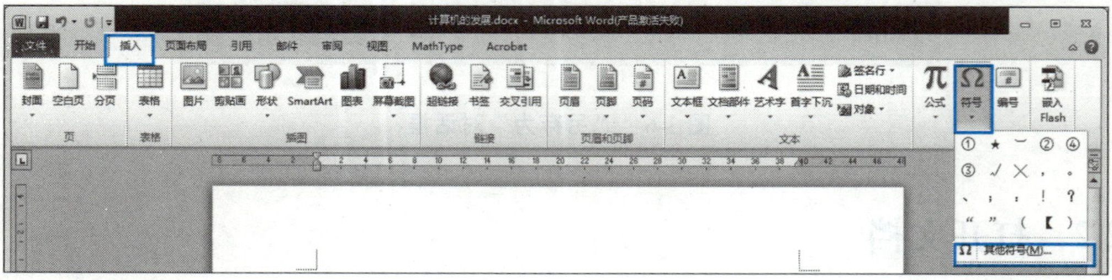

图 3-7　选择“符号”→“其他符号”选项

步骤 3▶ 打开“符号”对话框，在“字体”下拉列表框中选择字体类型，在“子集”下拉列表框中选择符号类型，单击要插入的符号，再单击“插入”按钮插入特殊符号，如图 3-8 所示。

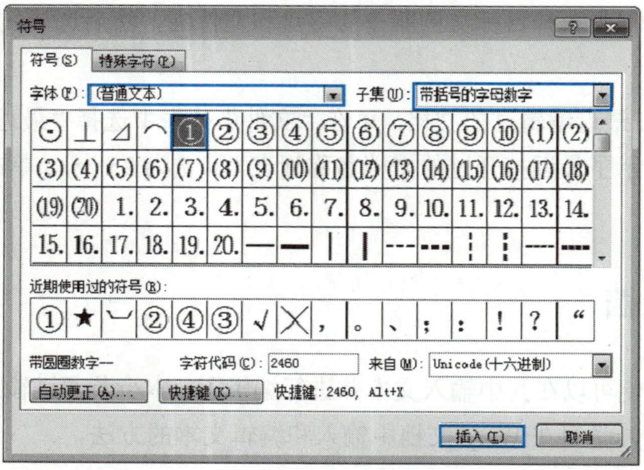

图 3-8　插入特殊符号

步骤 4▶ 用同样的方法输入其他文本，此时的“计算机的发展”文档效果如图 3-9 所示。

计算机的发展历史↵
自 1946 年世界上第一台通用电子计算机 ENIAC 诞生以来，计算机技术获得了迅猛发展。根据所用电子元器件的不同，计算机已历经电子管、晶体管、中小规模集成电路、大规模及超大规模集成电路 4 个阶段。↵
①第 1 代：电子管计算机（1946—1958 年）。其主要特点是：硬件方面，采用电子管作为基本逻辑电路元件，主存储器采用水银延迟线存储器、磁鼓和磁芯等，外存储器则采用磁带；软件方面，只能使用机器语言和汇编语言；计算机体积庞大、运算速度慢、功耗大、可靠性差、价格昂贵；应用以科学计算为主。↵
②第 2 代：晶体管计算机（1958—1964 年）。其主要特点是：硬件方面，采用晶体管作为基本逻辑电路元件，主存储器主要采用磁芯，外存储器开始采用磁盘；软件有了很大的发展，出现了各种各样的高级语言及其编译程序，还出现了以批处理为主的操作系统；计算机的体积大大缩小，耗电减少，重量减轻，可靠性提高，性能比第 1 代计算机有很大的提高；应用以科学计算和各种事务处理为主，并开始用于工业控制。↵
④第 4 代：大规模及超大规模集成电路计算机（1971 年至今）。其主要特点是：硬件方面，计算机的逻辑部件由大规模和超大规模集成电路组成，主存储器采用半导体存储器，计算机的外围设备多样化、系列化；软件方面，实现了软件固化技术，出现了面向对象的计算机程序设计思想，并广泛采用了数据库技术、计算机网络技术。↵
③第 3 代：中小规模集成电路计算机（1964—1971 年）。其主要特点是：硬件方面，计算机的主要逻辑部件采用中小规模集成电路，主存储器开始采用半导体存储器；软件方面，对计算机程序设计语言进行了标准化，并提出了结构化程序设计思想；计算机的体积进一步减小，运算速度、运算精度、存储容量及可靠性等主要性能指标大为改善；计算机的应用领域和普及程度有了迅速发展。↵

图 3-9　“计算机的发展”文档效果

2. 移动光标和插入、删除文本

在输入和修改文本的过程中，插入符非常重要，它决定了输入和修改文本的位置。要将插入符移动到现有文本的某处，可将鼠标指针移动到该位置并单击。

在输入文本的过程中难免会出现多字、少字或输入错误的现象，此时便需要对文本执行删除、添加和修改等操作，具体方法如下。

步骤 1▶　在输入的过程中如果输入有误，可将插入符置于错误处，然后按“Backspace”键删除插入符左侧的字符，如图 3-10 所示。若按“Delete”键，可删除插入符右侧的字符。

计算机的发展历史↵　→按“Backspace”→　计算机的发展↵

图 3-10　删除插入符左侧字符

提　示

默认情况下，用“Backspace”键或“Delete”键只能删除一个字符，如果要删除一行、一段或整个文档内容，可先选中要删除的内容，然后按“Backspace”键或“Delete”键。

步骤 2▶　如果需要增补文本，可将插入符置于要增补文本处，然后输入所需内容即可。

步骤 3▶　要修改文本，可选定要修改的文本，然后输入新文本即可。

3. 选择文本

在对文本进行移动、复制或设置格式等操作时，通常需要先选择相应的文本。选择文本最常用的方法是使用鼠标拖动选取。

将插入符置于要选定文本的最前面（或最后面），按住鼠标左键不放，拖动鼠标到要选择文本的结束处，松开鼠标左键即可选中鼠标轨迹经过的文本，如图 3-11 所示。选中的文本将以蓝色底纹显示。若要取消文本的选取，只需在文档的任意位置单击。

计算机的发展↵
自 1946 年世界上第一台通用电子计算机 ENIAC 诞生以来，计算机技术获得了迅猛发展。根据所用电子元器件的不同，计算机已历经电子管、晶体管、中小规模集成电路、大规模及超大规模集成电路 4 个阶段。↵

图 3-11　使用鼠标拖动方式选择文本

除此之外，还可以在文档中使用如下方法选择文本。

（1）选择一行文本：将鼠标指针移至文本左侧，当鼠标指针变为形状时单击。

（2）选择连续多行文本：将鼠标指针移至文本左侧，当鼠标指针变为形状时单击并按住鼠标左键向上或向下拖动；或是先选择首行文本，然后按住“Shift”键单击要选择的最后一行文本的任意位置。

（3）选择一个段落：在该段落左侧空白处双击，或是在该段落中任意位置处三击。

（4）选择连续的文本区域：按住“Shift”键单击要选择文本的开头和结尾处。

（5）选择不连续的文本区域：选择一个文本区域后，按住“Ctrl”键再选择其他文本区域。

（6）选择矩形文本区域：将鼠标指针置于要选择的文本一角，按住“Alt”键拖动鼠标到要选择的文本的对角。

（7）选择整篇文档：将鼠标指针移至文档左侧，当鼠标指针变为形状时三击；另外，按“Ctrl+A”组合键也可选择整篇文档内容。

（8）选择一个英文单词：双击该单词。

（9）选择一句话：按住“Ctrl”键，单击句子中的任何位置，可选中两个句号中间的一个完整的句子。

（10）选择一行中插入符前面的文本：按“Shift+Home”组合键。

（11）选择一行中插入符后面的文本：按“Shift+End”组合键。

（12）选择从插入符至文档首的内容：按“Ctrl+Shift+Home”组合键。

（13）选择从插入符至文档尾的内容：按“Ctrl+Shift+End”组合键。

技　巧

若需要调整选择区域，可按住“Shift”键并拖动鼠标，或按住“Shift”键后按

"Home/End/Page Up/Page Down/上/下/左/右箭头"键扩展或收缩选择区域。

4. 移动和复制文本

编辑文本的操作主要有移动、复制、查找和替换。例如，对放置不当的文本，可快速将其移动到合适位置；对重复出现的文本，不必一次次地重复输入，只要复制即可。移动与复制操作不仅可以在同一个文档中使用，还可以在多个文档之间进行。

移动和复制文本常用的方法有两种：一种是使用鼠标拖动；另一种是使用"剪切""复制""粘贴"命令。若要短距离移动或复制文本，使用鼠标拖动的方法比较方便，具体方法如下。

步骤 1▶ 选中要移动的文本或段落（将段落标记也选中时，表示移动整个段落），将鼠标指针移至其上方，此时鼠标指针显示为形状，如图 3-12 所示。

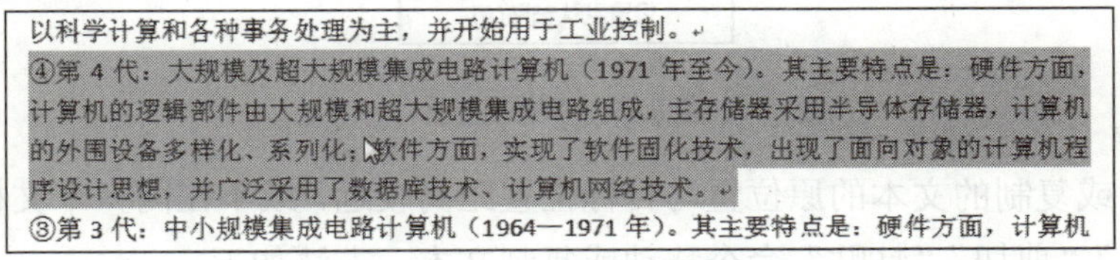

以科学计算和各种事务处理为主，并开始用于工业控制。↵
④第 4 代：大规模及超大规模集成电路计算机（1971 年至今）。其主要特点是：硬件方面，计算机的逻辑部件由大规模和超大规模集成电路组成，主存储器采用半导体存储器，计算机的外围设备多样化、系列化；软件方面，实现了软件固化技术，出现了面向对象的计算机程序设计思想，并广泛采用了数据库技术、计算机网络技术。↵
③第 3 代：中小规模集成电路计算机（1964—1971 年）。其主要特点是：硬件方面，计算机

图 3-12　选中要移动的文本并将鼠标指针移至其上方

步骤 2▶ 按住鼠标左键并拖动至目标位置时释放鼠标，所选文本即被移动至目标位置，原位置不再保留移动的文本，如图 3-13 所示。

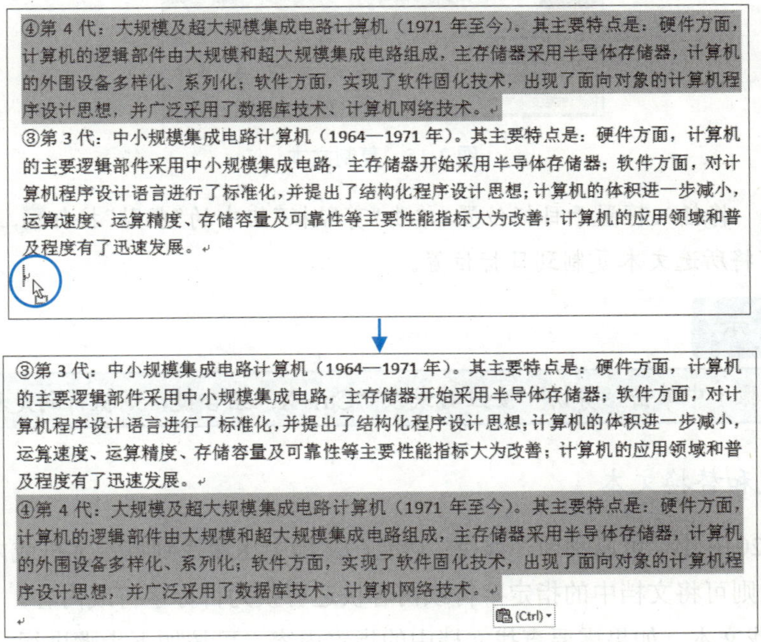

④第 4 代：大规模及超大规模集成电路计算机（1971 年至今）。其主要特点是：硬件方面，计算机的逻辑部件由大规模和超大规模集成电路组成，主存储器采用半导体存储器，计算机的外围设备多样化、系列化；软件方面，实现了软件固化技术，出现了面向对象的计算机程序设计思想，并广泛采用了数据库技术、计算机网络技术。↵
③第 3 代：中小规模集成电路计算机（1964—1971 年）。其主要特点是：硬件方面，计算机的主要逻辑部件采用中小规模集成电路，主存储器开始采用半导体存储器；软件方面，对计算机程序设计语言进行了标准化，并提出了结构化程序设计思想；计算机的体积进一步减小，运算速度、运算精度、存储容量及可靠性等主要性能指标大为改善；计算机的应用领域和普及程度有了迅速发展。↵

③第 3 代：中小规模集成电路计算机（1964—1971 年）。其主要特点是：硬件方面，计算机的主要逻辑部件采用中小规模集成电路，主存储器开始采用半导体存储器；软件方面，对计算机程序设计语言进行了标准化，并提出了结构化程序设计思想；计算机的体积进一步减小，运算速度、运算精度、存储容量及可靠性等主要性能指标大为改善；计算机的应用领域和普及程度有了迅速发展。↵
④第 4 代：大规模及超大规模集成电路计算机（1971 年至今）。其主要特点是：硬件方面，计算机的逻辑部件由大规模和超大规模集成电路组成，主存储器采用半导体存储器，计算机的外围设备多样化、系列化；软件方面，实现了软件固化技术，出现了面向对象的计算机程序设计思想，并广泛采用了数据库技术、计算机网络技术。↵
(Ctrl)
↵

图 3-13　拖动文本到目标位置

步骤 3▶ 若在拖动鼠标的同时按住“Ctrl”键，此时鼠标指针变为形状，表示执行的是复制操作，释放鼠标后，原位置的文本依然保留。

提　示

在将文本内容移动或复制到目标位置后，在该内容的右下方通常会显示一个“粘贴选项”标记，单击该标记，可在展开的列表中选择粘贴选项，以决定移动或复制过来的文本格式（将鼠标指针移到相应选项上会出现提示文字），如图 3-14 所示。

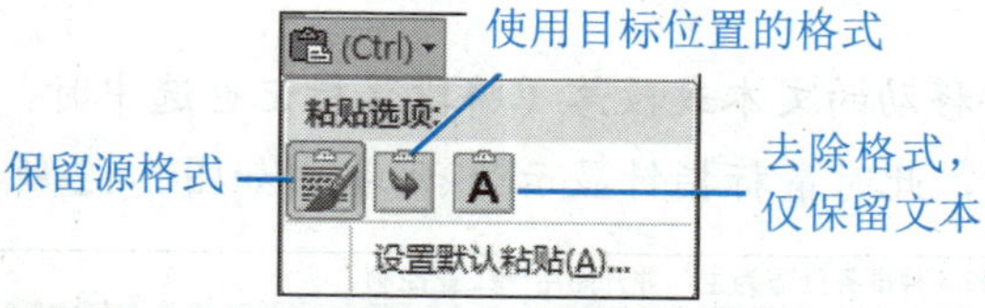

图 3-14　粘贴选项

若要移动或复制的文本的原位置与目标位置距离较远，或不在同一个文档中，此时可以使用“复制”“剪切”“粘贴”命令移动或复制文本，方法如下。

步骤 1▶ 选中要复制的文本，单击“开始”选项卡“剪贴板”组中的“复制”按钮（或按“Ctrl+C”组合键），如图 3-15 所示。

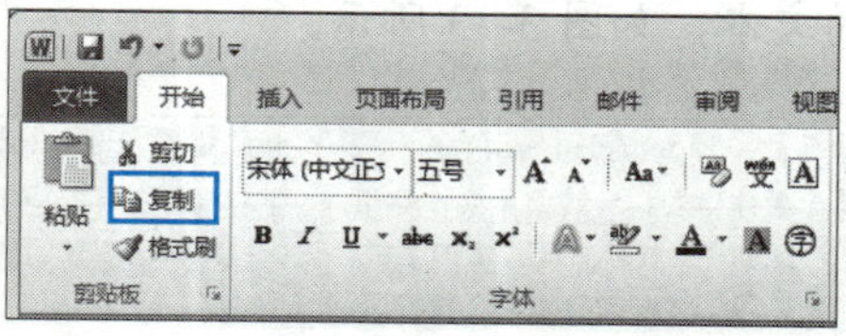

图 3-15　复制文本

步骤 2▶ 将插入符置于目标位置，单击“剪贴板”组中的“粘贴”按钮，或按“Ctrl+V”组合键，即可将所选文本复制到目标位置。

提　示

若在步骤 1 中单击“剪切”按钮或按“Ctrl+X”组合键，则执行的是移动操作。

5. 查找和替换文本

在 Word 2010 中，可以利用“查找”功能在文档中迅速找到特定字符或内容，而利用“替换”功能则可将文档中的指定字符或内容快速替换为目标字符或内容。

（1）查找文本。如果需要查找文档中的指定内容，可按如下步骤进行。

步骤 1▶ 在文档中某个位置单击以确定查找的开始位置，如果希望从文档开始位置进行查找，应在文档的开始位置单击。

步骤 2▶ 单击“开始”选项卡“编辑”组中的“查找”按钮（见图 3-16），打开“导航”任务窗格，在窗格上方的编辑框中输入要查找的内容，如“计算机”。

步骤 3▶ 此时文档中将以橙色底纹突出显示查找到的内容，左侧窗格中则显示要查找的文本所在的标题，如图 3-17 所示。单击“下一处搜索结果”按钮，可从上到下将文档依次定位到查找到的内容处；单击“上一处搜索结果”按钮，则可从下到上定位搜索结果。单击“导航”任务窗格右上角的“关闭”按钮，关闭窗格。

提 示

> 要查找文档中的特定内容，如图形、表格和公式等，可单击“导航”任务窗格编辑框右侧的“查找选项和其他搜索命令”按钮，在展开的列表中选择相应选项即可。若在列表中选择“高级查找”选项，可打开“查找和替换”对话框，在“查找”选项卡中可对查找进行更多的设置。

图 3-16 单击“查找”按钮

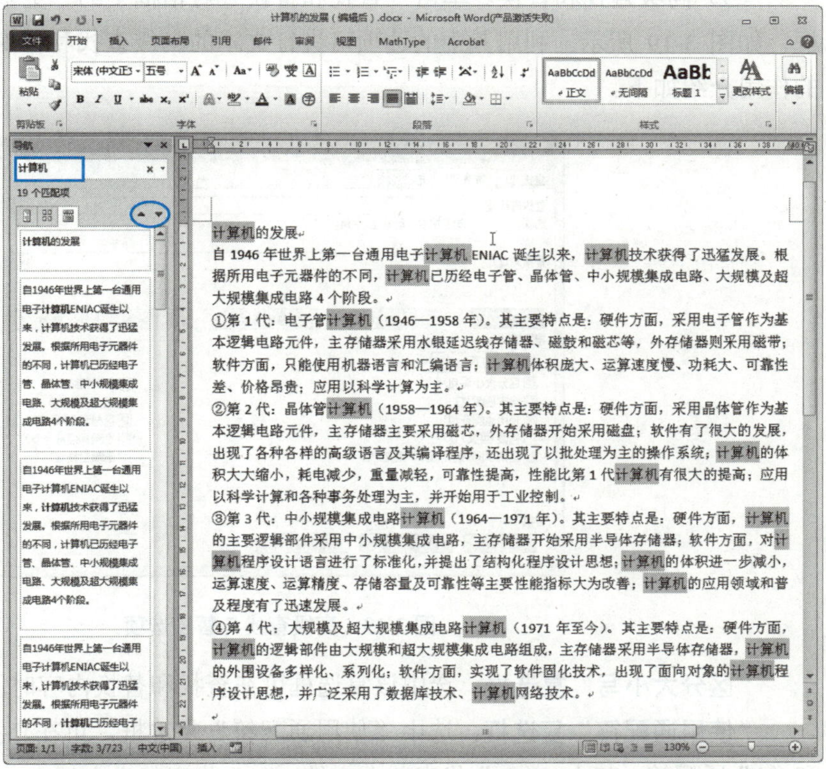

图 3-17 查找文本

（2）替换文本。在“开始”选项卡的“编辑”组中单击“替换”按钮，或按“Ctrl+H”组合键，打开“查找和替换”对话框（见图 3-18），在其中进行如下操作以替换文本。

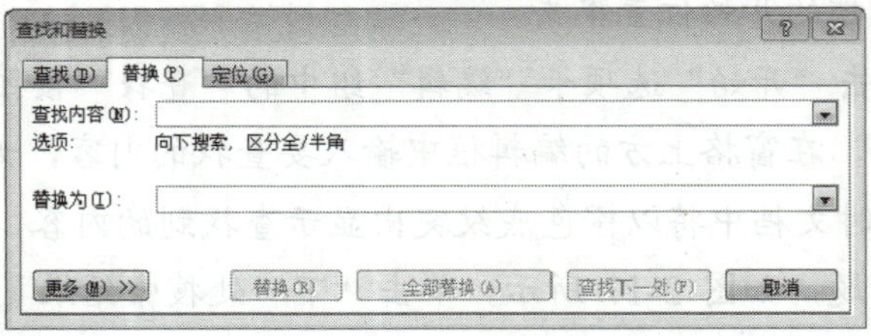

图 3-18 “替换”选项卡

步骤 1▶ 在“查找内容”编辑框内输入要查找的内容。

步骤 2▶ 在“替换为”编辑框内输入替换后的内容。

步骤 3▶ 单击“替换”按钮。当查找到满足条件的内容时，系统会将其突出显示。此时，单击“查找下一处”按钮，可不替换该处内容，继续查找下一处符合条件的内容；单击“替换”按钮，可替换该处内容为指定内容，而不影响其他任何内容；如果直接单击“全部替换”按钮，将搜索整个文档中所有符合条件的内容并自动将其替换成指定的内容。

（3）高级查找和替换。单击“查找和替换”对话框中的“更多”按钮，展开该对话框，如图 3-19 所示。利用其中的选项可进行文本的高级查找和替换操作，现将部分选项的作用介绍如下。

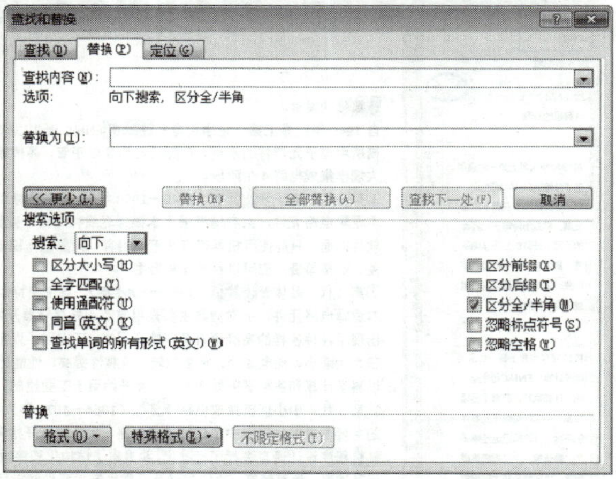

图 3-19 高级查找与替换选项

“区分大小写”复选框：选中该复选框可在查找和替换内容时区分英文大小写。

“使用通配符”复选框：选中“使用通配符”复选框，可在查找和替换时使用“?”和“*”通配符，其中，“？”代表单个字符，“*”代表任意字符串。例如，在“查找内容”编辑框中输入“电？”，可以查找“电话”“电信”“电脑”等文本；输入“电*”可以查找“电话”“电话机”“电视机”等文本。需要注意的是，通配符需使用半角符号，即在英文输入法状态下输入的符号。

"格式"按钮： 单击该按钮可查找具有特定格式的文本，或将原文本格式替换为指定的格式。

"特殊格式"按钮： 可查找诸如段落标记、制表符等特殊标记。

6. 撤销、恢复和重复

（1）Word 具有记录近期刚完成的一系列操作步骤的功能。若用户操作失误，可执行"撤销"命令来依次往后逆向撤销已做的操作。执行"撤销"命令的常用方法如下。

① 单击快速访问工具栏中的"撤销"按钮。

② 按"Ctrl+Z"组合键。

③ 若要撤销多步操作，可重复单击"撤销"按钮；或单击该按钮右侧的三角按钮，在展开的列表中选择需要撤销的多步操作。

（2）恢复是对前一步执行的撤销操作进行"反撤销"，即把刚才撤销掉的内容恢复回来。若没有进行"撤销"操作，则"恢复"命令无效。执行"恢复"命令的常用方法如下。

① 单击快速访问工具栏中的"恢复"按钮。

② 按"Ctrl+Y"组合键。

（3）"恢复"按钮是个可变按钮，当用户撤销了某些操作时该按钮变为"恢复"按钮；当用户进行诸如录入文本、编辑文档等操作时，该按钮变为"重复"按钮，允许用户重复执行最近所做的操作。

3.2.4 打印文档

如果用户的电脑连接有打印机，可以使用以下操作将制作的文档打印出来。为防止出错，在打印文档前应先进行打印预览，以便及时修改文档中出现的问题，避免因版面不符合要求而直接打印造成纸张浪费。

步骤 1▶ 切换至"文件"选项卡，在打开的界面中选择左侧窗格的"打印"选项，在右侧窗格可预览打印效果，如图 3-20 所示。

步骤 2▶ 对文档进行打印预览时，可通过右侧窗格下方的相关按钮查看预览内容。如果文档有多页，单击右侧窗格左下角的"上一页"按钮◀和"下一页"按钮▶，可查看前一页或下一页的预览效果。在这两个按钮之间的编辑框中输入页码数字，然后按"Enter"键，可快速查看该页的预览效果。

步骤 3▶ 在右侧窗格的右下角，通过单击"缩小"按钮⊖或"放大"按钮⊕，或拖动显示比例滑块，可缩小或放大预览效果的显示比例。

步骤 4▶ 单击右侧窗格右下角的"缩放到页面"按钮，将以当前页面显示比例进行预览。

步骤 5▶ 预览无误后，可在中间窗格设置打印选项，如在"打印机"下拉列表框中选择要使用的打印机名称。如果当前只有一台可用打印机，则不必执行此操作。

步骤 6▶ 在“打印所有页”下拉列表框中选择要打印的文档页面内容（见图 3-21）；在中间窗格的“份数”编辑框中输入要打印的份数。如果只打印一份，则不必执行此操作。设置完毕，单击“打印”按钮打印文档。

提 示

> 若只需打印插入符所在页，可在“打印所有页”下拉列表框中选择“打印当前页面”选项；若要打印全部页面，则可保持默认的“打印所有页”选项。
>
> 若要打印指定页，可在“打印所有页”下拉列表框中选择“打印自定义范围”选项，然后在其下方的“页数”编辑框中输入页码范围（也可直接在“设置”区的“页数”编辑框中输入）。例如，输入“3-6”表示打印第 3 页至第 6 页的内容；输入“3,6,10”表示只打印第 3 页、第 6 页和第 10 页。
>
> 如果选中文档中的部分内容，在“打印所有页”下拉列表框中选择“打印所选内容”选项，将只打印选中的内容。

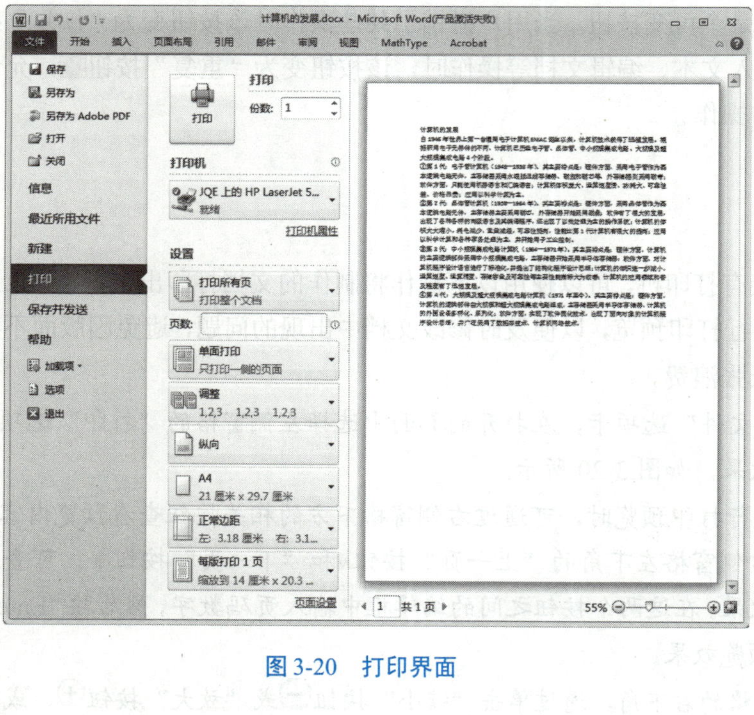

图 3-20　打印界面

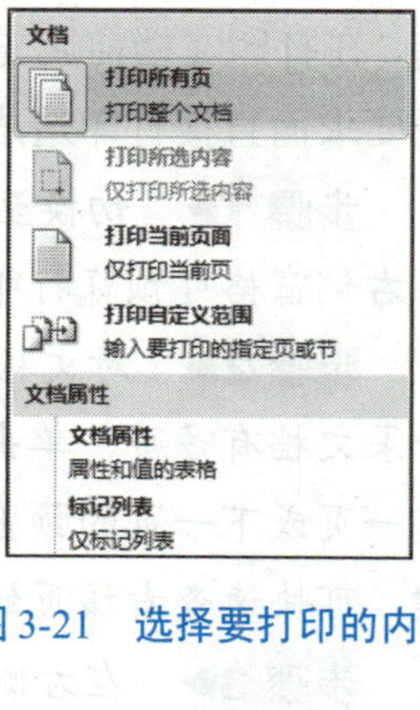

图 3-21　选择要打印的内容

3.2.5 保护文档

通过为文档设置密码，可以控制其他人对文档的访问，防止未经授权查阅和修改文档。要为文档设置密码进行保护，操作步骤如下。

步骤 1▶ 选择“文件”→“信息”选项，单击“保护文档”按钮下方的三角按钮，在展开的列表中选择“用密码进行加密”选项，如图 3-22 所示。

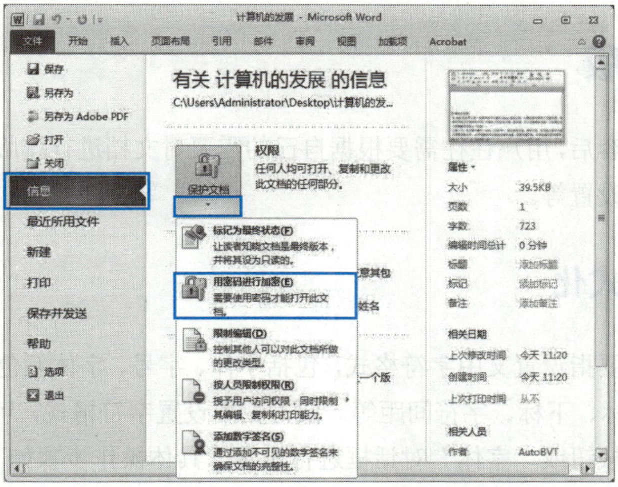

图 3-22　选择“用密码进行加密”选项

步骤 2▶ 打开“加密文档”对话框，在“密码”编辑框中输入要设置的密码，如“123456”，此时输入的内容将以“●”形式显示，然后单击“确定”按钮，如图 3-23 所示。

步骤 3▶ 打开“确认密码”对话框，再次输入设定的密码（见图 3-24），然后单击“确定”按钮。

步骤 4▶ 保存文档，完成文档的加密。

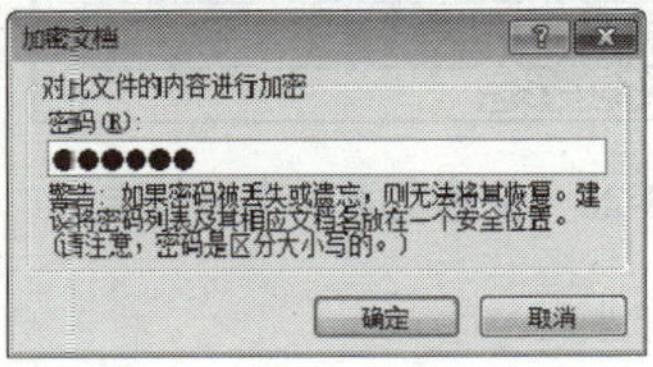

图 3-23　“加密文档”对话框

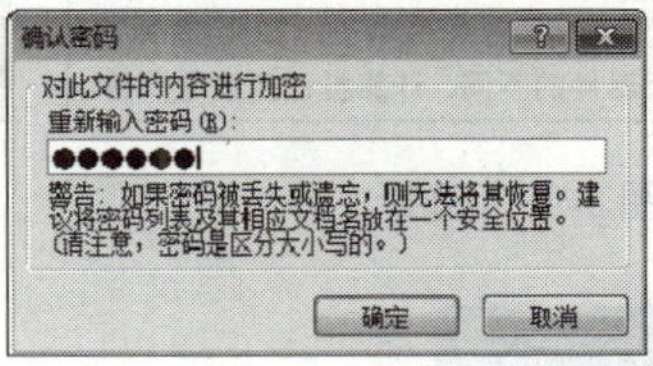

图 3-24　“确认密码”对话框

提　示

在输入密码时需要注意：密码区分大小写，输入时要留意是否按下了“Caps Lock”键，以免因密码错误无法打开文档。

在打开已加密的文档时，会自动打开“密码”对话框，在该对话框中输入正确的密码，然后单击“确定”按钮可打开加密的文档。

若要修改文档密码，可在打开文档后执行与设置密码相同的操作。

若要取消文档的加密状态，可打开“加密文档”对话框，然后清除“密码”编辑框中的内容，再单击“确定”按钮。

3.3 文档排版

在输入文档内容后，用户往往需要根据自己的需要对文档进行排版，包括文本格式化、段落格式化和页面设置等。

3.3.1 文本格式化

文本格式化主要指设置文中字符格式，包括字体、字号、字体颜色，以及加粗、倾斜、下划线、底纹、上标、下标、字符间距等。要为文本设置字符格式，可利用“开始”选项卡“字体”组中的按钮或“字体”对话框进行设置。具体操作步骤如下。

步骤 1▶ 打开本书配套素材“素材与实例”→“第 3 章”→“计算机的发展（排版前）”文档。选中要设置字符格式的标题文本，如图 3-25 所示。

步骤 2▶ 单击“开始”选项卡“字体”组中“字体”下拉列表框 宋体 右侧的三角按钮，在展开的列表中选择所需字体，如“黑体”；单击“字号”下拉列表框 五号 右侧的三角按钮，在展开的列表中选择字号，如“小初”，如图 3-26 所示。

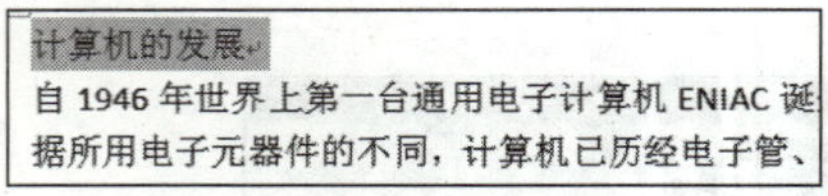

图 3-25 选择文本

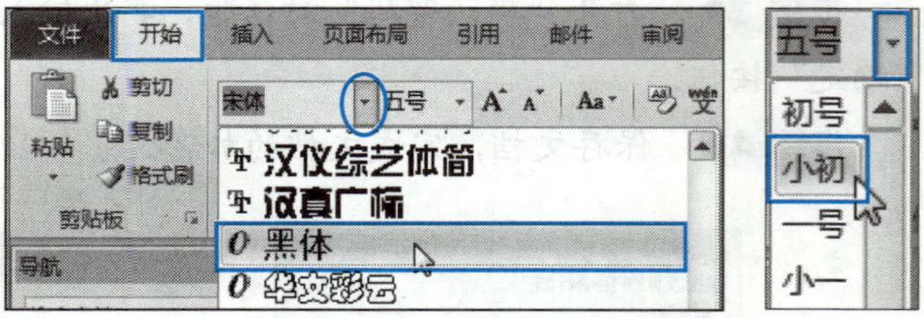

图 3-26 设置文本的字体与字号

技 巧

字号的表示方法有两种：一种以“号”为单位，如初号、一号、二号……，数值越大，显示的文字越小；另一种以“磅”为单位，如 10，10.5，15……，数值越大，显示的文字越大。用户也可直接在“字号”编辑框中输入所需字号或磅值。

步骤 3▶ 单击“字体”组中“字体颜色” A 右侧的三角按钮，在展开的列表中选择“红色”选项，将字体颜色设为红色，如图 3-27 所示。

提　示

Word 2010 中提供了实时预览功能，用户可以实时预览设置效果。例如，当用户将鼠标指针移至某个字体选项上时，文档中所选字符将实时显示该字体效果。

步骤 4▶ 保持标题文本的选中状态，单击“字体”组中的“文本效果”按钮，在展开的列表中选择“阴影”→“右上斜偏移”选项，为所选文本设置阴影效果，如图 3-28 所示。

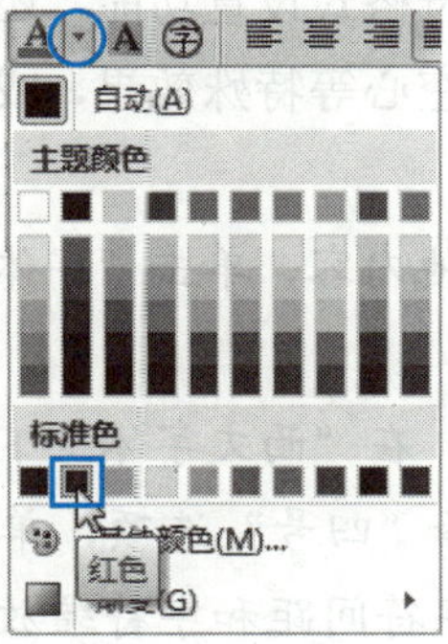

图 3-27　设置字体颜色

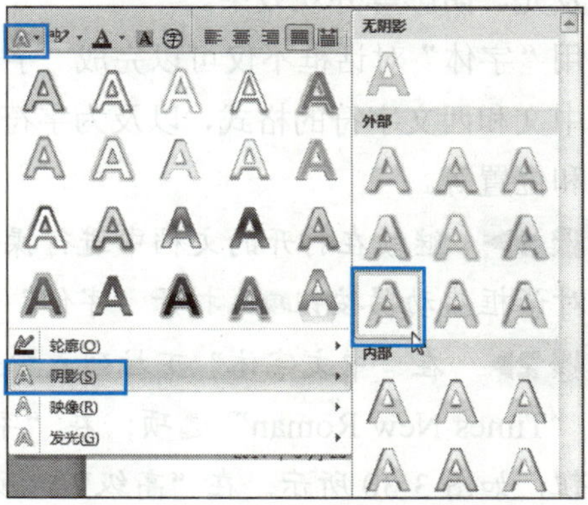

图 3-28　为字符设置阴影效果

Word 2010“开始”选项卡“字体”组中其他常用按钮的作用如图 3-29 所示，用法如下。

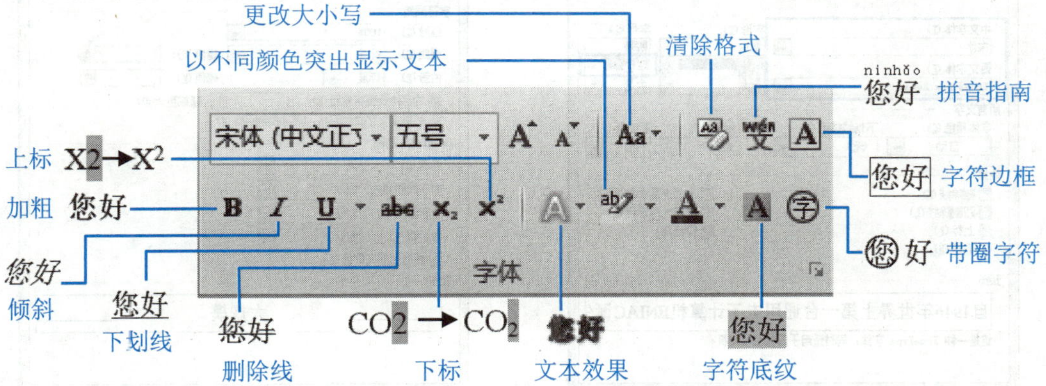

图 3-29　“字体”组中各按钮的意义

“**倾斜**”**按钮**：单击该按钮或按“Ctrl+I”组合键，可将所选文本设置为倾斜；再次执行此操作可取消所选文本的倾斜效果。

“**下划线**”**按钮**：单击该按钮或按“Ctrl+U”组合键，可为所选文本添加下划线。单击其右侧的三角按钮，可在展开的下拉列表中设置下划线线型及颜色。

“**删除线**”、“**字符边框**”、“**字符底纹**”、“**上标**”和“**下标**”**按钮**：单击相应的按钮，可为所选文本设置删除线、边框和底纹，或将所选文本设置为上标或下标效果。

“以不同颜色突出显示文本”按钮：单击该按钮右侧的三角按钮，可在展开的下拉列表中设置所选文本的背景颜色，从而突出显示文本。

“拼音指南”：为汉字加注或取消拼音。

“带圈字符”按钮：为所选字符添加或取消所选字符的圈号。

“清除格式”按钮：清除所选文本的所有格式，将其恢复为系统默认格式。

“文本效果”按钮：单击该按钮右侧的三角按钮，可在展开的列表中为所选文本应用发光、阴影等外观效果。

利用“字体”对话框不仅可以完成“字体”组中的所有字符格式设置功能，还可以分别设置中文和西文字符的格式，以及为字符设置阴影、阳文、空心等特殊效果，或设置字符间距和位置等。

步骤 1▶ 继续在打开的文档中进行操作。选中文档的其他内容，单击“字体”组右下角的对话框启动器按钮，打开“字体”对话框。

步骤 2▶ 在“中文字体”下拉列表中选择“宋体”选项；在“西文字体”下拉列表中选择“Times New Roman”选项；在“字号”列表框中选择“四号”选项，单击“确定”按钮，如图 3-30 所示。在“高级”选项卡中则可以设置字符间距和字符缩放等，如图 3-31 所示。

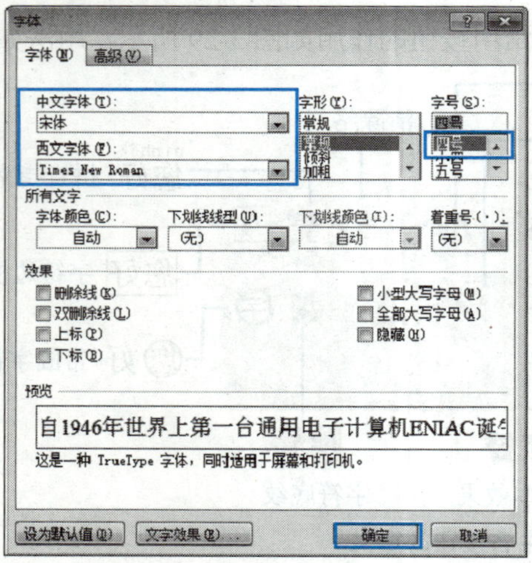

图 3-30 利用“字体”对话框设置文本字符格式

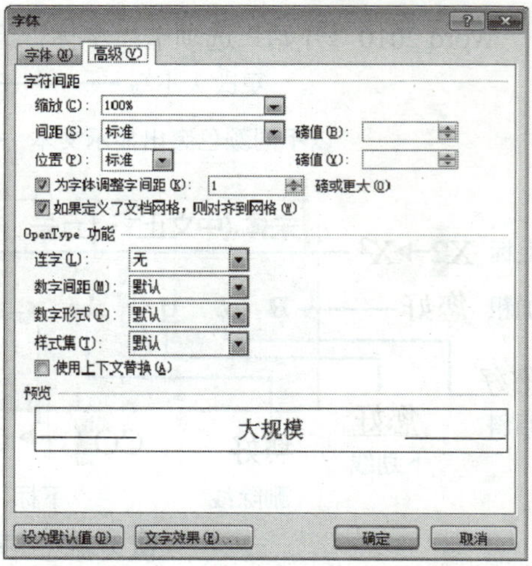

图 3-31 设置字符间距

提　示

字符间距是指字符之间的距离。在该下拉列表框中选择“加宽”或“紧缩”选项，然后可在右侧的“磅值”编辑框中设置需要加宽或紧缩的字符间距值。若选择“标准”选项，可恢复默认的字符间距；字符缩放是指在保持字符高度不变的情况下改变字符宽度，100%表示无缩放，用户可在该下拉列表框中选择缩放百分比，或直接输入缩放百分比。

3.3.2 段落格式化

1. 段落的基本格式

段落的基本格式包括段落的缩进、对齐、段落间距及行距等。需要注意的是，如果要设置单个段落的格式，只需将插入符置于该段落中，然后进行设置即可；如果要同时设置多个段落的格式，则需要将这些段落同时选中后设置。具体操作步骤如下。

步骤 1▶ 继续在打开的文档中进行操作。选中要设置对齐的标题段落或将插入符置于标题段落中，单击“开始”选项卡“段落”组中的“居中”按钮，即可将选中的段落居中对齐，如图 3-32 所示。

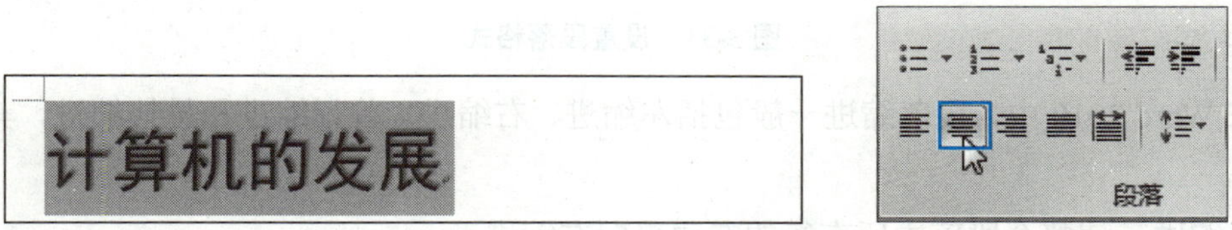

图 3-32 设置段落文本居中对齐

在 Word 2010 的“段落”组中提供了 5 个段落对齐方式按钮，作用如下。

“文本左对齐”按钮：单击该按钮可使段落文本靠页面左侧对齐。

“居中”按钮：单击该按钮可使段落文本居中对齐。

“文本右对齐”按钮：单击该按钮可使文本靠右对齐。

“两端对齐”按钮：单击该按钮可使文本对齐到页面左右两端，并根据需要增加或缩小字间距，不满一行的文本靠左对齐。

“分散对齐”按钮：单击该按钮可使文本左右两端对齐。与“两端对齐”不同的是，不满一行的文本会均匀分布在左右文本边界之间。

步骤 2▶ 选中正文文本，然后单击“段落”组右下角的对话框启动器按钮，打开“段落”对话框。

步骤 3▶ 在“缩进”设置区的“特殊格式”下拉列表中选择“首行缩进”，并在“磅值”编辑框中设置缩进值为“2 字符”（单击编辑框右侧的向上或向下三角按钮可增加或减少缩进值）；在“间距”设置区中将“段前”和“段后”值分别设置为“0.5 行”和“0 行”；在“行距”下拉列表框中选择“固定值”，然后将值设置为“22 磅”，如图 3-33 所示。

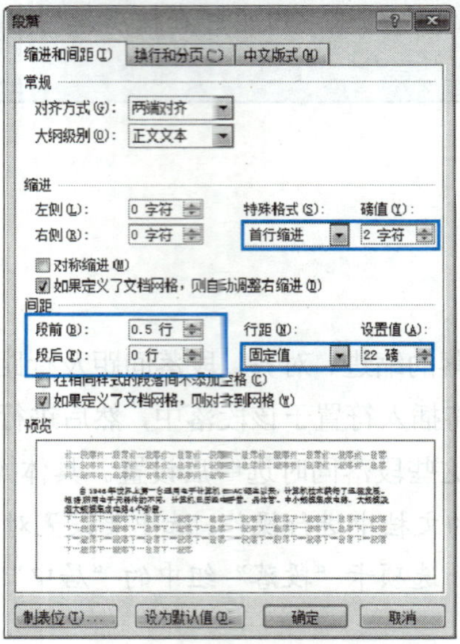

图 3-33　设置段落格式

在 Word 2010 中，段落缩进一般包括左缩进、右缩进、首行缩进和悬挂缩进，其含义如下。

左缩进：使整个段落中所有行的左边界向右缩进。

右缩进：使整个段落中所有行的右边界向左缩进。

首行缩进：使段落的首行文字相对于其他行向内缩进。一般情况下，段落的第一行要比其他行缩进两个字符。

悬挂缩进：使段落中除首行外的所有行向内缩进。

段间距是指两个相邻段落之间的距离，行间距则是指段落中行与行之间的距离。Word 2010 提供了以下几种设置行间距的方式。

单倍行距：这是 Word 默认的行距方式，也是最常用的方式。该方式下，当文本的字体或字号发生变化时，Word 会自动调整行距。

多倍行距：顾名思义，该方式下行距将在单倍行距的基础上增加指定的倍数。

固定值：选择该方式后，可在其后的编辑框中输入固定的行距值。该方式下，行距将不随字体或字号的变化而变化。

最小值：选择该方式后，可指定行距的最小值。

步骤 4▶　在“段落”对话框中设置好相关参数后，单击“确定”按钮。最后将文档另存为“计算机的发展（排版后）”。

技 巧

也可以在“页面布局”选项卡“段落”组中精确设置段落的左、右缩进及段前和段后间距，如图 3-34 所示。

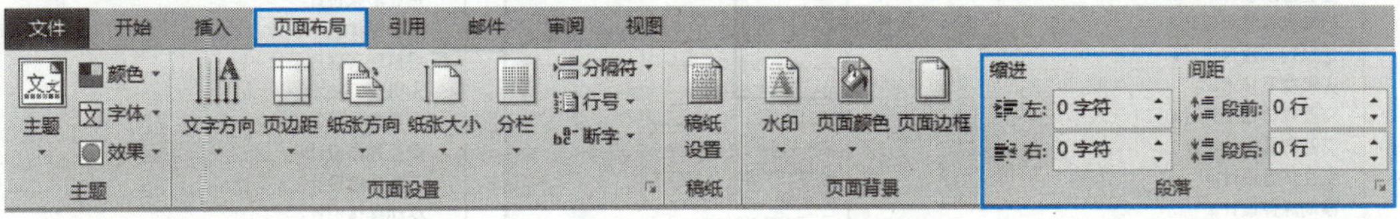

图 3-34 “页面布局”选项卡的“段落”组

2. 复制格式

在 Word 2010 中，用户可利用“格式刷”工具复制段落或字符格式，具体操作步骤如下。

步骤 1▶ 选中要复制格式的源段落文本，单击“开始”选项卡“剪贴板”组中的“格式刷”按钮。

步骤 2▶ 使用拖动方式选中希望应用源段落格式的目标段落，即可完成格式复制。

提 示

若只希望复制段落格式（而不复制字符格式），则只需将插入点置于源段落中，然后单击“格式刷”按钮，再在目标段落中单击即可；若只希望复制字符格式，则在选择文本时，不要选中段落标记。

若要将所选格式应用于文档中的多处内容，可双击“格式刷”按钮，然后依次选择要应用该格式的文本或段落。再次单击“格式刷”按钮可取消其选择。

3. 设置项目符号和编号

为文档的某些内容设置项目符号或编号，可以准确地表达各部分内容之间的并列或顺序关系，使文档更有条理。

步骤 1▶ 打开本书配套素材“素材与实例”→“第 3 章”→“数字媒体艺术设计专业介绍（排版前）”文档。

步骤 2▶ 按住“Ctrl”键的同时选择文档中要添加编号的段落文本，如图 3-35 所示。

步骤 3▶ 单击“开始”选项卡“段落”组中“编号”右侧的三角按钮，在展开的列表中选择一种编号样式，如图 3-36 所示。

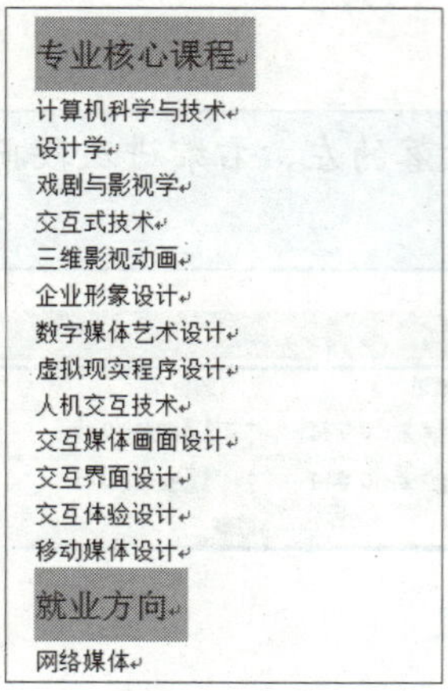

图 3-35　选择段落文本

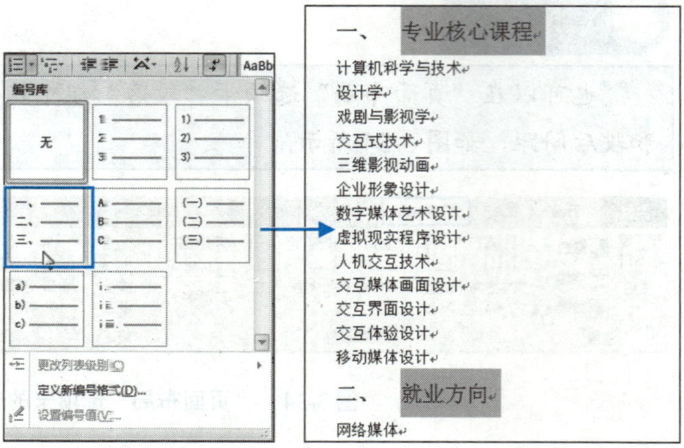

图 3-36　为所选段落添加编号

步骤 4▶　按住“Ctrl”键依次选择“一”和“二”编号下的段落文本，单击“开始”选项卡“段落”组中“项目符号”右侧的三角按钮，在展开的列表中选择一种项目符号样式，如图 3-37 所示。

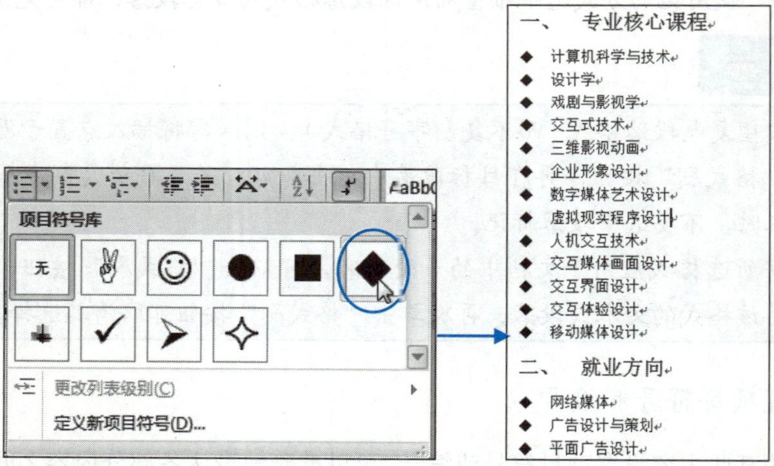

图 3-37　选择项目符号样式

提　示

要取消为段落设置的项目符号或编号，可选中这些段落，然后打开“项目符号”或“编号”下拉列表，从中选择“无”选项即可。

如果对系统预定的项目符号和编号不满意，还可以为段落设置自定义的项目符号和编号：即分别在列表中选择“定义新项目符号”或“定义新编号格式”选项，然后在打开的对话框中进行设置。

4. 设置首字下沉

首字下沉是指将文档中段首的一个字放大（放大的程度可以自行设定），并以下沉或悬挂的方式显示，其他字符围绕在它的右下方或右方。具体操作步骤如下。

步骤 1▶ 将插入点定位在要设置的段落中，然后在“插入”选项卡的“文本”组中单击“首字下沉”按钮，在展开的列表中选择“下沉”选项（见图 3-38），设置完成后效果如图 3-39 所示。

步骤 2▶ 如果要对下沉方式进行详细设置，可在展开的列表中选择“首字下沉选项”选项，打开“首字下沉”对话框，在“位置”区可选择首字下沉的方式，在“选项”区可设置下沉文本的字体、下沉时所占用的行数及与正文之间的距离，如图 3-40 所示。

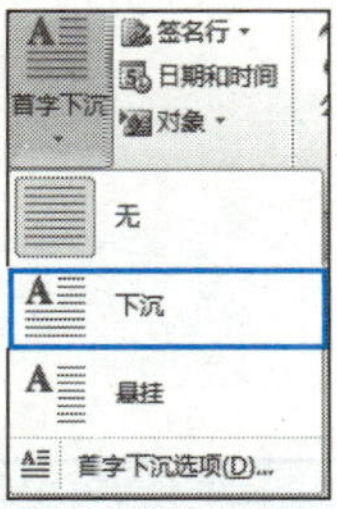

图 3-38 “首字下沉”列表

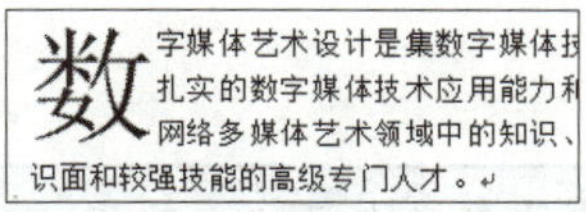

图 3-39 首字下沉效果

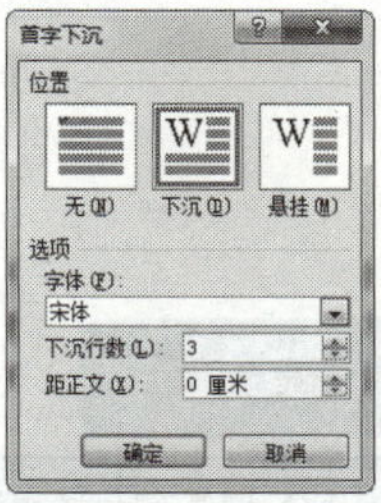

图 3-40 “首字下沉”对话框

5. 设置分栏

默认创建的文档只有一栏，为使文档更加美观和便于阅读，可对文档进行多栏排版。例如，杂志的内页通常都采用多栏排版。具体操作步骤如下。

步骤 1▶ 选择第二段以下的所有内容，然后单击“页面布局”选项卡“页面设置”组中的“分栏”按钮，在展开的列表中选择“两栏”选项（见图 3-41），设置完成后效果如图 3-42 所示。

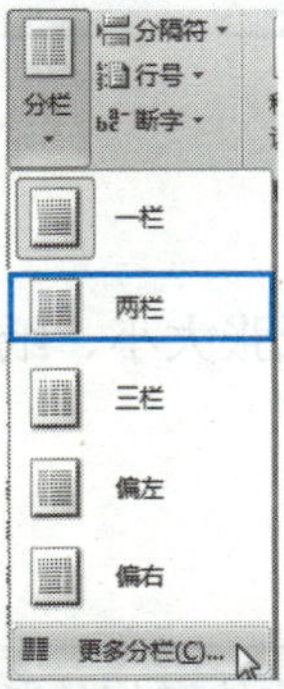

图 3-41 选择“两栏”选项

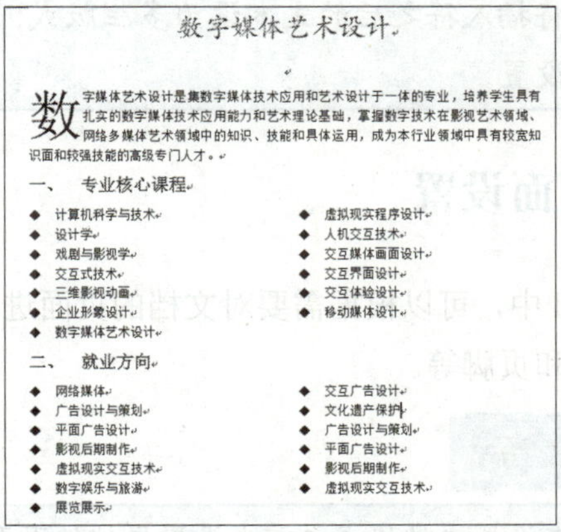

图 3-42 分栏效果

步骤 2▶ 要将文档分为更多的栏或设置分栏选项，可在“分栏”列表底部选择“更多分栏”选项，打开“分栏”对话框，在“栏数”编辑框中输入要分成的栏数，然后选中“栏宽相等”复选框，单击“确定”按钮，即可将所选文本等宽分为多栏，如图 3-43 所示。

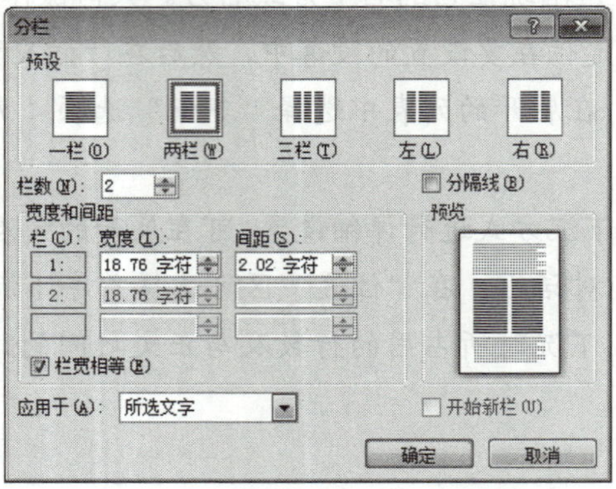

图 3-43　设置更多分栏

提　示

“分栏”对话框中各选项的含义如下。

选择“一栏”，可以将已经分为多栏的文本恢复成单栏版式。

选择“两栏”“三栏”选项，可将所选文本分成等宽的两栏或三栏。

选择“左”或“右”选项，可以将所选文本分成左窄右宽或左宽右窄的两个不等宽栏。如果要设置 3 栏以上的不等宽栏，需在“栏数”编辑框中设置分栏的栏数。

选中“分隔线”复选框，可在栏与栏之间设置分隔线，使各栏之间的界限更明显。

在“宽度”和“间距”编辑框中可设置每一栏的栏宽以及栏间距。

选中“栏宽相等”复选框，可将所有的栏设置为等宽栏。

在“应用于”下拉列表中，选中“本节”，将本节设成多栏版式；选中“插入点之后”，将插入符之后的文本设为多栏版式；选中“整篇文档”，则对文档全部内容应用分栏设置。

3.3.3　页面设置

在 Word 中，可以根据需要对文档的页面进行设置，如设置纸张大小、纸张方向、页边距、页眉和页脚等。

提　示

最好在设置文档格式之前先设置文档的页面，避免设置页面后使文档的版式变乱。

1. 设置纸张大小和方向

默认情况下，Word 文档使用的纸张大小是标准的 A4 纸，用户可根据实际需要改变纸张的大小及方向等。具体操作步骤如下。

步骤 1▶ 要设置纸张大小，可单击“页面布局”选项卡“页面设置”组中的“纸张大小”按钮，在展开的列表中选择所需的纸型选项，此处保持默认的 A4 纸不变，如图 3-44 所示。

步骤 2▶ 若列表中没有所需选项，可选择列表底部的“其他页面大小”选项，打开“页面设置”对话框的“纸张”选项卡，在“纸张大小”下拉列表中进行选择，还可直接在“宽度”和“高度”编辑框中输入数值来自定义纸张大小，如图 3-45 所示。

步骤 3▶ 在“应用于”下拉列表中可选择页面设置的应用范围（整篇文档、当前节或插入符之后），设置完毕，单击“确定”按钮。

步骤 4▶ 纸张方向分为“纵向”和“横向”两种，Word 默认使用的是“纵向”。要改变纸张方向，可单击“页面布局”选项卡“页面设置”组中的“纸张方向”按钮，然后在展开的列表中进行选择，如选择“横向”选项，如图 3-46 所示。

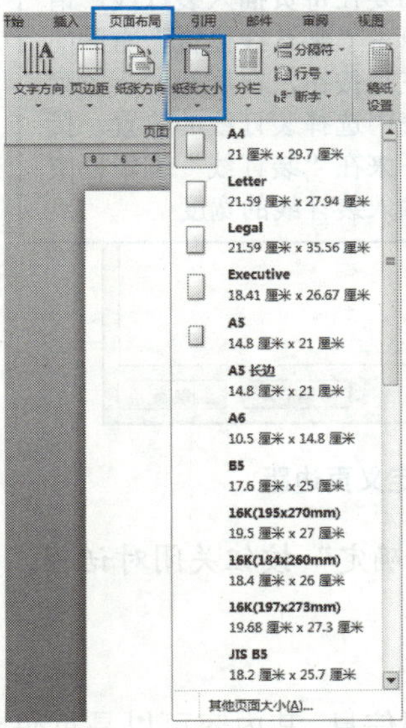

图 3-44 “纸张大小”列表

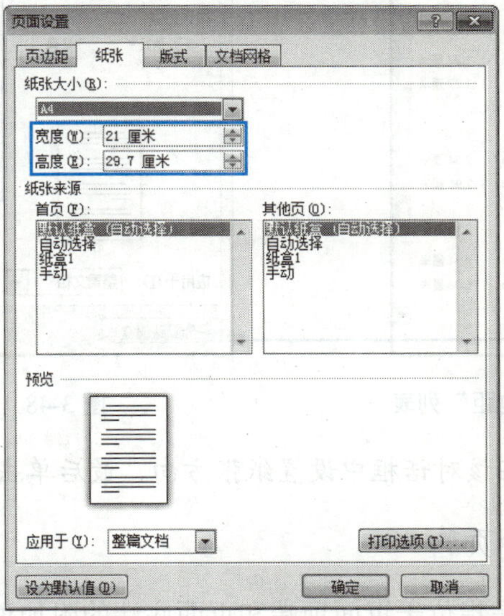

图 3-45 “纸张”选项卡

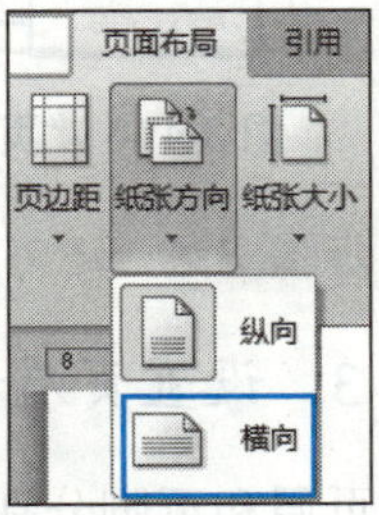

图 3-46 “纸张方向”列表

提 示

> 改变纸张方向不影响文字的排列方向。“纵向”表示所选纸张按纵长横短的方向放置；“横向”表示所选纸张按横长纵短的方向放置。

2. 设置页边距

页边距是指页面边线到正文版心的距离，它指定了页面边缘的空白区域。设置页边距的具体操作步骤如下。

步骤 1▶ 单击“页面布局”选项卡“页面设置”组中的“页边距”按钮，可在展开的列表中选择系统内置的页面边距，如图 3-47 所示。

步骤 2▶ 若列表中没有所需选项，可选择列表底部的“自定义边距”选项，打开“页面设置”对话框的“页边距”选项卡，然后在“上”“下”“左”“右”编辑框中分别自定义页边距值，如图 3-48 所示。

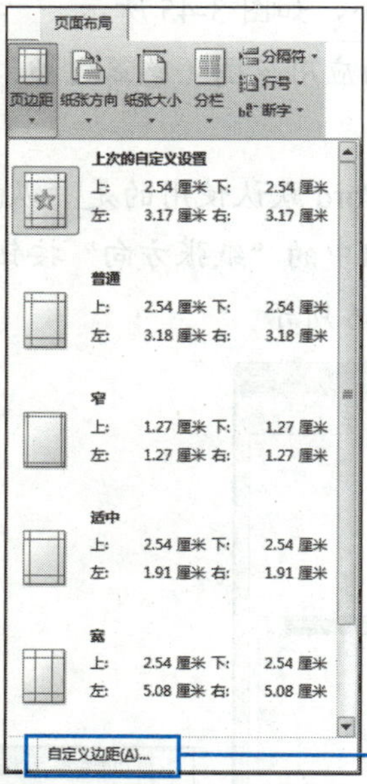

图 3-47 “页边距”列表

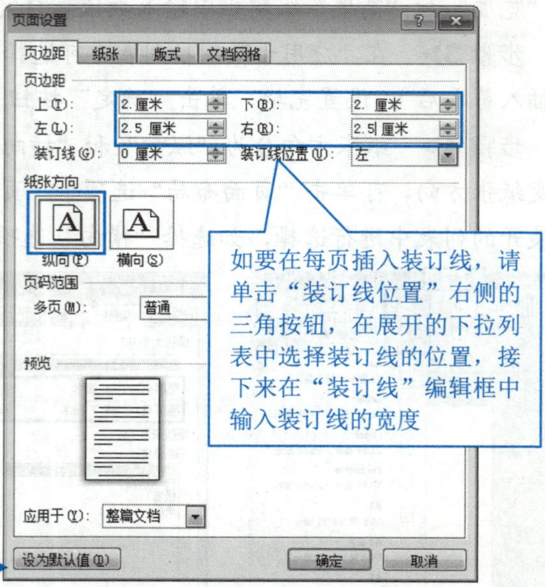

图 3-48 自定义页边距

步骤 3▶ 还可在该对话框中设置纸张方向，最后单击“确定”按钮关闭对话框。

3. 设置页眉和页脚

页眉和页脚分别是指位于页面顶端和页面底端的附加说明信息，其内容可以是页码或任何自定义内容。页眉和页脚可以使页面内容更加完整，版面格式更加丰富。

在“插入”选项卡的“页眉和页脚”组中单击“页眉”按钮（或“页脚”按钮），展开内置页眉（或页脚）样式列表，如图 3-49 所示。从中选择所需样式后，在文档顶部（或底部）会出现页眉编辑区（或页脚编辑区）供用户编辑页眉（或页脚），同时功能区会显示“页眉和页脚工具 设计”选项卡，如图 3-50 所示。

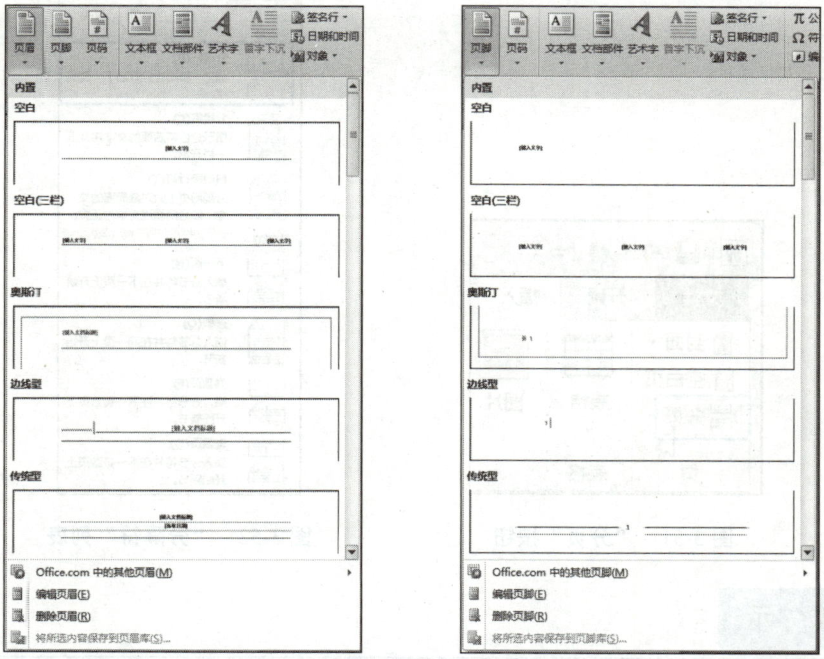

图 3-49　内置页眉、页脚样式列表

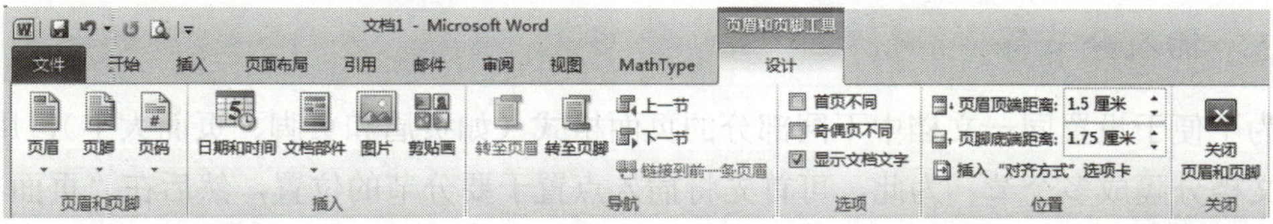

图 3-50　“页眉和页脚工具　设计”选项卡

当页眉和页脚处于编辑状态时，文档正文内容呈灰色显示，用户可根据需要编辑页眉内容。单击“页眉和页脚工具　设计”选项卡“导航”组中的“转至页脚”按钮或“转至页眉”按钮，可在页眉和页脚之间进行切换操作。页眉和页脚编辑完毕，单击“页眉和页脚工具　设计”选项卡中的“关闭页眉和页脚”按钮或双击页面空白处，即可退出页眉和页脚的编辑状态，此时，文档正文内容恢复正常色彩显示，而页眉和页脚内容则呈灰色显示。

4. 设置分页

在文档中，默认情况下只有当内容填满一整页时 Word 才会自动分页。用户也可以通过插入分页符，在指定位置对文档进行强制分页。为此，可使用以下两种方法。

（1）将插入点定位在需要分页的位置，然后单击“插入”选项卡“页”组中的“分页”按钮（见图 3-51），即可在插入点处为文档分页。

（2）将插入点定位在需要分页的位置，单击“页面布局”选项卡“页面设置”组中的“分隔符”按钮，在展开的列表中选择“分页符”选项（见图 3-52），即可在插入点处为文档分页。

图 3-51 “分页”按钮

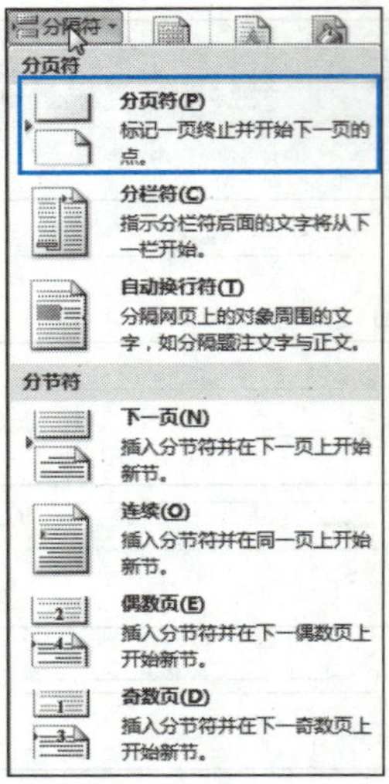

图 3-52 “分隔符”列表

提　示

用户也可通过按“Ctrl+Enter”组合键在文档的插入点处插入分页符。

5. 插入分节符

为了便于设置同一文档中不同部分的页面格式（如页眉和页脚、页面大小），用户还可将文档分隔成多个节。为此，可首先将插入点置于要分节的位置，然后在“页面布局”选项卡的“页面设置”组中单击“分隔符”按钮，在打开列表的“分节符”分类中选择所需分节符（见图 3-52），一般选择“下一页”选项，插入分节符并在下一页开始新节。

删除分节符的方法是：将插入点置于分节符前或选中分节符，然后按“Delete”键。删除分节符的同时也会删除前一节的页面格式设置。

3.4 文档的图文混排

Word 2010 作为一个优秀的文档编排软件，不仅能处理文字，还能在文档中插入各种对象，如图形、图片、艺术字、文本框、公式等，从而实现图文混排。

3.4.1 插入图片

在文档中插入一张漂亮的图片，可使文档变得形象、生动。用户可以将保存在计算机中的图片插入文档。下面通过制作“教材介绍”文档介绍在文档中插入、编辑图片，以及设置图片特殊效果的方法。

步骤 1▶ 打开本书配套素材“素材与实例”→“第 3 章”→“教材介绍”文档。

步骤 2▶ 将插入符置于文档末尾，单击“插入”选项卡“插图”组中的“图片”按钮（见图 3-53），打开“插入图片”对话框，按住“Ctrl”键的同时选择本书配套素材中的“封面 1”“封面 2”图片，单击“插入”按钮，即可将所选图片插入文档，如图 3-54 所示。

提 示

还可以利用复制、粘贴命令将其他文档或其他程序中的图片复制到文档中。若在“插图”组中单击“屏幕截图”按钮，可快速截取屏幕图像，并直接将其插入到文档中。

默认情况下，插入到文档中的图片与文字的环绕方式为“嵌入型”，该环绕方式的优点是对象位置相对固定，不容易“跑版”，但却不利于图片的灵活摆放。

图 3-53 单击“图片”按钮

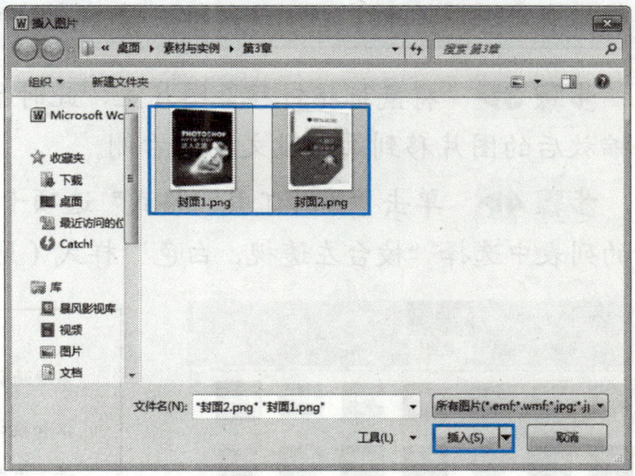

图 3-54 插入图片

3.4.2 设置图片的格式

插入图片后，自动出现“图片工具 格式”选项卡，利用它可以设置图片的格式。具体操作如下。

步骤 1▶ 选择插入文档的“封面 1”图片，单击“图片工具 格式”选项卡“排列”组中的“自动换行”按钮，在展开的列表中选择“四周型环绕”选项，如图 3-55 所示。

步骤 2▶ 在“图片工具 格式”选项卡“大小”组中的“高度”编辑框中调整图片的高度为“5 厘米”，如图 3-56 所示。

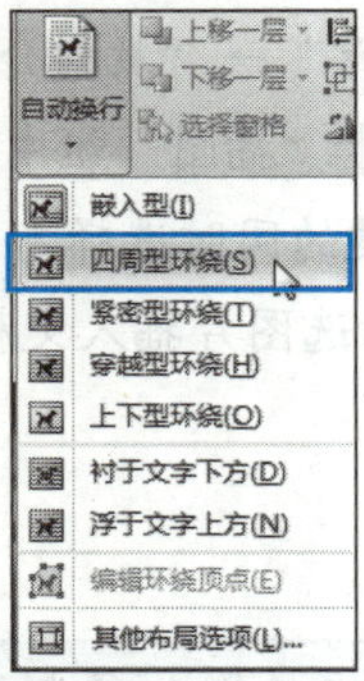

图 3-55　选择环绕方式

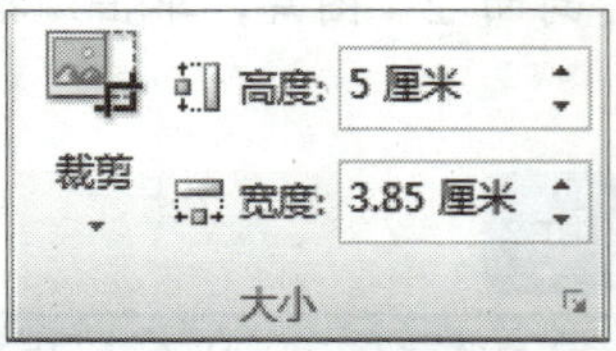

图 3-56　调整图片的高度

提　示

将鼠标指针移至图片四周的控制点上，待鼠标指针变成双向箭头形状时按住鼠标左键并拖动，也可缩放图片。若将鼠标指针移到图片的绿色控制点上，此时鼠标指针变成旋转形状，按住鼠标左键并拖动可旋转图片。

步骤 3▶　将鼠标指针移至图片上，此时鼠标指针呈形状，按住鼠标左键并拖动，将缩放后的图片移到第 1 段文字的右侧。

步骤 4▶　单击“图片工具　格式”选项卡“图片样式”组中的“其他”按钮，在展开的列表中选择“棱台左透视，白色”样式（见图 3-57），设置完成后效果如图 3-58 所示。

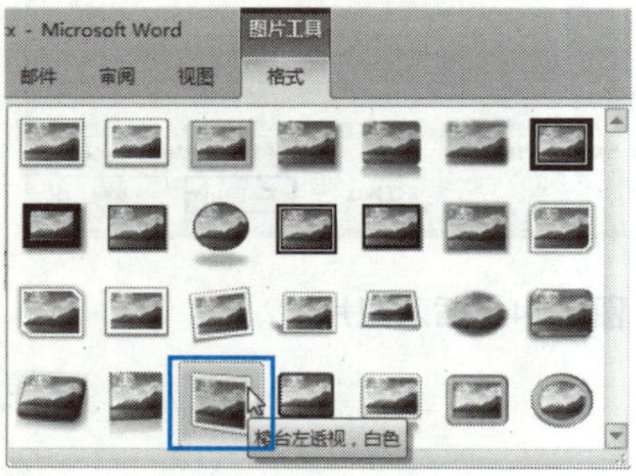

图 3-57　选择样式

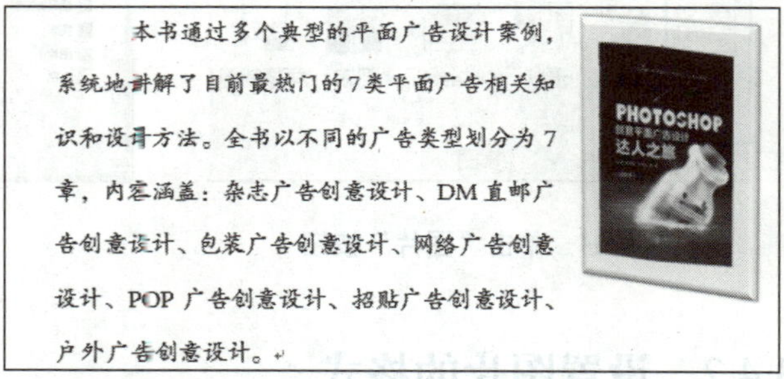
本书通过多个典型的平面广告设计案例，系统地讲解了目前最热门的 7 类平面广告相关知识和设计方法。全书以不同的广告类型划分为 7 章，内容涵盖：杂志广告创意设计、DM 直邮广告创意设计、包装广告创意设计、网络广告创意设计、POP 广告创意设计、招贴广告创意设计、户外广告创意设计。↵

图 3-58　图片效果

提　示

对于插入到文档中的图片，可以通过裁剪功能进行修整以有效删除图片中不需要的部分，从而获得所需要的外观效果。选中图片后，单击“图片工具　格式”选项卡“大小”组中的“裁剪”按钮，图片立即呈现“裁剪”状态，将鼠标指针移到裁剪控制点上，待其变为裁剪形状时，按住鼠标左键向图片内部拖动，被裁剪掉的部分立即显示为灰色，调整好裁剪部分后在文档中其他位置单击，即可完成裁剪。

步骤 5▶　用同样的方法，将“封面 2”图片设置为“四周型环绕”方式并缩小后移至第 3 段文字的左侧。

步骤 6▶　保持图片的选中状态，单击“图片工具　格式”选项卡“图片样式”组中的“图片边框”按钮，在展开的列表中选择“橙色”选项（见图 3-59）；再次单击该按钮，在展开的列表中选择“粗细”→“6 磅”选项（见图 3-60），设置完成后效果如图 3-61 所示。

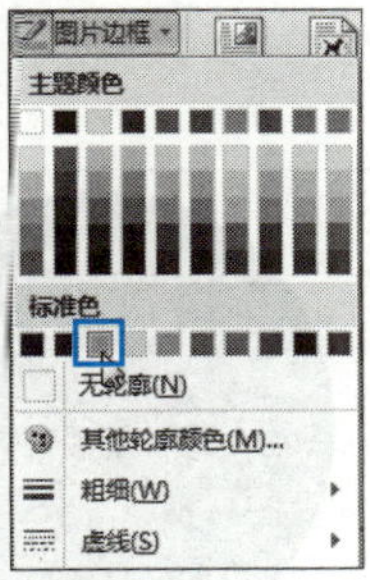

图 3-59　选择“橙色”

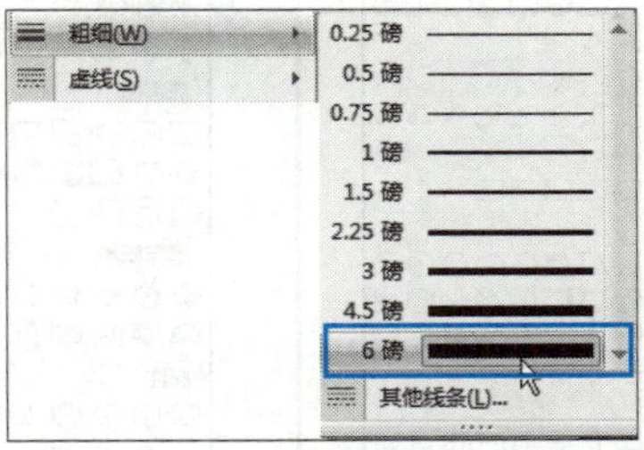

图 3-60　选择“粗细”→“6 磅”选项

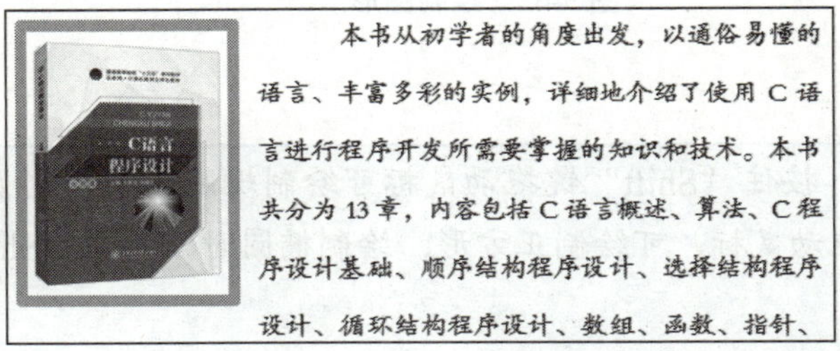

图 3-61　图片效果

提　示

单击“图片工具　格式”选项卡“调整”组中的“颜色”按钮，在展开的列表中选择某个选项，可以调整图片的颜色。

无论对图片做了什么设置，选中图片后，只要单击“图片工具　格式”选项卡“调整”组成中的“重设图片”按钮，可将图片恢复为插入时的状态。

要删除文档中的图片，可先将其选中，然后按“Backspace”键或“Delete”键。

3.4.3　插入图形

除了可以在文档中插入图片外，还可以在文档中绘制各种图形，如线条、正方形、椭圆和星形等。绘制图形后，还可利用自动出现的“绘图工具　格式”选项卡对其进行编辑和美化，使图形效果更加精彩。另外，还可以在绘制的图形中添加文字并进行格式设置。下面，继续在打开的文档中进行以下操作。

步骤 1▶ 单击“插入”选项卡“插图”组中的“形状”按钮，在展开的列表中选择一种形状，如“笑脸”形状，然后在文档末尾按住鼠标左键并拖动，释放鼠标后即可绘制出相应的图形，如图 3-62 所示。

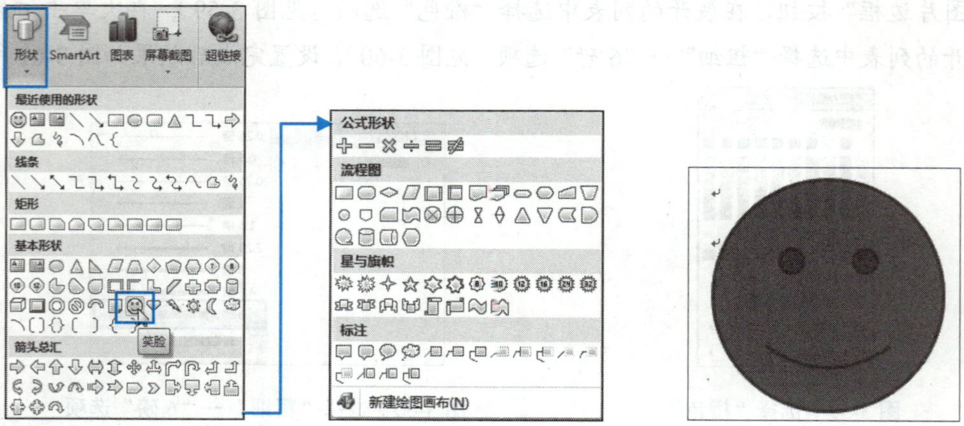

图 3-62　绘制图形

提　示

绘制图形时，按住“Shift”键拖动鼠标可绘制规则图形。例如，绘制矩形时，按住“Shift”键拖动鼠标，可绘制正方形；绘制椭圆时，按住“Shift”键拖动鼠标，可绘制正圆。

在“形状”列表中选择某些形状后，直接在文档编辑区域中单击，可创建宽、高值均为 2.54 厘米的特殊图形。

步骤 2▶ 选中图形，其周围将出现 8 个蓝色的大小控制柄和一个绿色的旋转控制柄，利用它们可以缩放和旋转图形。此外，部分图形中还会出现一个黄色的控制柄，拖动它可调整图形的变换程度，如图 3-63 所示。

步骤 3▶ 按“Ctrl+Z”组合键取消图片的变换操作，然后在“绘图工具　格式”选项卡“大小”组中将图片的“高度”和“宽度”均修改为“4.2 厘米”，如图 3-64 所示。

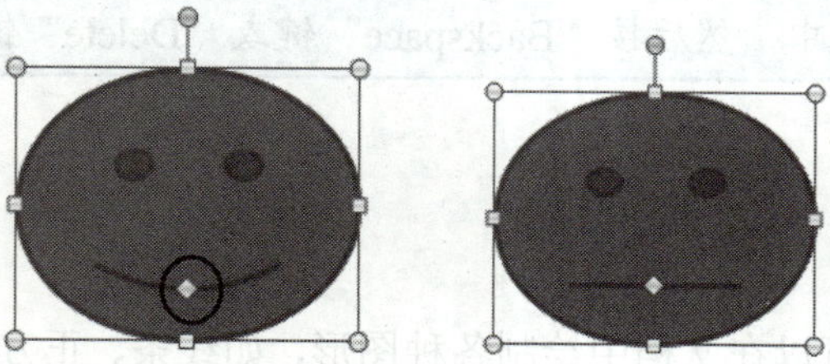

图 3-63　变换图形

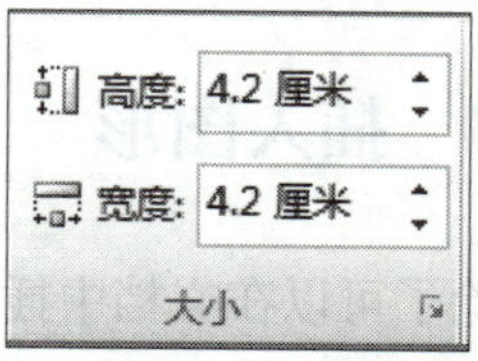

图 3-64　修改图形的高度和宽度

步骤 4▶ 保持图形的选中状态，在“图片工具　格式”选项卡的“形状样式”组中单击“形状填充”按钮右侧的三角按钮，在展开的列表中选择“渐变”→“其他渐变”选项，如图 3-65 所示。

步骤 5▶ 打开“设置形状格式”对话框，选中“渐变填充”单选钮，在“预设颜色”下拉列表中选择“碧海青天”，类型为“线性”（见图 3-66），然后单击“关闭”按钮。

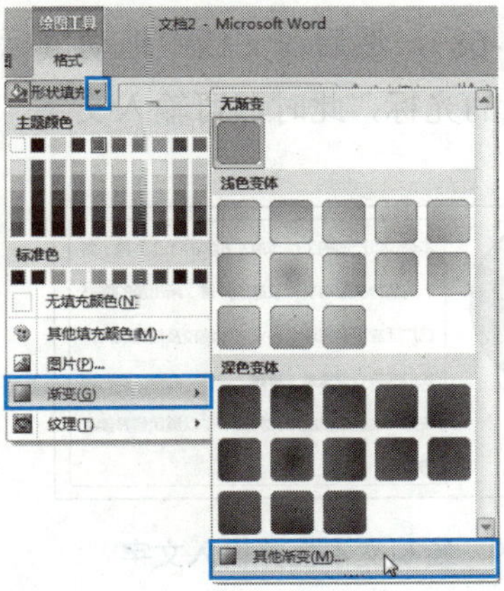

图 3-65 选择“渐变”→“其他渐变”选项

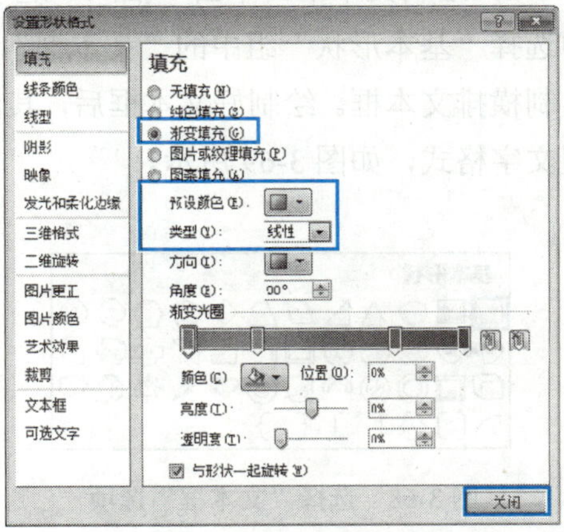

图 3-66 设置形状的渐变填充

步骤 6▶ 单击“形状轮廓”按钮右侧的三角按钮，在展开的列表中选择“深蓝”；单击“形状效果”按钮右侧的三角按钮，在展开的列表中选择“棱台”→“硬边缘”选项，如图 3-67 所示。

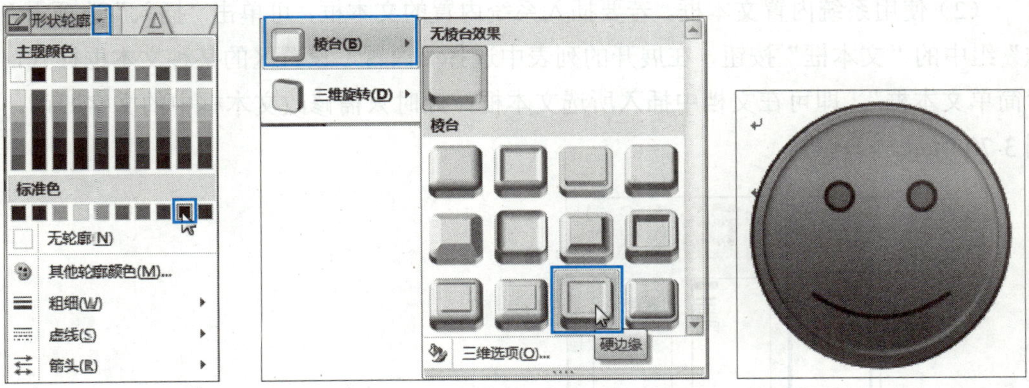

图 3-67 设置形状的轮廓和效果

3.4.4 插入文本框和艺术字

文本框也是 Word 的一种图形对象，用户可在文本框中输入文字，放置图片、表格和艺术字等，并可将文本框放在页面上的任意位置，从而设计出较为特殊的文档版式。

在 Word 2010 的艺术字库中包含了许多艺术字样式，选择所需的样式，输入文字，就可以轻松地在文档中创建漂亮的艺术字了。创建艺术字后，可利用“绘图工具 格式”选项卡对艺术字进行各种编辑和美化操作。下面继续在打开的文档中进行操作。

1. 创建文本框

在 Word 2010 中创建文本框的方法主要有以下两种。

（1）绘制文本框。单击“插入”选项卡“插图”组中的“形状”按钮，在展开的列表中选择“基本形状”组中的“文本框”选项（见图 3-68），然后在文档中拖动鼠标，即可绘制横排文本框。绘制好文本框后，其内有一个闪烁的光标，此时即可输入文字，并可设置文字格式，如图 3-69 所示。

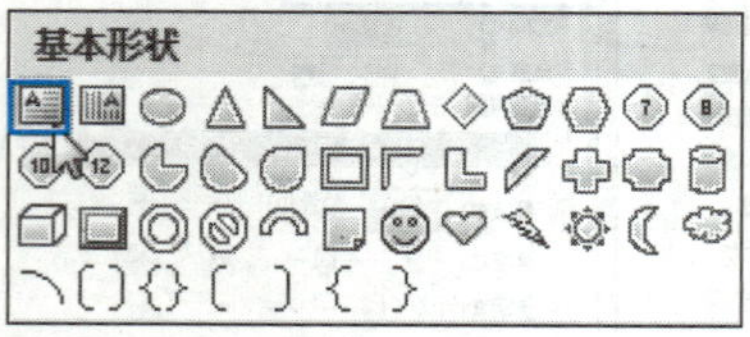

图 3-68　选择“文本框”选项

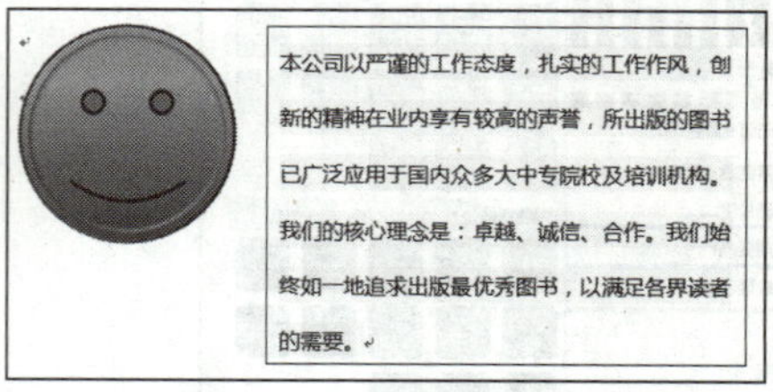

图 3-69　绘制文本框并输入文字

提　示

若选择“垂直文本框”形状，可绘制直排文本框。此外，利用“形状”列表“标注”组中的形状可绘制相应形状的文本框。

（2）使用系统内置文本框。若要插入系统内置的文本框，可单击“插入”选项卡“文本”组中的“文本框”按钮，在展开的列表中选择“内置”设置区的某种文本框样式，如“简单文本框”，即可在文档中插入所选文本框，此时只需修改文本框中的文字即可，如图 3-70 所示。

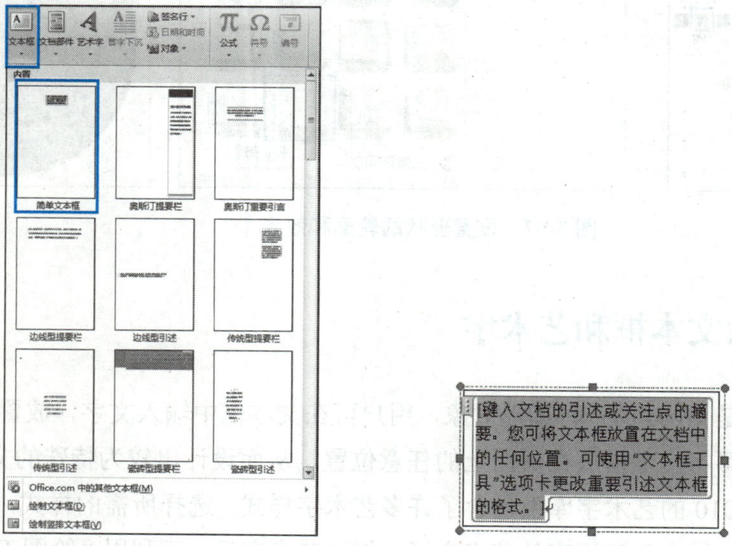

图 3-70　插入系统内置的文本框

2. 美化文本框

创建好文本框后，可利用“绘图工具　格式”选项卡对文本框的样式、边框、填充、效果、排列、大小和文本框内的文字方向等进行设置，设置方法与普通自选图形相似，此处不再赘述。

3. 插入艺术字

步骤 1▶ 将插入点置于文档末尾，然后单击“插入”选项卡“文本”组中的“艺术字”按钮，在展开的列表中选择一种艺术字样式，如图 3-71 所示。

步骤 2▶ 此时在文档的插入符位置出现一个艺术字文本框占位符“请在此放置您的文字”，直接输入艺术字文字，效果如图 3-72 所示。

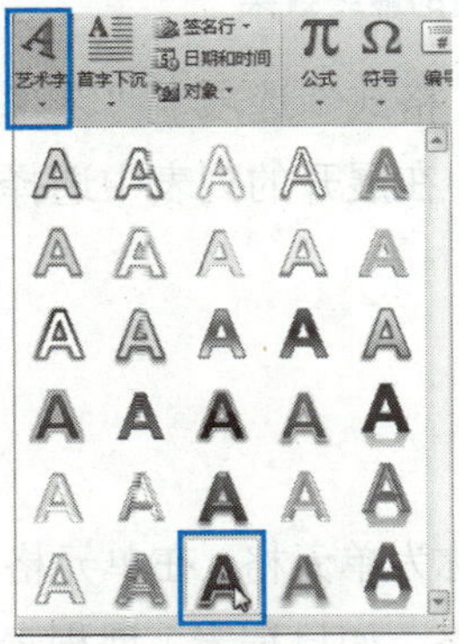

图 3-71　选择艺术字样式

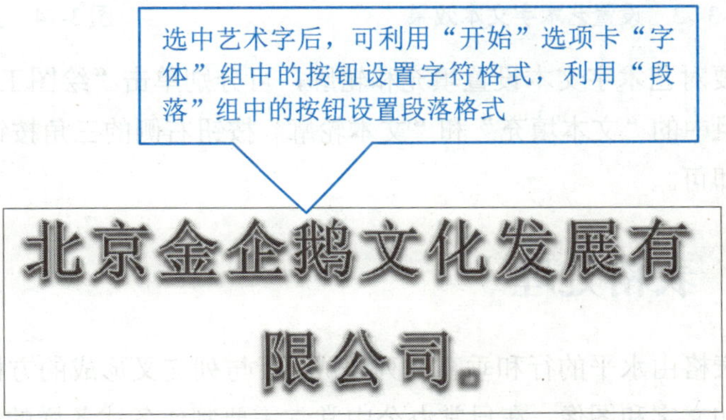

图 3-72　输入艺术字文字

步骤 3▶ 单击“绘图工具　格式”选项卡“艺术字样式”组中的“文本效果”按钮，在展开的列表中选择“转换”→“槽形”选项，如图 3-73 所示。

提　示

单击“绘图工具　格式”选项卡“插入形状”组中的“编辑顶点”按钮，在展开的列表中选择“更改形状”项，然后在子列表中选择某种形状，可更改艺术字文本框的形状。

步骤 4▶ 将艺术字居中对齐，移到文档末尾的适当位置，此时的文档效果如图 3-74 所示。最后将文档另存为“教材介绍（图文混排）”。

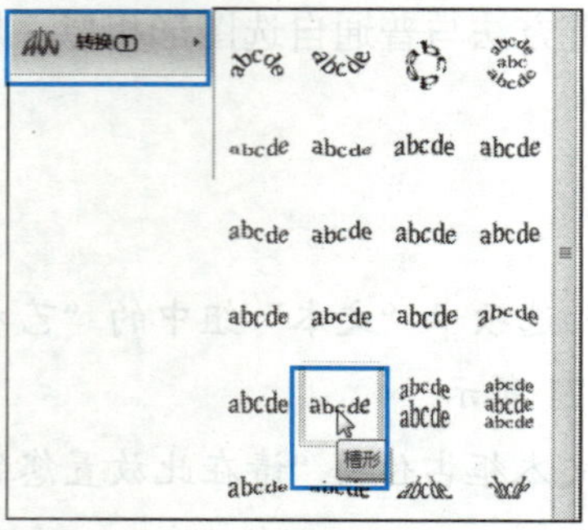

图 3-73　设置艺术字文本效果

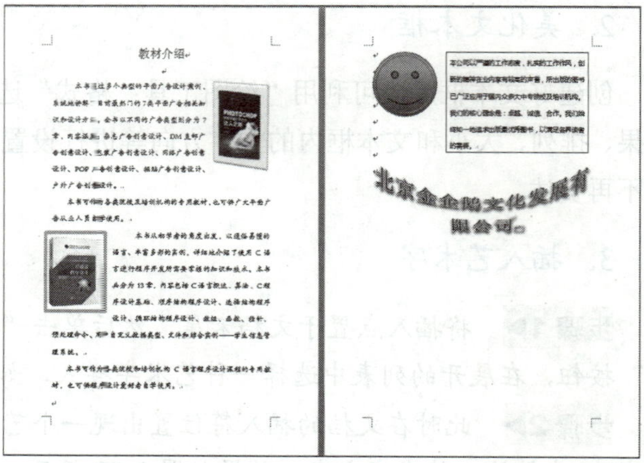

图 3-74　文档的最终效果

要对艺术字文本设置填充和轮廓，可分别单击“绘图工具 格式”选项卡“艺术字样式”组中的“文本填充”和“文本轮廓”按钮右侧的三角按钮，在展开的列表中选择所需选项即可。

3.5　表格处理

表格由水平的行和垂直的列组成，行与列交叉形成的方框称为单元格，在单元格中可以添加文字和图像。在日常办公中常常需要制作各式各样的表格，如日程表、课程表、报名表和个人简历表等。

Word 2010 提供了多种创建表格的方法，创建好表格后，还可以很方便地修改表格，移动表格位置或调整表格大小，以及为表格或单元格添加边框和底纹等。此外，还可以对表格中的数据进行排序或简单的计算。本节通过制作“个人简历”表格来学习这些知识。

3.5.1　创建表格

用户可以根据实际需要的行、列数来创建表格，然后通过合并或拆分单元格，设置表格行高或列宽等操作来对表格进行调整。创建“个人简历”表格的操作步骤如下。

步骤 1▶　新建 Word 文档，并以“个人简历”为名保存。

步骤 2▶　单击“插入”选项卡“表格”组中的“表格”按钮，在展开的列表中选择“插入表格”选项，如图 3-75 所示。

步骤 3▶　打开“插入表格”对话框，在“列数”和“行数”编辑框中输入列数、行数，单击“确定”按钮，如图 3-76 所示。至此，即可按照设置创建一个表格，效果如图 3-77 所示。

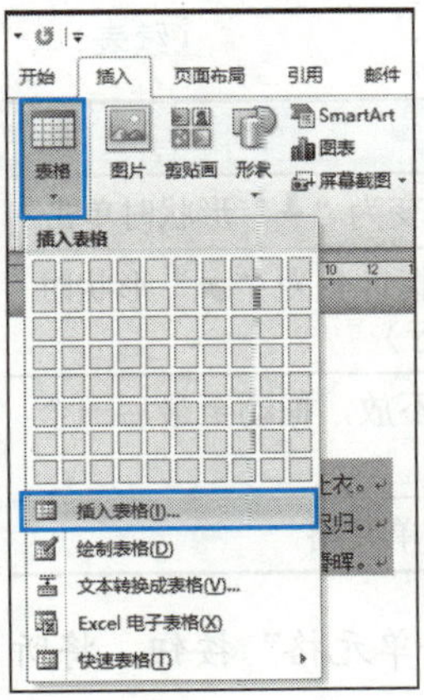

图 3-75 “表格”列表

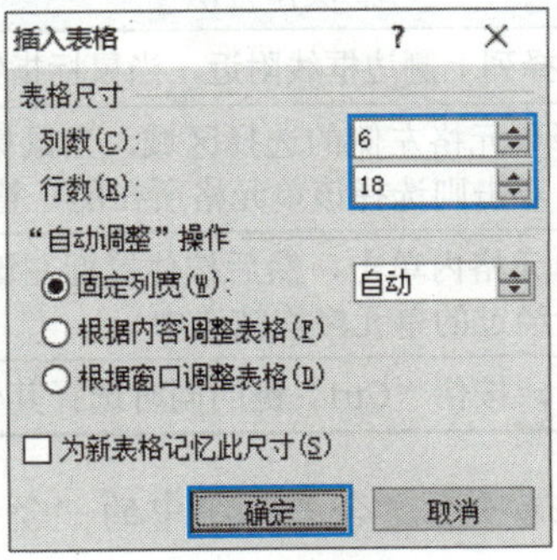

图 3-76 插入表格

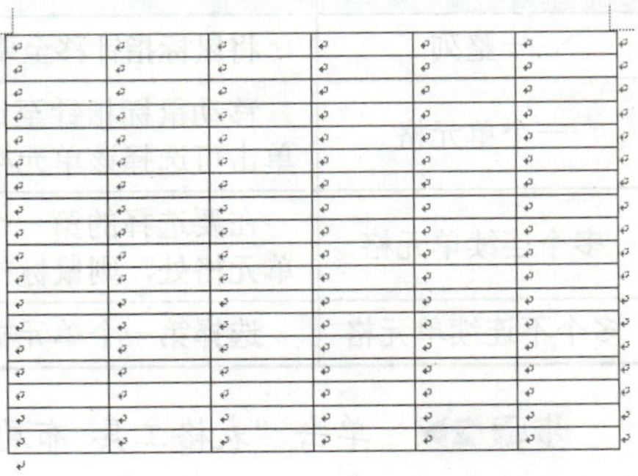

图 3-77 表格效果

提 示

若要创建简单表格，可在如图 3-75 所示的“表格”列表中直接用鼠标拖动的方式在网格中选定表格的行、列数，然后单击即可；或在“表格”下拉列表中选择“快速表格”选项，在展开的列表中选择 Word 2010 内置的表格样式，可以快速创建带样式的表格。

“插入表格”对话框中的各单选钮意义如下。

固定列宽： 选择该选项后，可在后面的编辑框中指定表格的列宽。

根据内容调整表格： 表格各列列宽随输入的内容自动调整。

根据窗口调整表格： 表格宽度与文档正文宽度一致。

3.5.2 编辑表格

为满足用户在实际工作中的需要，Word 2010 提供了多种方法来编辑已创建的表格。例如，插入行、列或单元格，删除多余的行、列或单元格，合并或拆分单元格，以及调整单元格的行高和列宽等。下面通过制作“个人简历”表格的框架来练习表格编辑操作。

步骤 1▶ 选中表格第 1 行。

要对表格进行编辑操作，需先选择要修改的单元格、行、列或整个表格。为此，Word 2010 提供了多种选择方法，如表 3-1 所示。

表 3-1 选择表格、行、列与单元格的方法

选择对象	操作方法
整个表格	单击表格左上角的⊞符号
一整行	将鼠标指针移至要选择行左侧边框线附近，当鼠标指针变为“↗”形状时单击

（续表）

选择对象	操作方法
一整列	将鼠标指针移至要选择列上侧边框线附近，当鼠标指针变为“⬇”形状时单击
一个单元格	移动鼠标指针至选择单元格左侧的选择区域，当鼠标指针变为“➚”形状时单击可选择该单元格（双击则选择该单元格所在的一整行）
多个连续单元格	在要选择的第一个单元格内单击，然后按住鼠标左键不放，拖动至最后一个单元格处，则鼠标指针经过的单元格均被选中
多个不连续单元格	选择第一个单元格后，按住“Ctrl”键的同时选择其他单元格

步骤 2▶ 单击“表格工具 布局”选项卡“合并”组中的“合并单元格”按钮，将所选单元格合并，如图 3-78 所示。

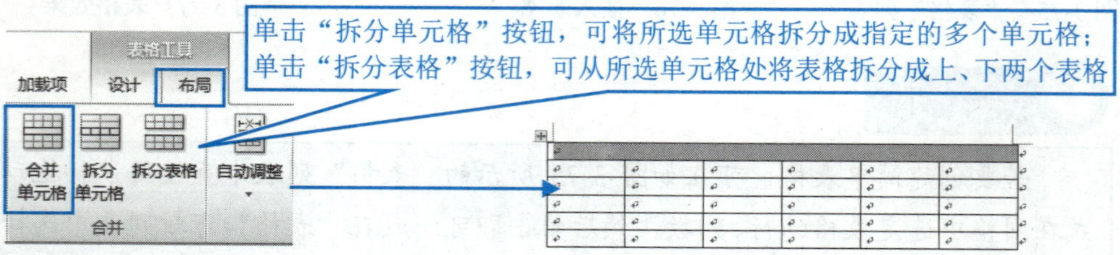

图 3-78 合并单元格

步骤 3▶ 分别选择其他单元格进行合并，从而获得“个人简历”表格的基本框架，如图 3-79 所示。

提 示

用户也可用删除表格线的方式来合并单元格。方法是：单击“表格工具 设计”选项卡“绘图边框”组中的“擦除”按钮，然后在要删除的行线或列线上单击；要取消“擦除”按钮的选取，可按“Esc”键或再次单击该按钮。此外，单击“绘制表格”按钮，可在表格中拖动鼠标来绘制行线或列线，从而拆分单元格。

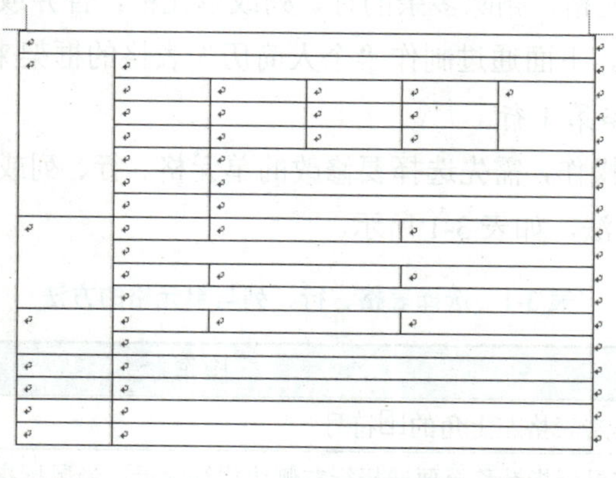

图 3-79 合并其他单元格

步骤 4▶ 精确调整行高。首先将插入符置于要调整行高的行的任意单元格中，或同时选中要调整行高的多行，然后在“表格工具 布局”选项卡“单元格大小”组中的“高度”编辑框中输入行高值，按“Enter”键确认。例如，将第 1 行的行高设置为“1.3 厘米”，如图 3-80 所示。

步骤 5▶ 选中除第 1 行外的所有行，然后在“单元格大小”组中的“高度”编辑框中输入“1 厘米”，将这些行的高度全部设置为 1 厘米。

步骤 6▶ 调整列宽。同时选中第 3 行、第 4 行和第 5 行的第 2 列单元格，将插入符移至所选列右边线处，待光标变为“⫲”形状后按住鼠标左键并向左拖动，调整所选单元格列宽，如图 3-81 所示。同理，也可用鼠标拖动的方式调整行高。

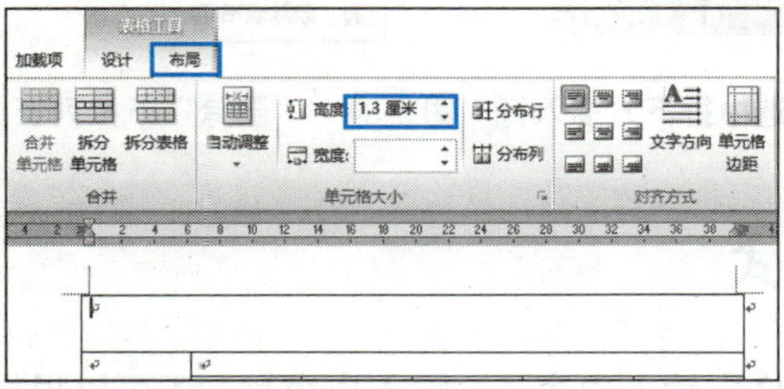

图 3-80 调整行高

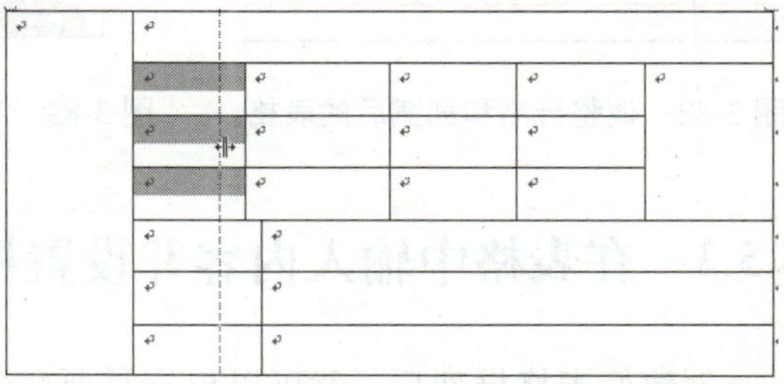

图 3-81 调整所选单元格的列宽

提 示

如果不选中单元格，当通过“高度”编辑框调整行高时，表示调整插入符所在行全部单元格的行高；当通过“宽度”编辑框调整列宽时，表示调整插入符所在列全部单元格的宽度。

如果希望将多行或多列调整为等高或等宽，可首先选中这些行、列或相应的单元格，然后单击“单元格大小”组中的“分布行”或“分布列”按钮。

步骤 7▶ 调整其余单元格的宽度和高度，最终效果如图 3-82 所示。如果此时不调整，也可在输入表格内容后，再根据表格内容调整单元格宽度和高度。

插入或删除行、列也是编辑表格时经常使用的操作。这些操作主要是通过“表格工具 布局”选项卡“行和列”组中的按钮实现的。

（1）插入行：在要插入行的位置选择与要插入的行数相同的行，然后单击“在上方插入”或“在下方插入”按钮，即可在所选行的上方或下方插入与所选行数目相同的行，如图 3-83 所示。

（2）插入列：在要插入列的位置选择与要插入的列数相同的列，然后单击“在左侧插入”或“在右侧插入”按钮。

（3）删除行、列、单元格或表格：选中要删除的行、列、单元格或表格，单击“删除”按钮，在展开的下拉列表中选择相应选项即可，如图 3-84 所示。

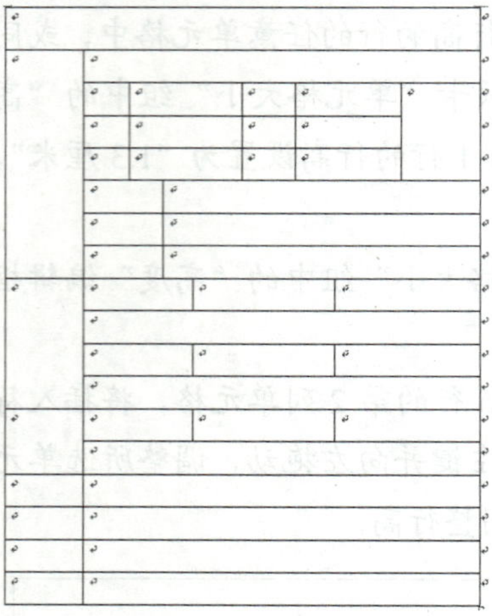

图 3-82　调整行高和列宽后的表格

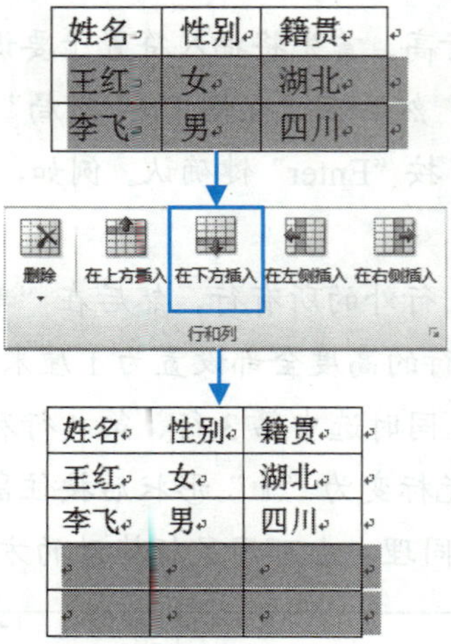

图 3-83　在选中行下方插入行

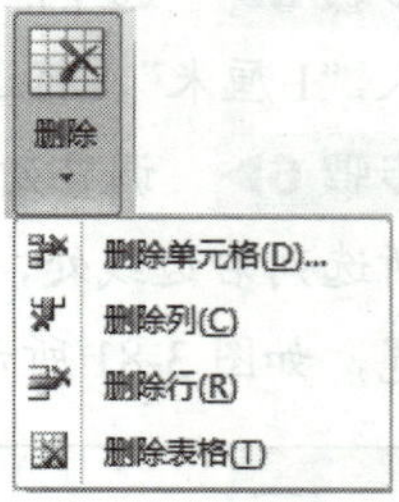

图 3-84　“删除”下拉列表

3.5.3　在表格中输入内容并设置格式

创建好表格框架后，就可以根据需要在表格中输入内容了。输入内容后，还可以根据需要调整内容在单元格中的对齐方式，以及设置单元格内容的字体、字号等。下面通过输入“个人简历”表格中的内容进行说明。

步骤 1▶　分别将插入符置于各单元格中，输入相关文字。

步骤 2▶　适当调整某些列的宽度和某些行的高度，使表格内容不显得拥挤。

步骤 3▶　将插入符置于表格第 3 行最右侧的单元格中，单击“插入”选项卡“插图”组中的“图片”按钮，打开“插入图片”对话框，在左侧导航窗格中找到存放图片的文件夹（“素材与实例”→“第 3 章”），选择“一寸照”图片文件，单击“插入”按钮（见图 3-85），将图片插入单元格中，并适当调整图片大小。

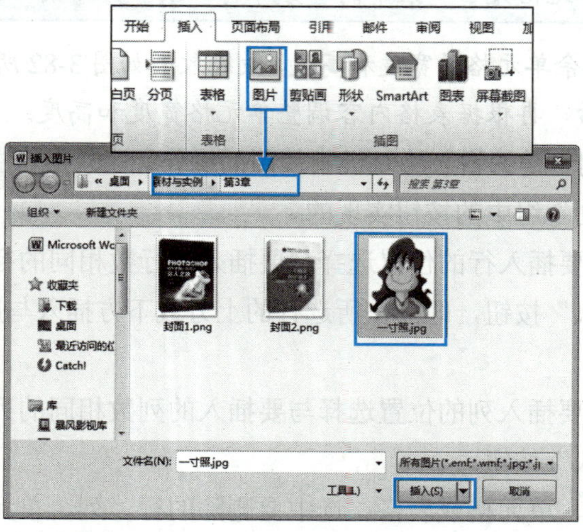

图 3-85　在单元格中插入图片

步骤 4▶　单击表格左上角的控制柄“⊞”选中整个表格，然后单击“表格工具 布局”选项卡“对齐方式”组（见图 3-86）中的“中部两端对齐”按钮，将各单元格中文字相对于单元格垂直居中对齐、水平居左对齐。

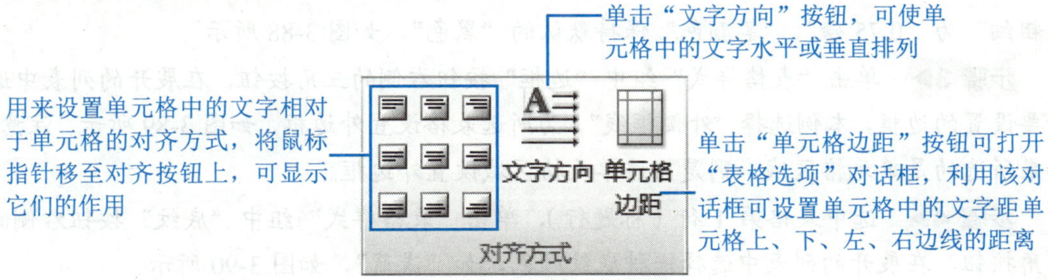

图 3-86　设置单元格对齐方式

步骤 5▶　选中第 1 行单元格，将其内容字体设置为黑体，字号设置为三号，文字对齐方式设置为居中对齐。表格效果如图 3-87 所示。

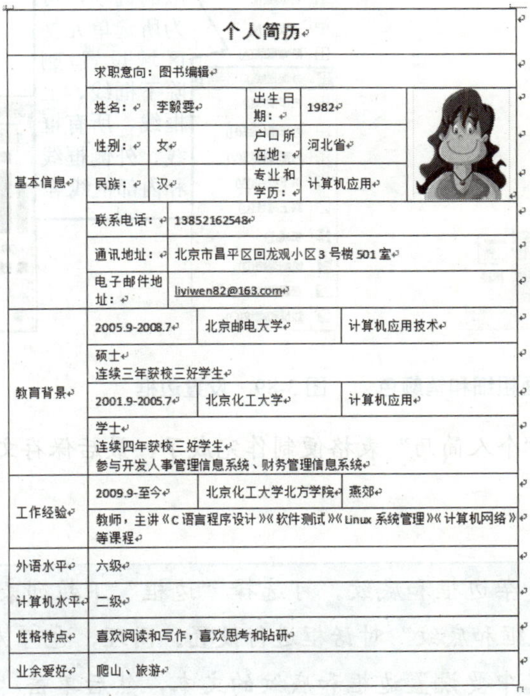

个人简历					
基本信息	求职意向：图书编辑				
	姓名：	李毅雯	出生日期：	1982	
	性别：	女	户口所在地：	河北省	
	民族：	汉	专业和学历：	计算机应用	
	联系电话：	13852162548			
	通讯地址：	北京市昌平区回龙观小区 3 号楼 501 室			
	电子邮件地址：	liyiwen82@163.com			
教育背景	2005.9-2008.7	北京邮电大学	计算机应用技术		
	硕士 连续三年获校三好学生				
	2001.9-2005.7	北京化工大学	计算机应用		
	学士 连续四年获校三好学生 参与开发人事管理信息系统、财务管理信息系统				
工作经验	2009.9-至今	北京化工大学北方学院	燕郊		
	教师，主讲《C 语言程序设计》《软件测试》《Linux 系统管理》《计算机网络》等课程				
外语水平	六级				
计算机水平	二级				
性格特点	喜欢阅读和写作，喜欢思考和钻研				
业余爱好	爬山、旅游				

图 3-87　表格效果

3.5.4　美化表格

表格创建和编辑完成后，还可进一步对表格进行美化操作，如设置单元格或整个表格的边框和底纹等。下面通过美化“个人简历”表格进行介绍。

步骤 1▶ 选中要设置边框的单元格区域，本例选中整个表格。

步骤 2▶ 在“表格工具 设计”选项卡“绘图边框”组中分别单击“笔样式”“笔画粗细”和“笔颜色”右侧的三角按钮，在展开的列表中选择“笔样式”为“双实线”，“笔画粗细”为“0.75 磅”，“笔颜色”保持默认的“黑色”，如图 3-88 所示。

步骤 3▶ 单击“表格样式”组中“边框”按钮右侧的三角按钮，在展开的列表中选择要设置的边框，本例选择“外侧框线”，为所选表格设置外边框，如图 3-89 所示。注意：如果所选的是单元格区域，则是为该单元格区域设置外边框。

步骤 4▶ 选中表格第 1 行（标题行），单击“表格样式”组中“底纹”按钮右侧的三角按钮，在展开的列表中选择一种底纹颜色，如“浅蓝”，如图 3-90 所示。

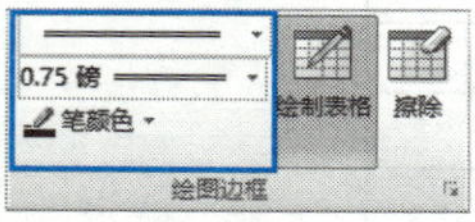

图 3-88 设置笔样式、笔画粗细和笔颜色

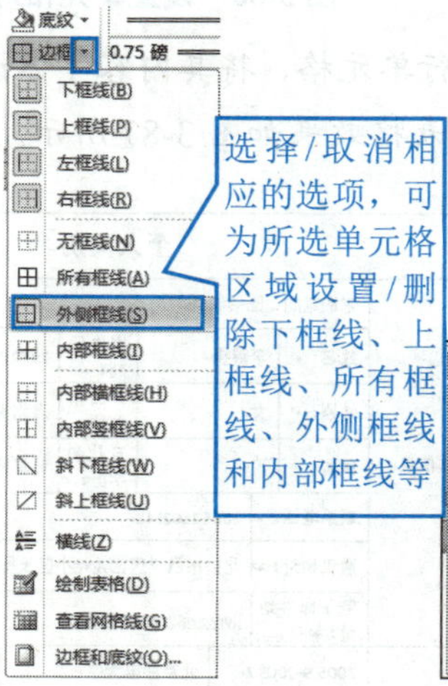

图 3-89 设置边框

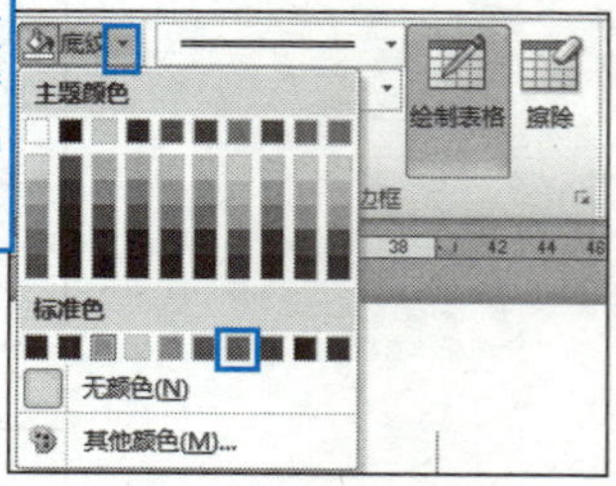

图 3-90 设置底纹

步骤 5▶ 至此，“个人简历”表格便制作完成了，最后保存文档即可。

提 示

要为表格设置复杂边框和底纹，可选择“边框”下拉列表底部的“边框和底纹”选项，打开“边框和底纹”对话框进行设置。同理，也可为普通文本设置边框和底纹。方法是：选中要设置边框和底纹的文本，然后单击“开始”选项卡“段落”组中“边框”按钮右侧的三角按钮，在展开的列表中选择“边框和底纹”选项，打开“边框和底纹”对话框进行设置。

要使用系统内置的漂亮样式快速改变表格的外观，可在选中表格后，在“表格工具 设计”选项卡“表格样式”组中单击需要应用的样式。

3.5.5 表格中数据的排序和计算

1. 表格数据的排序

在 Word 中，可以按照递增或递减的顺序将表格内容按笔画、数字、拼音或日期等进行排序，具体操作如下。

步骤 1▶ 打开本书配套素材“素材与实例”→“第 3 章”→“成绩单”文档。将插入符置于表格任意单元格中，然后单击“表格工具 布局”选项卡“数据”组中的“排序”按钮，如图 3-91 所示。

课程名称	成绩
计算机导论	85
C 语言程序设计	95
计算机网络	78
软件测试	84
数据结构	92
操作系统	82
数据库原理及应用	75
计算机组成原理	72
Python 程序设计	86
大数据技术基础	85
平均分	

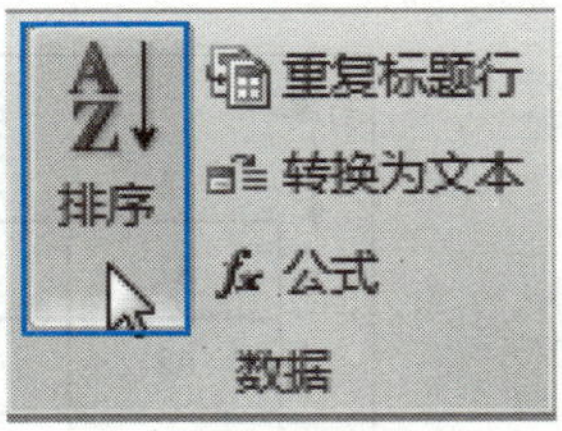

图 3-91 定位插入符后单击“排序”按钮

步骤 2▶ 打开“排序”对话框，在“主要关键字”下拉列表中选择排序依据（即参与排序的列），如“成绩”，在“类型”下拉列表中选择“数字”，然后在其右侧选择排序方式，如“降序”，如图 3-92 所示。

步骤 3▶ 单击“确定”按钮，排序结果如图 3-93 所示。

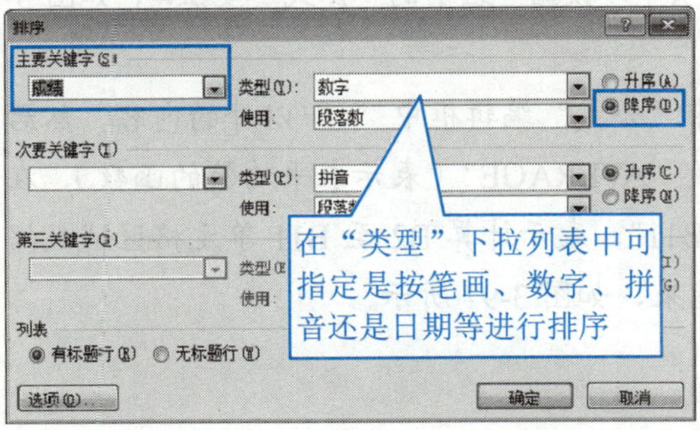

图 3-92 “排序”对话框

课程名称	成绩
C 语言程序设计	95
数据结构	92
Python 程序设计	86
计算机导论	85
大数据技术基础	85
软件测试	84
操作系统	82
计算机网络	78
数据库原理及应用	75
计算机组成原理	72
平均分	

图 3-93 排序结果

提 示

要进行排序的表格中不能有合并后的单元格，否则无法进行排序。

Word 允许以多个排序依据进行排序。如果要进一步指定排序的依据，可以在“排序”对话框的“次要关键字”“第三关键字”设置区中指定第二个、第三个排列依据、排序类型及排序的方式。

在“排序”对话框中，如果选中“有标题行”单选钮，则排序时不把标题行算在排序范围内，否则，对标题行也进行排序。

2. 表格数据的计算

在 Word 中，还可以对表格数据进行计算。要对表格中的数据进行计算，首先要了解各个单元格的位置表示方式。一般用字母 A，B，C……表示列标志，数字 1，2，3……表示行编号，A1，A2，A3……表示单元格地址，A1:F5 等表示单元格区域，如图 3-94 所示。

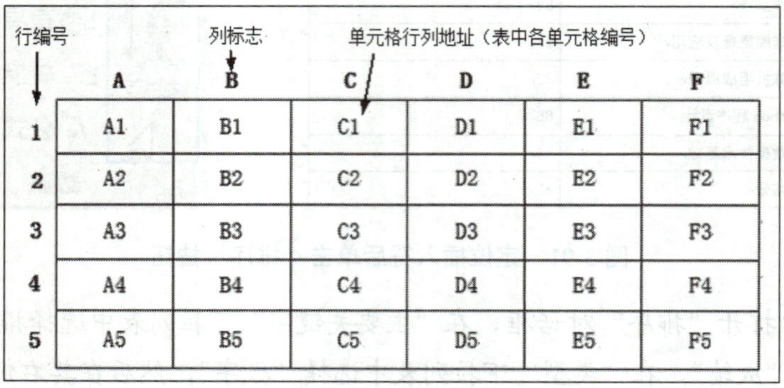

图 3-94 单元格名称表示

继续在“成绩表”文档中进行操作。

步骤 1▶ 插入符置于要放置计算结果的单元格中，如图 3-95 所示。

步骤 2▶ 单击“表格工具 布局”选项卡“数据”组中的“公式”按钮f_x，如图 3-96 所示。

步骤 3▶ 打开“公式”对话框，删除“公式”编辑框中“=”以外的内容，然后从“粘贴函数”下拉列表框中选择所需的函数“AVERAGE”（表示求平均值的函数），在函数右侧的括号内输入要运算的参数值“B2:B11”，表示计算 B2 至 B11 单元格区域数据的平均值，单击“确定”按钮即可得出计算结果，如图 3-97 所示。

课程名称	成绩
C 语言程序设计	95
数据结构	92
Python 程序设计	86
计算机导论	85
大数据技术基础	85
软件测试	84
操作系统	82
计算机网络	78
数据库原理及应用	75
计算机组成原理	72
平均分	

图 3-95　定位插入符

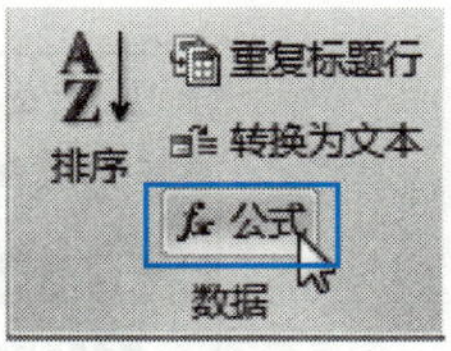

图 3-96　单击“公式”按钮

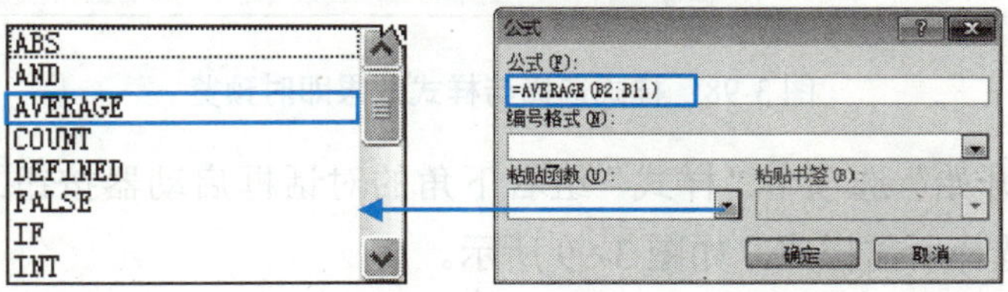

图 3-97　利用公式计算单元格的值

提　示

在删除“公式”编辑框中“=”以外的内容后，也可以直接输入要参与计算的单元格名称和运算符进行计算。例如，输入“=A1*A4+B5”，表示计算 A1 乘 A4 单元格，再加 B5 单元格的值。

步骤 4▶　将文档另存为“成绩单（计算后）”。

3.6　高级排版

文档的高级排版功能包括样式的创建及使用，目录制作，以及使用邮件合并等。

3.6.1　样式的创建及使用

样式是一系列格式的集合，使用它可以快速统一或更新文档的格式。例如，一旦修改了某个样式，所有应用该样式的内容格式会自动更新。在 Word 默认的模板中内置了多种样式供用户选择。

1. 应用样式

步骤 1▶ 将插入点置于要应用样式的文本中或选中要应用样式的文本。

步骤 2▶ 使用下列方法选择样式。

（1）在“开始”选项卡的“样式”组中单击样式列表右侧的“其他”按钮，展开样式列表（见图 3-98），当鼠标指针位于某样式上时，所选文本会立即预览应用该样式的效果，选择所需样式即可。

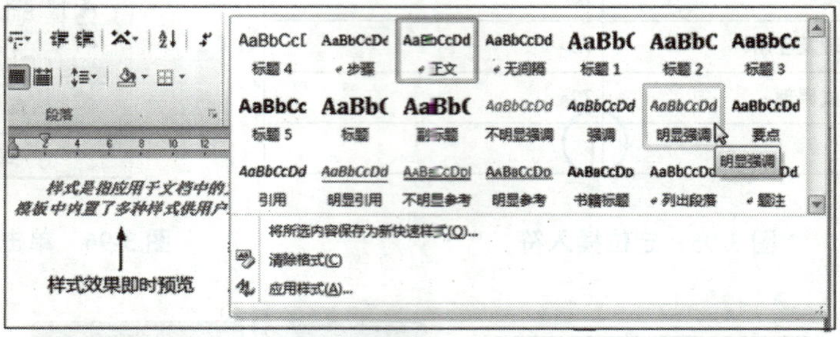

图 3-98 样式选择与样式效果即时预览

（2）单击“开始”选项卡“样式”组右下角的对话框启动器按钮，在打开的“样式”任务窗格中选择所需样式，如图 3-99 所示。

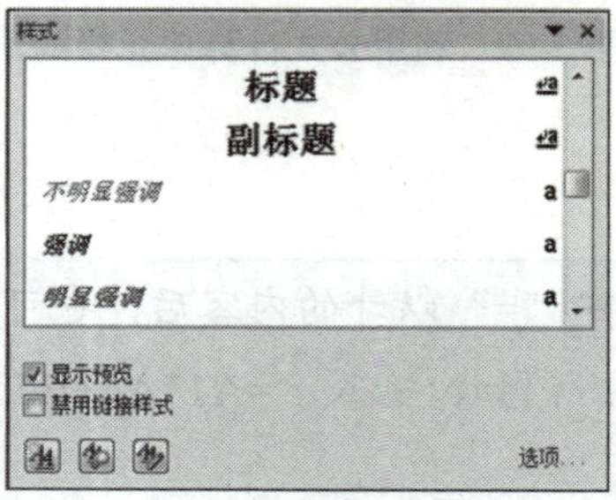

图 3-99 “样式”任务窗格

2. 修改样式

当 Word 内置的样式不能满足需要时，可以对内置样式的格式进行修改。方法是：在“样式”任务窗格（见图 3-99）中右击样式名称，在弹出的快捷菜单中选择“修改”选项，打开“修改样式”对话框（见图 3-100），在其中可对样式的字符、段落等格式进行修改。

3. 新建样式

如果系统内置的样式不能满足需要，也可以创建新的样式。

步骤 1▶ 将插入点置于要应用该样式的任一段落中，然后单击“样式”任务窗格左下角的“新建样式”按钮，打开“根据格式设置创建新样式”对话框，如图 3-101 所示。

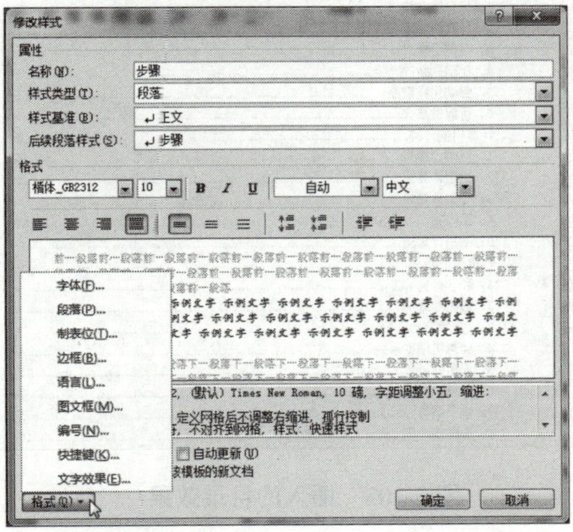

图 3-100 “修改样式”对话框

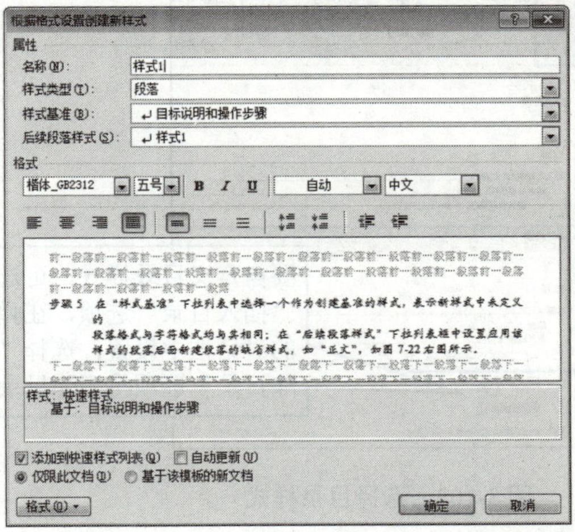

图 3-101 “根据格式设置创建新样式”对话框

步骤 2▶ 在“名称”编辑框中输入新样式的名称；在“样式类型”下拉列表中选择样式的类型；在“样式基准”下拉列表中选择一个作为创建基准的样式，表示新样式中未定义的段落格式和字符格式均与其相同；在“后续段落样式”下拉列表中选择应用该样式的段落后面新建段落的默认样式。

步骤 3▶ 根据需要设置样式的字符格式和段落格式等，最后确定即可。创建好样式后，可参照应用系统内置样式的方法，将其应用于文档中。

3.6.2 目录制作

1. 插入目录

对于一些长文档，需要为其创建目录。Word 具有自动创建目录的功能，但在创建目录之前，需要先为要提取为目录的标题设置标题级别（不能设置为正文级别），并且为文档添加页码。插入目录的操作步骤如下。

步骤 1▶ 打开本书配套素材“素材与实例”→“第 3 章”→“论文排版”文档。在文档的最后一段文本末尾插入一个“下一页”分节符，这时插入符将定位在新添加的空白页中。

步骤 2▶ 单击“引用”选项卡“目录”组中的“目录”按钮，在展开的列表中选择一种目录样式，如“自动目录 1”，如图 3-102 所示。

步骤 3▶ Word 将搜索整个文档中 3 级及以上的标题，以及标题所在的页码，并把它们编制为目录，如图 3-103 所示。

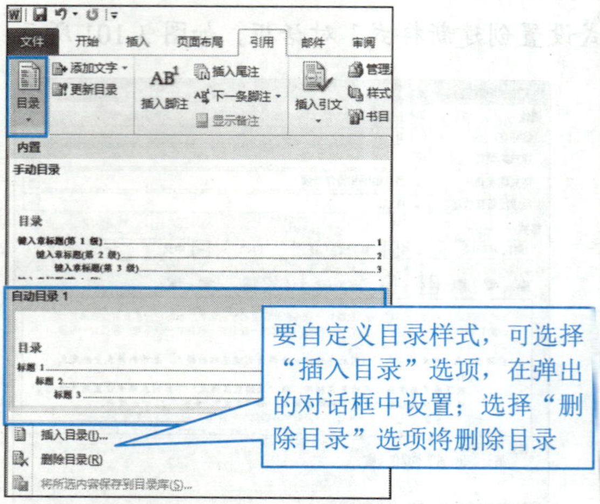

图 3-102　选择目录样式

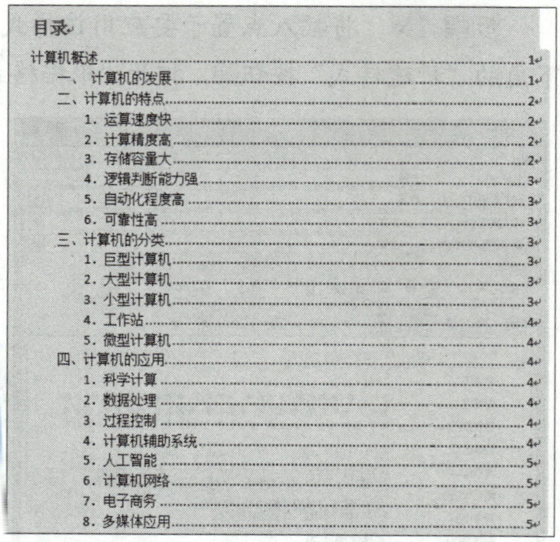

图 3-103　插入的目录效果

2. 更新目录

目录是以文档的内容为依据，如果文档的内容发生了变化，如页码或标题发生了变化，就要更新目录，使它与文档的内容保持一致。更新目录的操作步骤如下。

步骤 1▶ 单击需要更新目录的任意位置，此时在目录左上角将显示“更新目录”按钮，单击该按钮，或者单击“引用”选项卡“目录”组中的“更新目录”按钮。

步骤 2▶ 打开“更新目录”对话框，选择要执行的操作，如“更新整个目录”，然后单击“确定”按钮，目录即被更新，如图 3-104 所示。

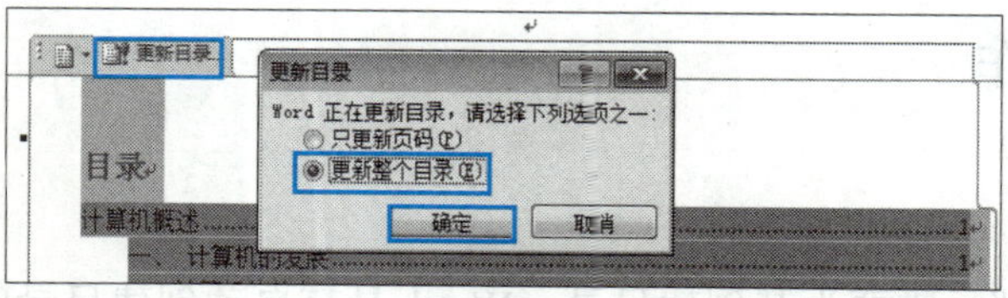

图 3-104　更新目录

步骤 3▶ 将文档另存为“论文排版（添加目录）”。

3.6.3 邮件合并

邮件合并是 Word 的一项高级功能，是办公自动化中常用的一项数据组织与格式化输出操作技术。

执行邮件合并操作时涉及两个文件，主文档文件和数据源文件。主文档文件是邮件合并内容中固定不变的部分，即信函中通用的部分；数据源文件主要用于保存联系人的相关信息。

邮件合并中可以使用各种数据源。在使用 Excel 数据表作数据源时，必须保证数据文件是数据库格式，即第一行必须是字段名，数据行中间不能有空行等。

在执行邮件合并操作之前首先要创建这两个文件，然后将它们关联起来，也就是标识数据源文件中的信息在主文档的出现位置。完成后“合并”这两个文件，就可以为每个收件人创建邮件。

1. 创建主文档

主文档的创建方法与普通文档的创建方法基本相同，用户还可对其页面和字符等格式进行设置。例如，本书配套素材“素材与实例”→“第 3 章”→“考生基本情况卡（主文档）”就是一个主文档。

2. 创建数据源

用户可以在邮件合并中使用多种格式的数据源，如 Microsoft Outlook 联系人列表、Access 数据库、Excel 数据表、Word 文档等。例如，本书配套素材“素材与实例”→“第 3 章”→“考生信息（数据源）”就是一个数据源。

3. 进行邮件合并

创建好主文档和数据源以后，接下来就可以进行邮件合并了。具体操作步骤如下。

步骤 1▶ 打开已创建的主文档“考生基本情况卡（主文档）”，然后单击“邮件”选项卡“开始邮件合并”组中的“开始邮件合并”按钮，在展开的列表中保持“普通 Word 文档”的高亮显示。

步骤 2▶ 单击“开始邮件合并”组中的“选择收件人”按钮，在展开的列表中选择“使用现有列表”选项。

步骤 3▶ 打开“选取数据源”对话框，选中创建好的数据源文件“考生信息（数据源）”，然后单击“打开”按钮，如图 3-105 所示。

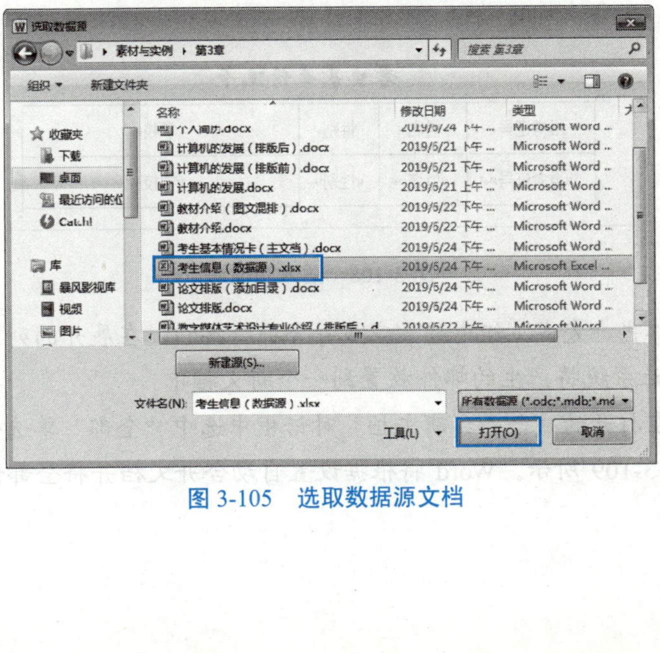

图 3-105　选取数据源文档

步骤 4▶ 在打开的对话框中选择要使用的 Excel 工作表“Sheet1”，然后单击“确定”按钮，如图 3-106 所示。

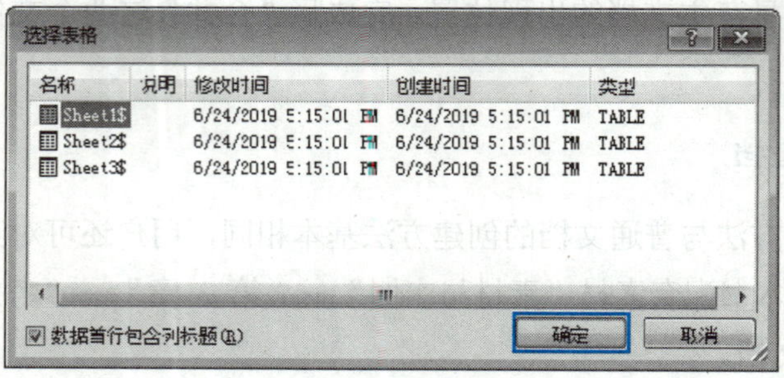

图 3-106　选择要使用的 Excel 工作表

步骤 5▶ 将插入点置于“准考证号”下方的单元格中，然后单击“编写和插入域”组中的“插入合并域”按钮，在展开的列表中选择“准考证号”选项，将“准考证号”域插入，如图 3-107 所示。

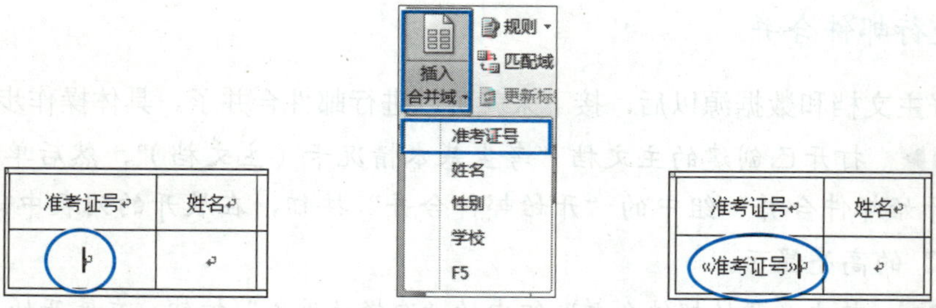

图 3-107　插入“准考证号”域

步骤 6▶ 用同样的方法，将“插入合并域”列表中的其他选项插入表格的相应位置，效果如图 3-108 所示。

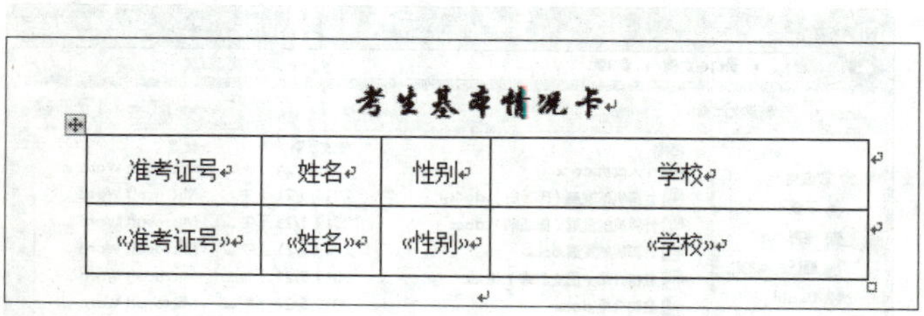

图 3-108　插入其他域

步骤 7▶ 单击“完成”组中的“完成并合并”按钮，在展开的列表中选择“编辑单个文档”选项，让系统将产生的邮件放置到一个新文档中。

步骤 8▶ 在打开的“合并到新文档”对话框中选中“全部”单选钮，然后单击“确定”按钮，如图 3-109 所示。Word 将根据设置自动合并文档并将全部记录存放到一个新文档中，效果如图 3-110 所示。最后另存文档为“考生基本情况卡（邮件合并）”。

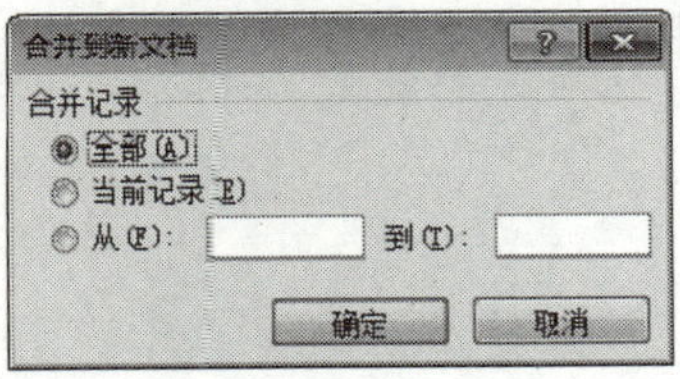

图 3-109　“合并到新文档”对话框

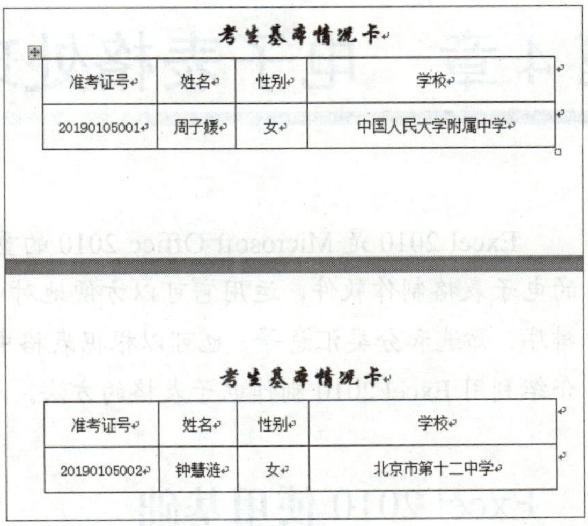

图 3-110　邮件合并效果

本章小结

本章主要介绍了文字处理软件 Word 2010 的基本操作。通过本章的学习，读者应重点掌握以下内容。

（1）熟悉 Word 2010 的工作界面和视图模式。

（2）掌握文档的基本操作，包括新建和保存文档、打开文档、编辑文档、打印文档和保护文档的方法。

（3）掌握文档排版的方法，包括文本格式化、段落格式化、页面设置的方法。

（4）掌握文档的图文混排方法，包括插入图片并为图片设置格式、插入图形、插入文本框和艺术字的方法。

（5）掌握表格处理的方法，包括创建表格、编辑表格、在表格中输入内容并设置格式、美化表格、表格中数据的排序和计算的方法。

（6）掌握文档的高级排版方法，包括样式的创建及使用、目录制作和邮件合并的方法。

第4章　电子表格处理软件 Excel 2010

Excel 2010 是 Microsoft Office 2010 的重要组件之一，是目前市场上最流行的电子表格制作软件，运用它可以方便地对电子表格中的数据进行管理、计算、排序、筛选和分类汇总等，也可以根据表格中的数据快速生成各种图表。本章将介绍利用 Excel 2010 制作电子表格的方法。

4.1　Excel 2010 使用基础

4.1.1　Excel 2010 工作界面

启动 Excel 2010 的方法与启动 Word 2010 类似。成功启动 Excel 2010 后，展现在用户面前的窗口就是 Excel 2010 的工作界面，它与 Word 2010 的工作界面类似，如图 4-1 所示。

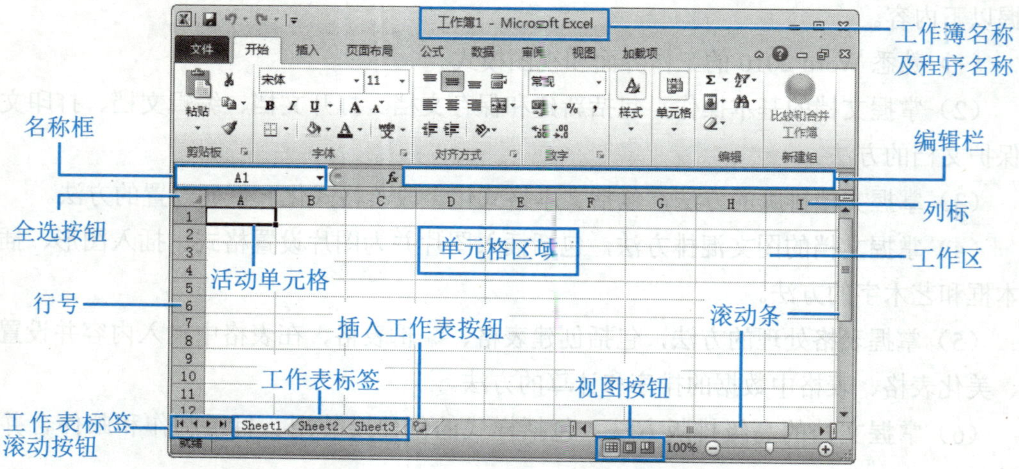

图 4-1　Excel 2010 的工作界面

下面介绍 Excel 2010 工作界面中与 Word 2010 不同的部分。

（1）工作区：Excel 工作界面中有浅色表格线的大片空白区域为工作区。它由单元格组成，是用户输入数据的地方，用户可以对任一单元格进行操作。

（2）列标：用英文字母 A，B，C……表示，单击可选定相应列。

（3）行号：用数字 1，2，3……表示，单击可选定相应行。

（4）单元格：组成工作表的最小单位。Excel 工作表由行和列组成，行和列交叉处的方格即为一个单元格。将单元格所在的列标和行号组合起来，就是单元格的地址。例如，B4 表示 B 列第 4 行的单元格。

（5）活动单元格：每个工作表中只有一个单元格是当前正在操作的，称为活动单元格，也称为当前单元格。活动单元格的边框为加粗的黑色边框，相应的行号与列号高亮显示。

（6）单元格区域：在 Excel 中，单元格区域是指连续的单元格，常用的表示方法为“左上角单元格名称:右下角单元格名称”。例如，“B2:F5”表示从左上起于 B2，右下止于 F5 的 20 个单元格。

（7）名称框：显示当前正在操作的单元格或单元格区域的名称或引用。

（8）编辑栏：当向单元格输入数据时，输入的内容都将显示在此栏中，也可以直接在编辑栏中对当前单元格的内容进行编辑。

（9）工作表标签：启动 Excel 2010 后会自动建立一个名为“工作簿 1”的新工作簿，里面默认包含 3 个空白的工作表 Sheet1，Sheet2 和 Sheet3。工作区的下方是工作表标签栏，显示该工作簿所包含的工作表的名称，一个工作表标签对应一个工作表。单击某个工作表标签，即可在工作区中显示对应的工作表，该工作表即成为活动工作表，其工作表标签显示为白底黑字。

（10）视图按钮：包括“普通”“页面布局”“分页预览”按钮。单击某一按钮可切换至对应的视图模式。

4.1.2 工作簿和工作表

1. 工作簿

工作簿是 Excel 用来保存表格内容的文件，其扩展名为“.xlsx”。启动 Excel 2010，系统会自动生成一个工作簿。

2. 工作表

在 Excel 2010 中，工作表是工作簿中的一个工作表格，是由行和列构成的二维网格，用来分析、存储和处理数据，是用户工作的主要窗口。

一个工作表中最多有 1 048 576 行（2^{20}）和 16 384 列（2^{14}）。行号用阿拉伯数字表示为 1～1 048 576，列标用字母表示为 A，B，…，XFD。

在工作表底部是工作表标签 Sheet1 Sheet2 Sheet3，单击某个标签便可切换到该工作表。

4.2 Excel 2010 的基本操作

4.2.1 工作簿的基本操作

工作簿的基本操作包括新建、保存、打开和关闭工作簿。

1. 新建工作簿

通常情况下，启动 Excel 2010 时，系统会自动新建一个名为“工作簿 1”的空白工作簿。若要再新建空白工作簿，可按“Ctrl+N”组合键，或在“文件”列表中选择“新建”选项，在窗口中部的“可用模板”列表中选择“空白工作簿”选项，然后单击“创建”按钮，如图 4-2 所示。

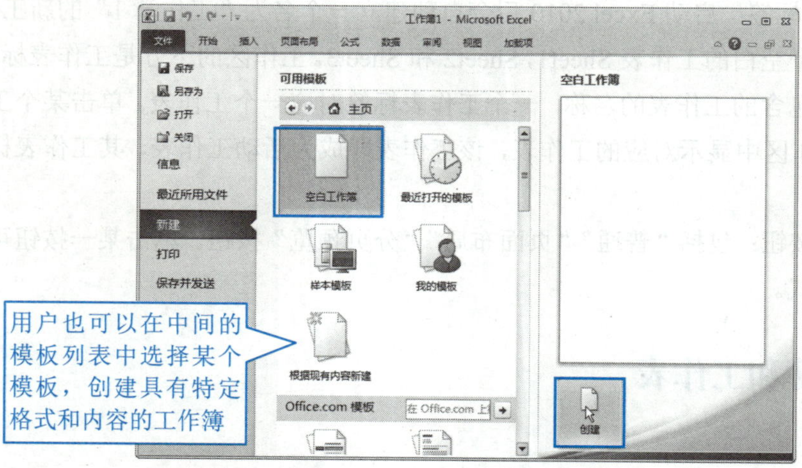

图 4-2　创建空白工作簿

2. 保存工作簿

当对工作簿进行了编辑操作后，为防止数据丢失，需将其保存。要保存工作簿，可单击快速访问工具栏中的“保存”按钮，或按“Ctrl+S”组合键，或在“文件”列表中选择“保存”选项，打开“另存为”对话框，在其中选择工作簿的保存位置，输入工作簿名称，然后单击“保存”按钮，如图 4-3 所示。

提　示

当对工作簿执行第二次保存操作时，不会再打开“另存为”对话框。若要将工作簿另存，可在“文件”列表中选择“另存为”选项，在打开的“另存为”对话框中重新设置工作簿的保存位置或工作簿名称等，然后单击“保存”按钮即可。

3. 关闭工作簿

单击工作簿窗口右上角的“关闭窗口”按钮 ☒ 或在“文件”列表中选择“关闭”选项。若工作簿尚未保存，此时会打开一个提示对话框，用户可根据提示进行相应操作。

4. 打开工作簿

要打开一个已建立的工作簿进行查看或编辑，选择“文件”→“打开”选项，打开“打开”对话框，选择要打开的工作簿所在的磁盘驱动器或文件夹，选择要打开的工作簿，然后单击“打开”按钮，如图 4-4 所示。

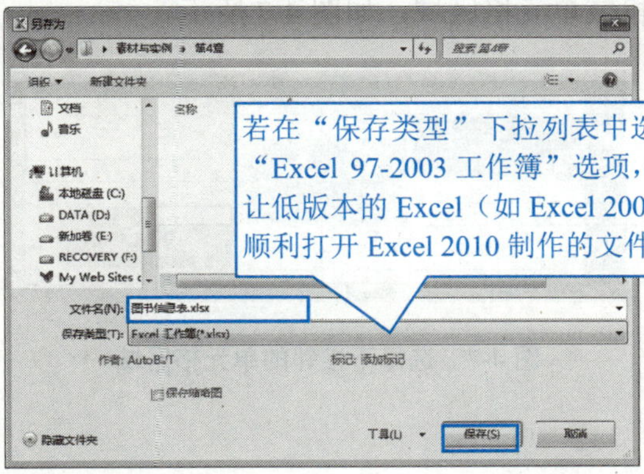

图 4-3　“另存为”对话框

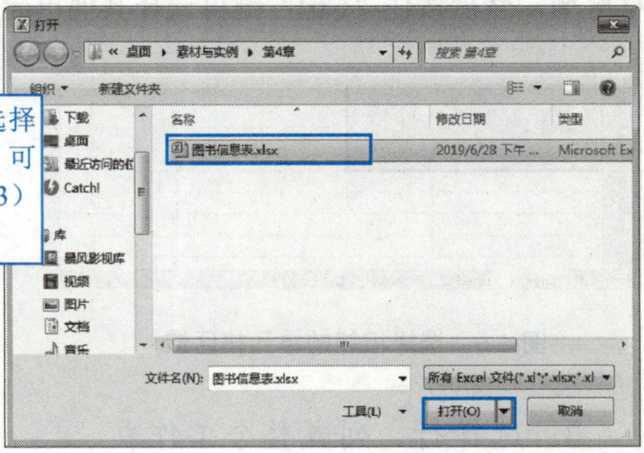

图 4-4　“打开”对话框

4.2.2　选择单元格

用户要输入数据或对已有数据进行操作都必须先选中相应的单元格。被选中的单元格以粗边框样式显示，处于该状态的单元格通常称为当前单元格或活动单元格。

1. 选择单个单元格

（1）直接用鼠标单击目标单元格，这种方法快捷、简单。

（2）在“名称框”中输入目标单元格引用地址并按“Enter”键，则该地址所指的单元格立刻被选定为活动单元格，如图 4-5 所示。

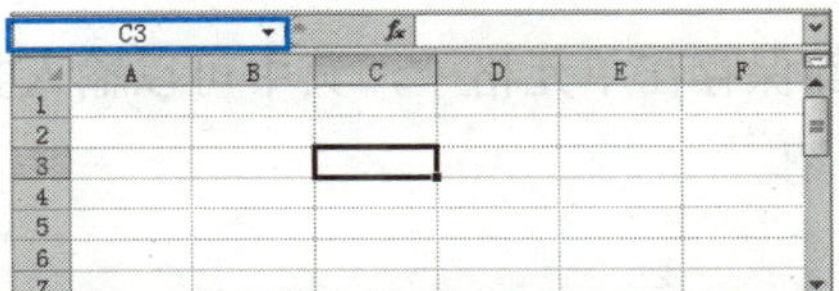

图 4-5　使用单元格地址框定位单元格

（3）通过键盘上的方向键将单元格光标移动到目标单元格，这种方法适用于目标单元格距当前单元格比较近的情况。

2. 选择单元格区域

下面是选择单元格区域的几种方法。

（1）选择相邻的单元格区域：用鼠标单击要选取区域左上角的单元格，然后按住鼠标左键不放，拖动光标到需要选取区域的右下角即可，如图 4-6 所示。此外，也可用鼠标单击要选取区域左上角的单元格，然后按住“Shift”键再单击要选取区域右下角的单元格。

（2）选择不相邻的单元格区域：首先利用前面介绍的方法选定第一个单元格或单元格区域，然后按住“Ctrl”键再选择其他单元格或单元格区域，如图 4-7 所示。

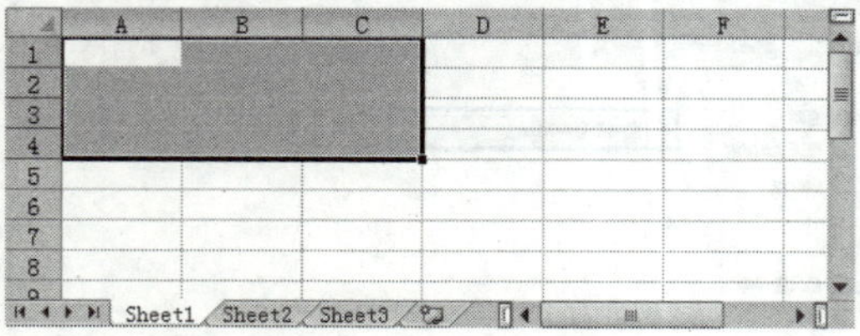

图 4-6　选择相邻的单元格区域

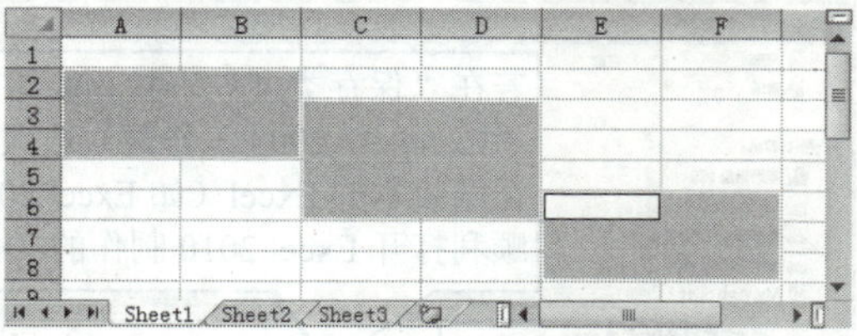

图 4-7　选择不相邻的单元格区域

3. 选择行、列或整个工作表

要选择工作表中的一整行或一整列，可将鼠标指针移动到该行左侧的行号或该列顶端的列标上方，当鼠标指针变成“➡”或“⬇”形状时单击，如图 4-8 和图 4-9 所示。若要选择连续的多行或多列，可在行号或列标上按住鼠标左键并拖动；若要选择不相邻的多行或多列，可配合“Ctrl”键进行选择。

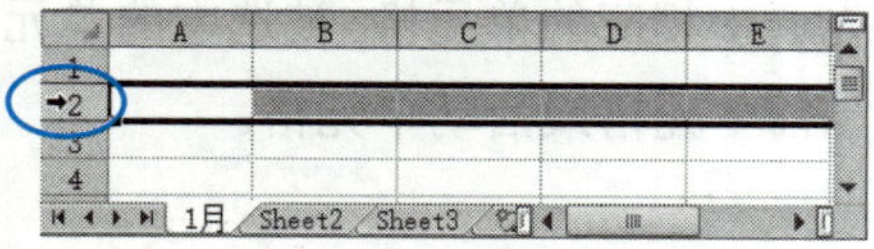

图 4-8　选择整行

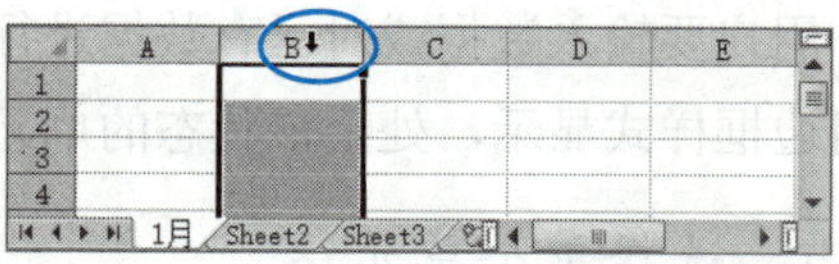

图 4-9　选择整列

4.2.3　输入数据

Excel 工作表上的数据都保存在单元格中，其中可以输入文本、数值和公式等。有关公式的使用将在后面章节介绍。

1. 输入文本型数据

文本型数据是指汉字、英文，或由汉字、英文、数字组成的字符串，如“姓名”“电话 1”“Stu1”等都属于文本型数据。默认情况下，输入的文本会沿单元格左侧对齐。具体操作步骤如下。

步骤 1▶ 单击要输入文本的单元格，然后直接输入文本内容，输入的内容会同时显示在编辑栏中，如图 4-10 所示。也可单击单元格后，在编辑栏中输入数据。

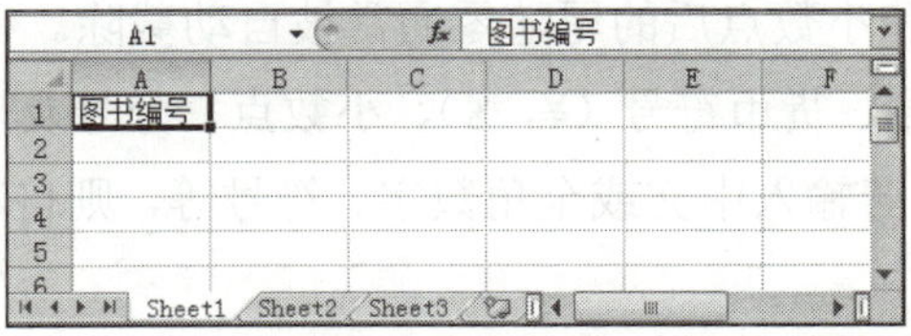

图 4-10　输入文本型数据

步骤 2▶ 输入完毕，按“Enter”键或单击编辑栏左侧的“输入”按钮✓确认输入。

提　示

> 如果在输入数据的过程中出现错误，不仅可以使用“Backspace”键删除错误的文本，还可以通过单击编辑栏左侧的“取消”按钮×或按“Esc”键取消本次输入。
>
> 在按“Enter”键确认输入时，光标会跳转至当前单元格的下方单元格中。若要使光标跳转至当前单元格的右侧单元格中，可在输入完成后直接按“Tab”键或“→”键。此外，选中某个单元格后按“←”键，可使光标移动到当前单元格左侧的单元格中。

2. 输入数值型数据

在 Excel 中，数值型数据包括数值、日期和时间。数值型数据是使用最多也是最为复杂的数据类型，一般由数字 0～9、正号、负号、小数点、分数号“/”、百分号“%”、指数符号“E”或“e”、货币符号“$”或“¥”和千位分隔符“,”等组成。

大多数数值型数据可直接输入。输入结束后，Excel 会自动将数值型数据沿单元格右侧对齐。

其他一些特殊数据类型的输入方法和注意事项如下。

（1）输入百分比数据：可以直接在数值后输入百分号“%”。

（2）输入负数：必须在数字前加一个负号“−”，或给数字加上圆括号。

（3）输入分数：分数的格式通常为“分子/分母”，如果要在单元格中输入分数，如 8/9，应先输入“0”和一个空格，然后再输入“8/9”，如果直接输入“8/9”，Excel 会将该数据作为日期格式处理，显示为“8 月 9 日”。

（4）输入日期：用斜杠“/”或者“-”来分隔日期中的年、月、日部分。首先输入年份，然后输入月，再输入日。

（5）输入时间：在 Excel 中输入时间时，可用冒号（:）分开时间的时、分、秒。系统默认的时间是按 24 小时制方式设置的。

（6）Excel 中数字的精度为 15 位，因此，当单元格中输入的数据太小或太大时，自动采用科学计数法表示。

（7）货币符号、百分号、千分位可以直接在输入数字时手工输入，也可以通过设定单元格格式自动产生。

（8）数值的前导零和小数点后的尾随零通常被自动截除。

（9）正负号、百分号、货币符号（¥，$）、小数点、分号及一切用于计算的运算符等都只能是英文半角字符。若输入中文或全角数字、符号等，则自动转换为“字符串数据”，不再参与计算。

图 4-11 为数值型数据输入示例，图 4-12 为常用的日期和时间类型。

A	B
输入原形	输入确定后的结果
0 8/9	8/9
8/9	8月9日
-8.6	-8.6
(9.4)	-9.4
0.0000576	5.76E-05
222225586216322	2.22226E+14
68956.86	¥ 68,956.86
0.578	57.80%
0.7800000	0.78
0000007862	7862

图 4-11　输入数值数据效果

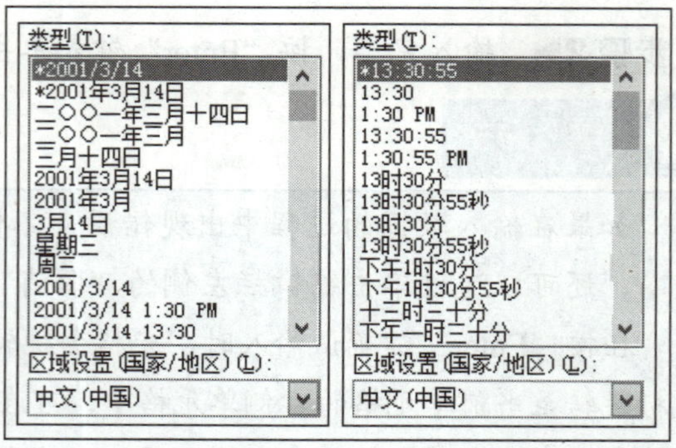

图 4-12　常用的日期和时间类型

3. 自动填充数据

输入数据时，对于有序或相同的数据，可以利用自动填充方式快速输入。

（1）使用填充柄填充序列数据或相同数据。在 Excel 2010 工作表的活动单元格的右下角有一个小黑方块，称为填充柄，通过拖动填充柄可以自动在其他单元格中填充与活动单元格内容相关的数据，如序列数据或相同数据。其中，序列数据是指有规律地变化的数据，如日期、时间、月份、等差或等比数列。使用填充柄自动填充序列数据或相同数据的操作步骤如下。

步骤 1▶ 在单元格中输入初始数据，如在“图书信息表”中的 A2 单元格中输入“T0001”。

步骤 2▶ 选中输入数据的单元格，然后将鼠标指针放在其右下角的填充柄上，当指针变为“+”形状时（见图 4-13），向下（或向右）拖动填充柄至要填充的单元格区域，如拖过 A3:A10 单元格区域。

步骤 3▶ 释放鼠标左键，拖过区域自动填充了数据。若填充的数据不符合需要，如本来要填充序列数据，却填充了相同的数据，此时可单击填充区域右下角的智能标记，在展开的列表中选择一种填充方式，如图 4-14 所示。

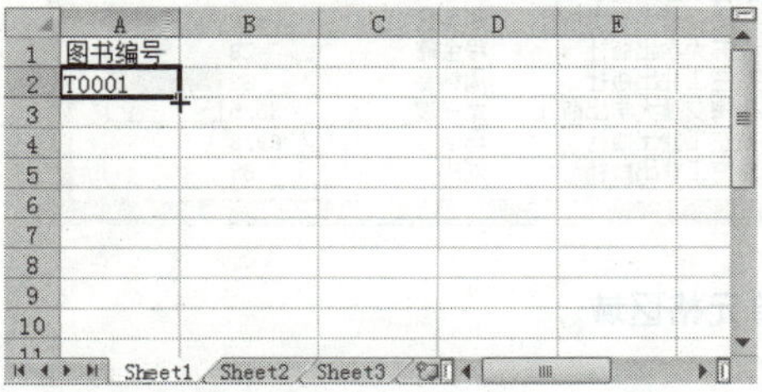

图 4-13　将鼠标指针移至填充柄上

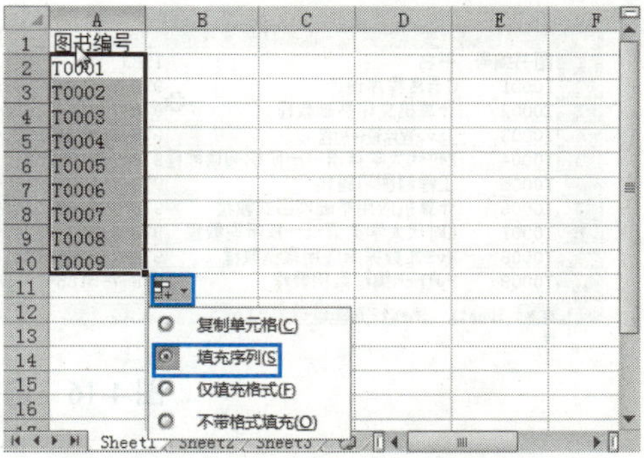

图 4-14　选择填充方式

技　巧

当在“自动填充选项”列表中选择“复制单元格”单选钮时，可填充相同数据和格式；选择“仅填充格式”或“不带格式填充”单选钮时，则只填充相同格式或数据。

要填充指定步长的等差或等比序列数据，可在前两个单元格中输入序列的前两个数据，如在“Sheet2”工作表的A1，A2单元格中分别输入1和3，然后选中这两个单元格，并拖动所选单元格区域的填充柄至要填充的区域，释放鼠标左键即可，如图4-15所示。

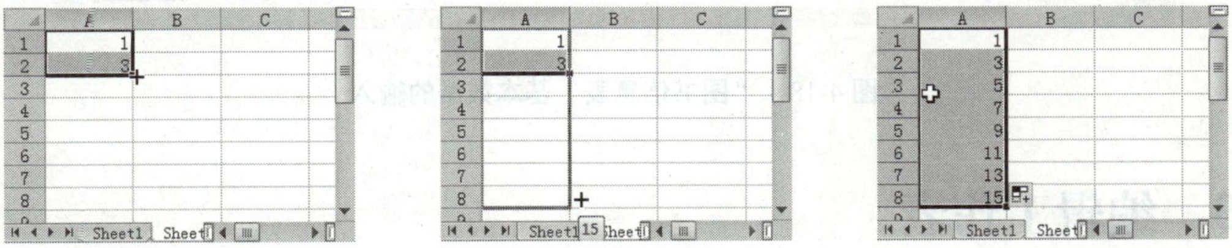

图 4-15　填充自定步长的序列数据

（2）使用快捷键填充相同数据。要使用快捷键在选中的多个单元格中输入同一内容，可执行如下操作。

步骤 1▶ 选中要填充数据的单元格区域，如选择“图书信息表”中的G3，G5，G7和G8单元格，如图4-16所示。

步骤 2▶ 输入数据“公共课”，然后按“Ctrl+Enter”组合键，效果如图4-17所示。

步骤 3▶ 使用以上方法在G2，G4，G6，G9和G10单元格中输入“专业课”，完成“图书信息表”基本数据的输入，最终效果如图4-18所示。

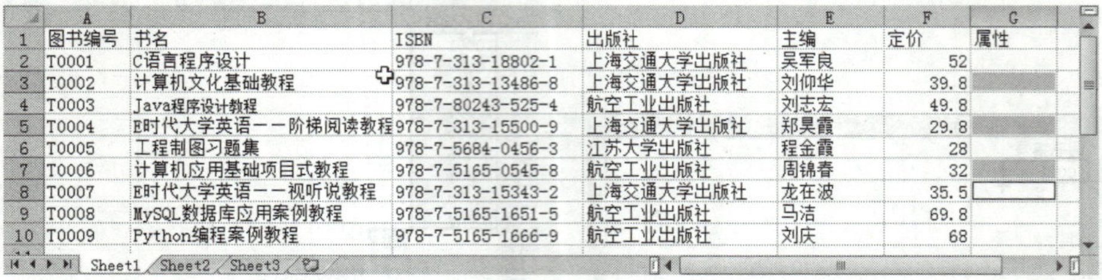

	A	B	C	D	E	F	G
1	图书编号	书名	ISBN	出版社	主编	定价	属性
2	T0001	C语言程序设计	978-7-313-18802-1	上海交通大学出版社	吴军良	52	
3	T0002	计算机文化基础教程	978-7-313-13486-8	上海交通大学出版社	刘仰华	39.8	
4	T0003	Java程序设计教程	978-7-80243-525-4	航空工业出版社	刘志宏	49.8	
5	T0004	E时代大学英语——阶梯阅读教程	978-7-313-15500-9	上海交通大学出版社	郑昊霞	29.8	
6	T0005	工程制图习题集	978-7-5684-0456-3	江苏大学出版社	程金霞	28	
7	T0006	计算机应用基础项目式教程	978-7-5165-0545-8	航空工业出版社	周锦春	32	
8	T0007	E时代大学英语——视听说教程	978-7-313-15343-2	上海交通大学出版社	龙在波	35.5	
9	T0008	MySQL数据库应用案例教程	978-7-5165-1651-5	航空工业出版社	马洁	69.8	
10	T0009	Python编程案例教程	978-7-5165-1666-9	航空工业出版社	刘庆	68	

图 4-16 选择单元格区域

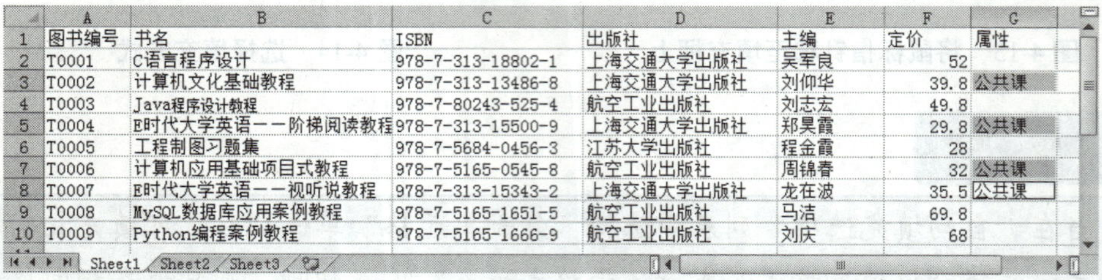

	A	B	C	D	E	F	G
1	图书编号	书名	ISBN	出版社	主编	定价	属性
2	T0001	C语言程序设计	978-7-313-18802-1	上海交通大学出版社	吴军良	52	
3	T0002	计算机文化基础教程	978-7-313-13486-8	上海交通大学出版社	刘仰华	39.8	公共课
4	T0003	Java程序设计教程	978-7-80243-525-4	航空工业出版社	刘志宏	49.8	
5	T0004	E时代大学英语——阶梯阅读教程	978-7-313-15500-9	上海交通大学出版社	郑昊霞	29.8	公共课
6	T0005	工程制图习题集	978-7-5684-0456-3	江苏大学出版社	程金霞	28	
7	T0006	计算机应用基础项目式教程	978-7-5165-0545-8	航空工业出版社	周锦春	32	公共课
8	T0007	E时代大学英语——视听说教程	978-7-313-15343-2	上海交通大学出版社	龙在波	35.5	公共课
9	T0008	MySQL数据库应用案例教程	978-7-5165-1651-5	航空工业出版社	马洁	69.8	
10	T0009	Python编程案例教程	978-7-5165-1666-9	航空工业出版社	刘庆	68	

图 4-17 填充相同数据

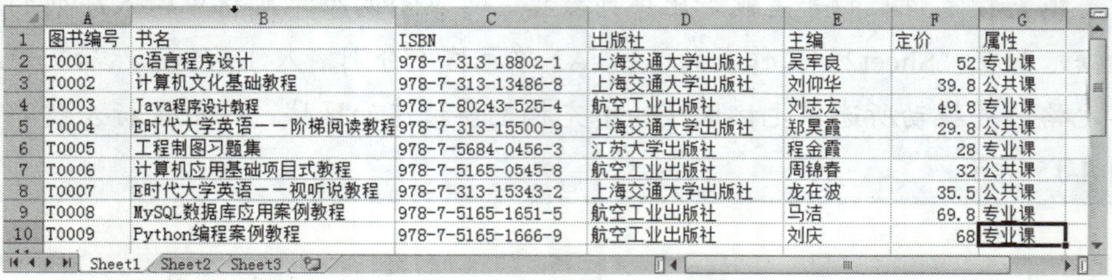

	A	B	C	D	E	F	G
1	图书编号	书名	ISBN	出版社	主编	定价	属性
2	T0001	C语言程序设计	978-7-313-18802-1	上海交通大学出版社	吴军良	52	专业课
3	T0002	计算机文化基础教程	978-7-313-13486-8	上海交通大学出版社	刘仰华	39.8	公共课
4	T0003	Java程序设计教程	978-7-80243-525-4	航空工业出版社	刘志宏	49.8	专业课
5	T0004	E时代大学英语——阶梯阅读教程	978-7-313-15500-9	上海交通大学出版社	郑昊霞	29.8	公共课
6	T0005	工程制图习题集	978-7-5684-0456-3	江苏大学出版社	程金霞	28	专业课
7	T0006	计算机应用基础项目式教程	978-7-5165-0545-8	航空工业出版社	周锦春	32	公共课
8	T0007	E时代大学英语——视听说教程	978-7-313-15343-2	上海交通大学出版社	龙在波	35.5	公共课
9	T0008	MySQL数据库应用案例教程	978-7-5165-1651-5	航空工业出版社	马洁	69.8	专业课
10	T0009	Python编程案例教程	978-7-5165-1666-9	航空工业出版社	刘庆	68	专业课

图 4-18 “图书信息表”基本数据的输入

4.3 编辑工作表

4.3.1 工作表的基本操作

在 Excel 2010 中，虽然一个工作簿内能有多个工作表，但除工作表组外，同一时间只能有一个当前工作表（即活动工作表），文档窗口也只显示当前工作表的内容（在工作表组中只显示首先选择的工作表的内容）。

1. 选择工作表

要对工作表进行编辑，必须先选择它，然后再进行相应操作。常用选择方法如下。

（1）选择单个工作表：在打开的工作簿中单击要进行操作的工作表标签即可。

（2）选择相邻的多个工作表：单击要选择的第一个工作表标签，然后按住“Shift”

键单击最后一个要选择的工作表标签，选中的工作表标签都变为白色，如图 4-19 所示。

（3）选择不相邻的多个工作表：要选择不相邻的多个工作表，需先单击要选择的第一个工作表标签，然后按住“Ctrl”键单击其他工作表标签即可。

值得注意的是，当同时选中多个工作表时，在当前工作簿的标题栏中将出现“工作组”字样，表示所选工作表已成为一个“工作组”。此时，用户可在所选多个工作表的相同位置一次性输入或编辑相同的内容，如图 4-20 所示。

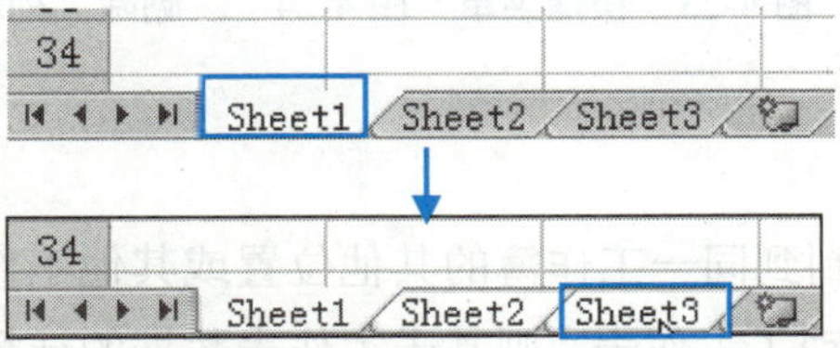

图 4-19　选择相邻的多个工作表

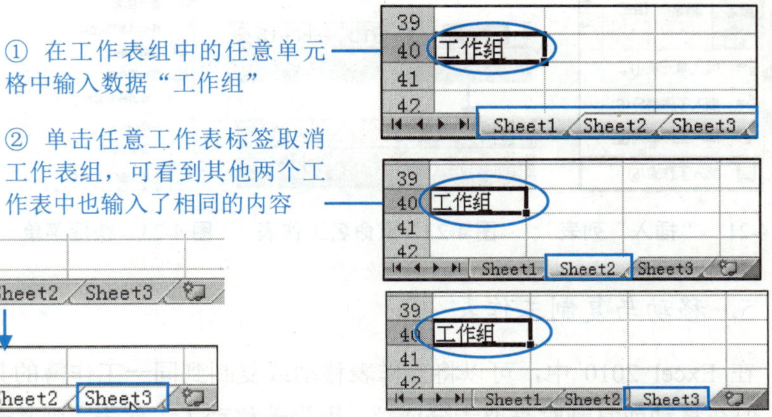

图 4-20　使用工作表组

2. 插入工作表

（1）利用按钮：要在现有工作表的末尾插入工作表，可直接单击工作表标签右侧的“插入工作表”按钮。

（2）利用“插入”列表：单击要在其左侧插入工作表的工作表标签，然后单击“开始”选项卡“单元格”组中“插入”按钮右侧的三角按钮，在展开的列表中选择“插入工作表”选项（见图 4-21），即可在所选工作表的左侧插入一个新的工作表。

3. 重命名工作表

默认情况下，工作表名称是以“Sheet1”“Sheet2”“Sheet3”……的方式显示的，为方便管理、记忆和查找，可以为工作表重命名。

要重命名工作表，可用鼠标双击要命名的工作表标签，此时该工作表标签呈高亮显示，并处于可编辑状态，输入工作表名称，然后单击除该工作表标签以外工作表的任意位置或按“Enter”键，如图 4-22 所示。

提　示

右击工作表标签，在弹出的快捷菜单中选择相应的选项，可对该工作表执行插入、重命名和删除等操作，如图 4-23 所示。

4. 删除工作表

单击要删除的工作表标签，然后单击“开始”选项卡“单元格”组中“删除”按钮右侧的三角按钮，在展开的列表中选择“删除工作表”选项（见图 4-24），打开提示对话框，单击“删除”按钮，即可删除所选工作表。

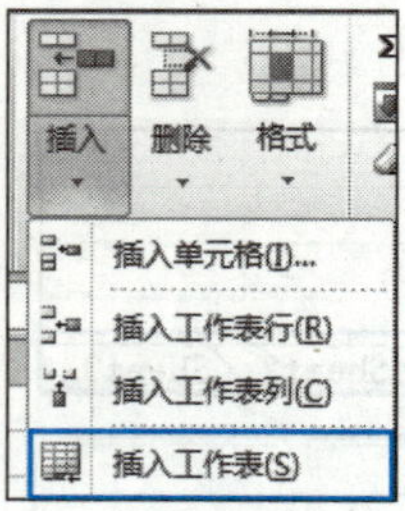

图 4-21 “插入”列表

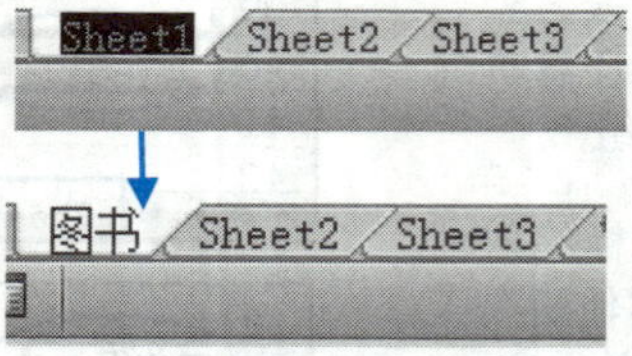

图 4-22 重命名工作表

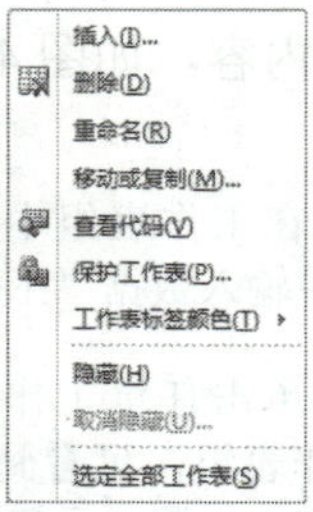

图 4-23 快捷菜单

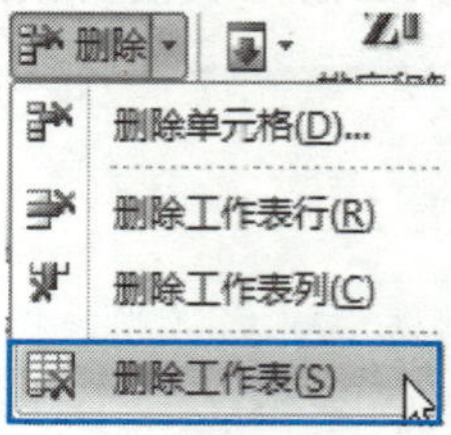

图 4-24 “删除”列表

5. 移动与复制工作表

在 Excel 2010 中，可以将工作表移动或复制到同一工作簿的其他位置或其他工作簿中。但在移动或复制时需要十分谨慎，因为若移动了工作表，则基于工作表数据的计算可能会出错。

在同一工作簿中移动和复制工作表：在同一个工作簿中，直接拖动工作表标签至所需位置即可实现工作表的移动（见图 4-25）；若在拖动工作表标签的过程中按住“Ctrl”键，则表示复制工作表。

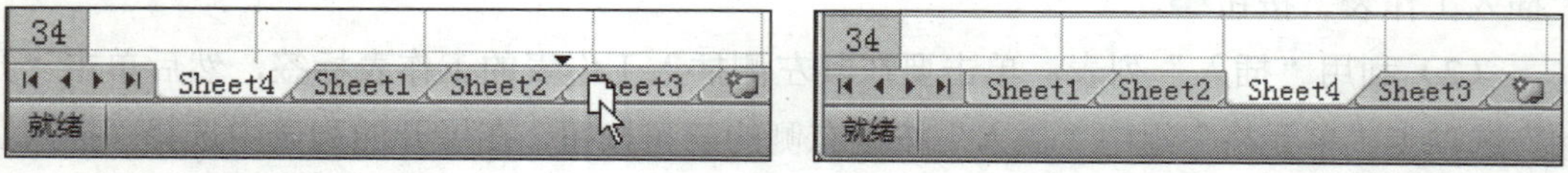

图 4-25 移动工作表

要在不同工作簿之间移动和复制工作表，可执行以下操作。

步骤 1▶ 打开源工作簿和目标工作簿，在源工作簿中选中要移动或复制的工作表标签，单击“开始”选项卡“单元格”组中“格式”按钮右侧的三角按钮，在展开的列表中选择“移动或复制工作表”选项，打开“移动或复制工作表”对话框，如图 4-26 所示。

步骤 2▶ 在“移动或复制工作表”对话框的“将选定工作表移至工作簿”下拉列表中选择目标工作簿，在“下列选定工作表之前”列表中选择要将工作表复制或移动到的位置。如果要复制工作表，则选择“建立副本”复选框。

步骤 3▶ 单击“确定”按钮，所选工作表即被移动或复制到目标工作簿所指定的工作表的前面。

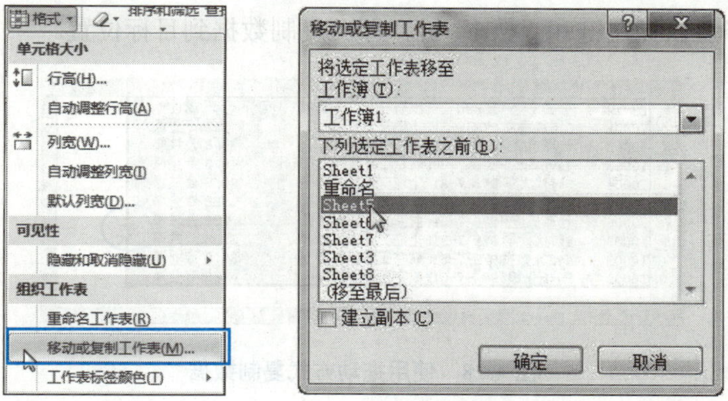

图 4-26　打开“移动或复制工作表”对话框

4.3.2　编辑工作表数据

编辑工作表时，可以将单元格或单元格区域中的数据复制或移动到其他单元格或单元格区域，可以清除单元格或单元格区域中的数据，还可以在工作表中查找和替换数据，以及插入和删除单元格、行、列等。

1. 复制数据

要在不同工作表之间复制数据，可执行如下操作。

步骤 1▶　选中要复制数据的单元格或单元格区域，如选中“图书信息表”的 A1:G10 单元格区域，然后单击“开始”选项卡“剪贴板”组中的“复制”按钮，或按“Ctrl+C”组合键。

步骤 2▶　选中要复制到的目标单元格或单元格区域，如“Sheet2”工作表，选择 A1 单元格，然后单击“开始”选项卡“剪贴板”组中的“粘贴”按钮，或按“Ctrl+V”组合键，如图 4-27 所示。

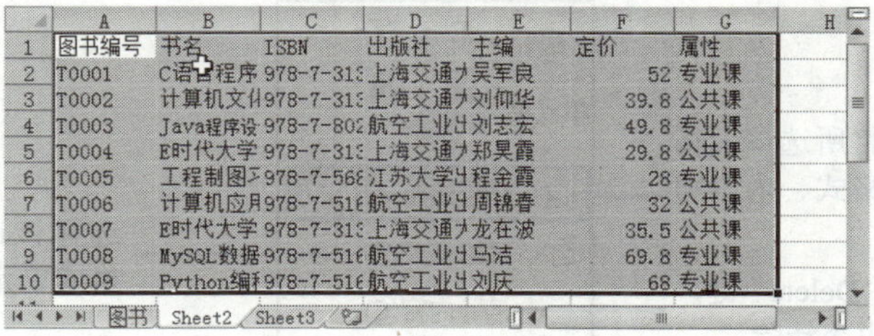

图 4-27　粘贴复制的文本

如果是在同一工作表中复制数据，除了上面介绍的方法外，还可以选中要复制数据的单元格或单元格区域，然后将鼠标指针移动到所选单元格或单元格区域的边缘上，此时鼠标指针变为“↖”形状（见图 4-28），按住“Ctrl”键的同时按住鼠标左键并拖动，到目标单元格区域后释放鼠标左键和“Ctrl”键，即可复制数据到目标位置。

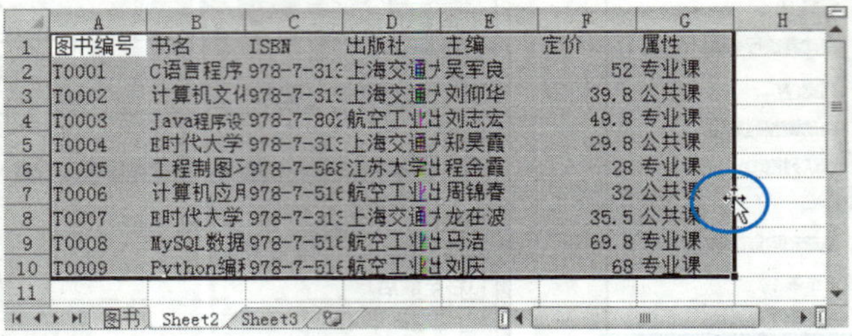

图 4-28　使用拖动方式复制数据

2. 移动数据

移动数据同样有两种方法，一种是使用鼠标拖动，操作过程与复制数据相似，只是无须在拖动时按住“Ctrl”键；另一种是使用剪切和粘贴命令，操作过程也与复制数据相似，只是将“复制”命令换成“剪切”命令。

提　示

> 复制数据时，如果目标单元格区域有数据，会直接将这些数据覆盖；使用拖动方式移动数据时，如果目标单元格区域有数据，将会弹出一个提示框，询问是否替换目标单元格中的内容，单击“确定”按钮进行替换，单击“取消”按钮，将取消移动操作。

3. 清除单元格

若要删除单元格内容或格式，可选中要清除内容或格式的单元格或单元格区域，如复制过来的单元格数据，单击“开始”选项卡“编辑”组中的“清除”按钮，在展开的列表中选择相应选项，可清除单元格中的内容、格式或批注等，这里选择“全部清除”选项，如图 4-29 所示。

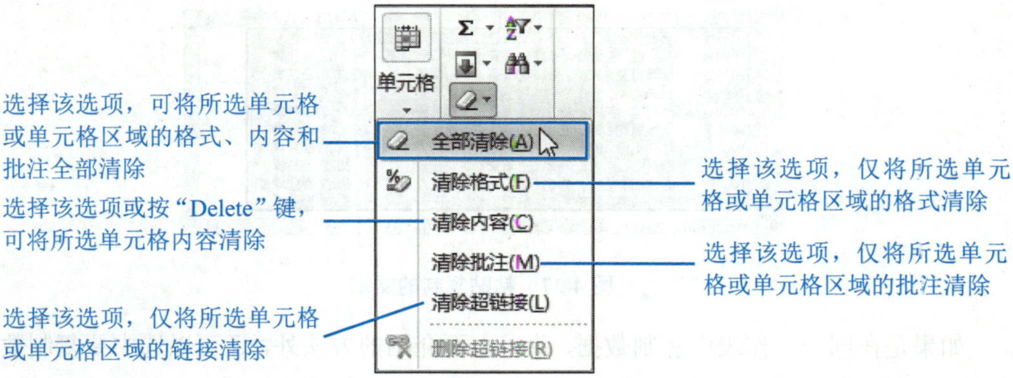

图 4-29　“清除”列表

需要注意的是，清除单元格数据与后面将要讲解的删除单元格不同，清除单元格数据是指清除单元格中的内容，单元格本身还留在工作表中；而删除单元格是指将单元格及其内容从工作表中删除，此时与被删除的单元格相邻的单元格也会做出位置调整。

4. 查找和替换数据

对于一些大型的表格，如果需要查找或替换表格中的指定内容，可利用 Excel 的查找和替换功能实现，操作方法与在 Word 中查找和替换文档中的指定内容相同。

5. 插入和删除单元格、行、列

在制作表格时，若要在有数据的区域插入或删除单元格、行、列等，可执行如下操作。

步骤 1▶ 要在工作表某行上方插入一行或多行，需先在要插入行的位置选中与要插入行数相同数量的行或单元格，然后单击“开始”选项卡“单元格”组中“插入”按钮右侧的三角按钮▾，在展开的列表中选择“插入工作表行”选项，如图 4-30 所示。

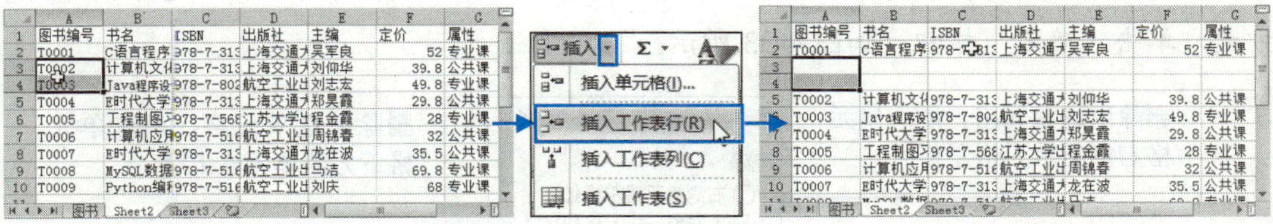

图 4-30　插入工作表行

步骤 2▶ 要删除行，需先选中要删除的行（如步骤 1 插入的空行），或选中要删除的行所包含的单元格，然后单击“单元格”组“删除”按钮右侧的三角按钮，在展开的列表中选择“删除工作表行”选项（见图 4-31）；若选中的是整行，则直接单击“删除”按钮即可。

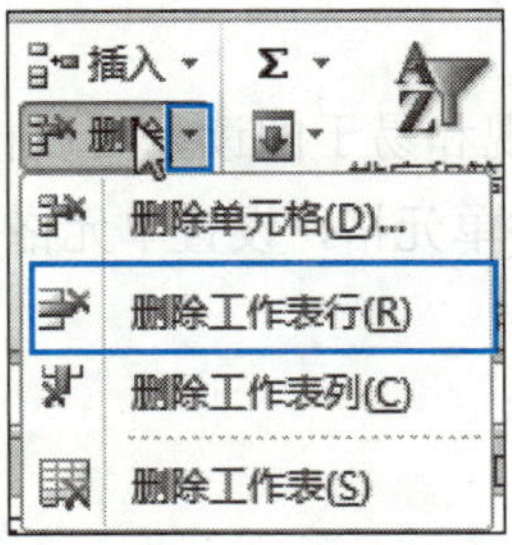

图 4-31　选择“删除工作表行”选项

步骤 3▶ 要在工作表某列左侧插入一列或多列，可在要插入列的位置选中与要插入列数相同数量的列或单元格，在“插入”按钮列表中选择“插入工作表列”选项。

步骤 4▶ 要删除列，可先选中要删除的列，或选中要删除的列所包含的单元格，然后在“删除”按钮列表中选择“删除工作表列”选项。

步骤 5▶ 要插入单元格，可在要插入单元格的位置选中与要插入的单元格数量相同的单元格，然后在“插入”列表中选择“插入单元格”选项，打开“插入”对话框。在其中设置插入方式，单击“确定”按钮，如图 4-32 所示。

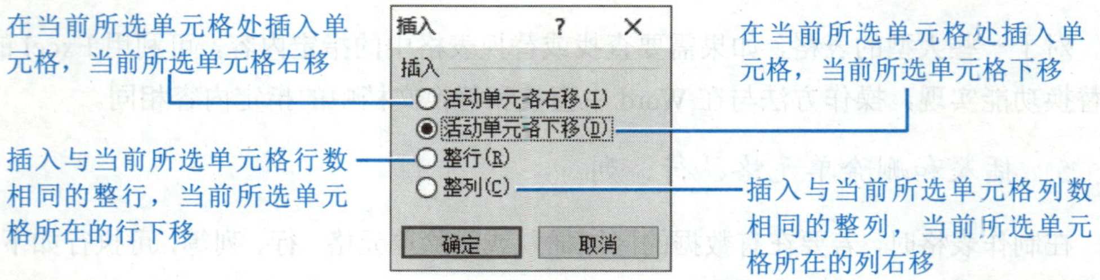

图 4-32 “插入”对话框

步骤 6▶ 要删除单元格，需先选中要删除的单元格或单元格区域，然后在“单元格”组的“删除”按钮列表中选择“删除单元格”选项，打开“删除”对话框，选择一种删除方式，单击“确定”按钮，如图 4-33 所示。

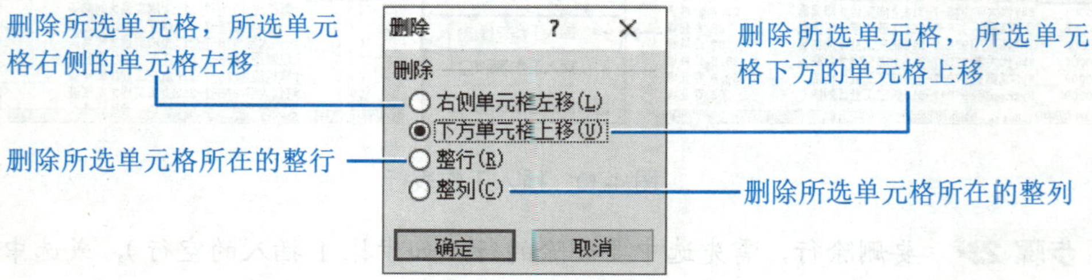

图 4-33 “删除”对话框

4.3.3 格式化工作表

为了使制作的工作表更加美观和易于阅读，可以根据需要对工作表进行各种美化操作。例如，设置行高和列宽，合并单元格，设置单元格的字符格式、对齐方式、数字格式及边框和底纹等。

1. 设置行高和列宽

默认情况下，Excel 中所有行的高度和所有列的宽度都是相等的。用户可以利用鼠标拖动方式或“格式”列表中的命令来调整行高和列宽。下面继续在“图书信息表”中进行操作。

步骤 1▶ 选择“图书”工作表，将鼠标指针移至要调整行高的行号的下框线处，待鼠标指针变成“±”形状后，按住鼠标左键并上下拖动（此时在工作表中将显示出一个提示行高的信息框)，到合适位置后释放鼠标左键，即可调整所选行的行高，如图 4-34 所示。

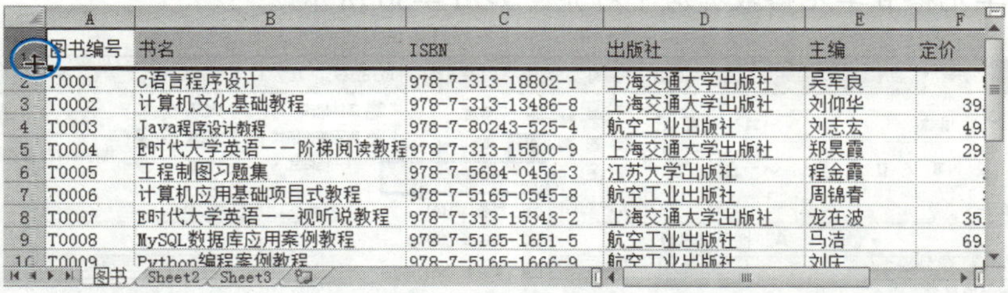

图 4-34　调整行高

步骤 2▶　要精确调整行高，需先选中要调整行高的单元格或单元格区域，如选中第 2 行至第 10 行，然后单击“开始”选项卡“单元格”组中的“格式”按钮，在展开的列表中选择“行高”选项，在打开的“行高”对话框中设置行高值为“16”，单击“确定”按钮，如图 4-35 所示。

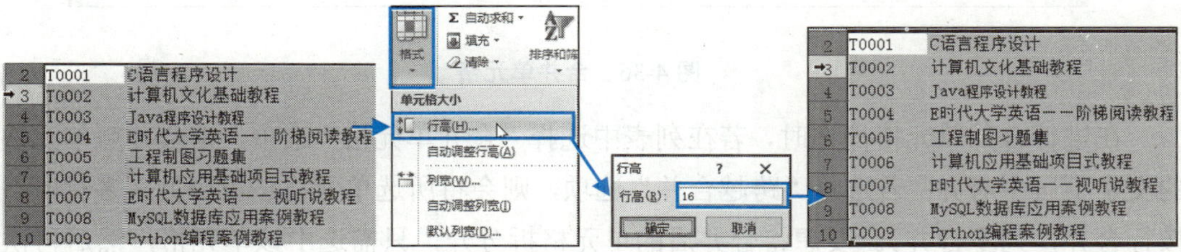

图 4-35　精确调整多行行高

提　示

> 此外，若要调整某列或多列单元格的宽度，只需将鼠标指针移至要调整列的列标右边线处，待鼠标指针变成“✛”形状后按住鼠标左键并左右拖动，到合适位置后释放鼠标左键即可。
>
> 要精确调整列宽，需在选中要调整的单元格或单元格区域后，在“格式”按钮列表中选择“列宽”选项，然后在打开的对话框中进行设置。

2. 合并单元格

合并单元格是指将相邻的单元格合并为一个单元格。合并单元格之后，将只保留所选单元格区域左上角单元格中的内容。合并单元格的操作步骤如下。

步骤 1▶　在第 1 行的上方插入一行并输入“图书信息表”。

步骤 2▶　选择要合并的单元格区域，如 A1:G1 单元格区域。

步骤 3▶　单击“开始”选项卡“对齐方式”组中的“合并后居中”按钮，或单击该按钮右侧的三角按钮，在展开的列表中选择“合并后居中”选项，即可将该单元格区域合并为一个单元格且单元格数据居中对齐，如图 4-36 所示。

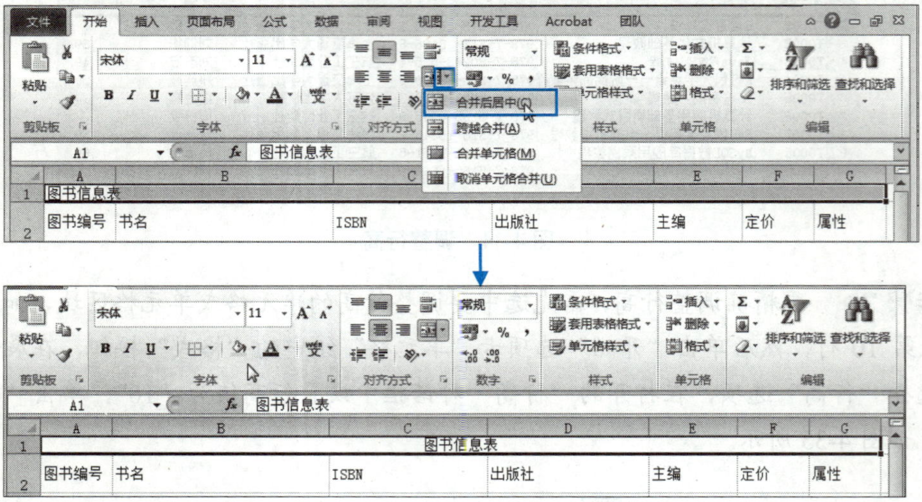

图 4-36　合并单元格

在进行合并单元格操作时，若在列表中选择“合并单元格”选项，则合并后单元格中的文字不居中对齐；若选择“跨越合并”选项，则会将所选单元格按行合并（多行时，只按行合并，列不合并）。要想将合并后的单元格拆分开，只需选中该单元格，然后再次单击“合并后居中”按钮即可。

3. 设置字符格式和对齐方式

在 Excel 2010 中设置表格内容字符格式和对齐方式的操作与在 Word 2010 中相似。设置文本格式的操作步骤如下。

步骤 1▶ 选择要设置字符格式的单元格或单元格区域，如选择 A1 单元格，设置单元格文本的字体为“华文中宋”、字号为“20”，如图 4-37 所示。

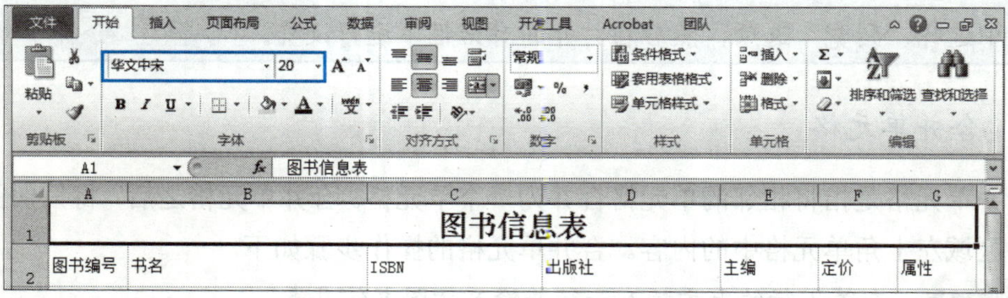

图 4-37　设置字符格式

步骤 2▶ 选择 A2:G2 单元格区域，设置字体为“黑体”，字号为“12”，在“对齐方式”组中单击“居中”按钮，使所选单元格中的数据在单元格中居中对齐，如图 4-38 所示。

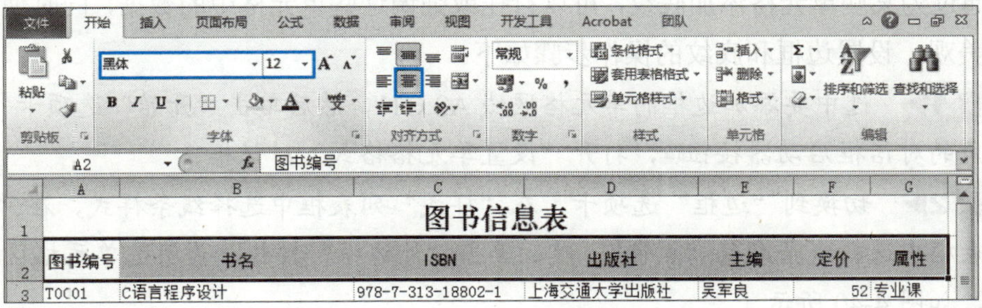

图 4-38　设置字符格式和对齐方式

4. 设置数字格式

Excel 2010 提供了多种数字格式，如数值格式、货币格式、日期格式、百分比格式、会计专用格式等，灵活地利用这些数字格式，可以使制作的表格更加专业和规范。设置数字格式的操作步骤如下。

步骤 1▶ 选择要设置格式的单元格或单元格区域，如选择“图书信息表”中的 F3:F11 单元格区域，单击“开始”选项卡“数字”组右下角的对话框启动器按钮。

步骤 2▶ 打开“设置单元格格式”对话框的“数字”选项卡。在“分类”列表框中选择数字类型，如“货币”。在右侧设置相关格式，如小数位数等，单击“确定”按钮，如图 4-39 所示。

用户也可直接在“开始”选项卡“数字”组中的“数字格式”下拉列表中选择数字类型，以及单击相关按钮来设置数字格式。

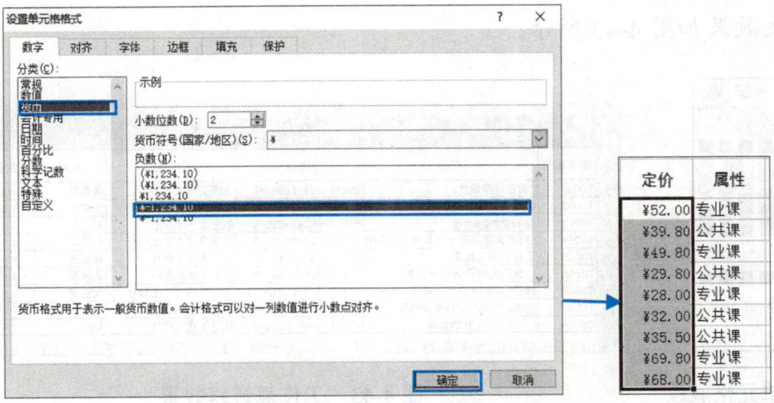

图 4-39　使用对话框设置数字格式

5. 设置边框和底纹

在 Excel 2010 工作表中，虽然从屏幕上看每个单元格都带有浅灰色的边框线，但是实际打印时不会出现任何线条。为了使表格中的内容更为清晰明了，可以为表格添加边框。此外，通过为某些单元格添加底纹，可以衬托或强调这些单元格中的数据，同时使表格显得更为美观。设置边框和底纹的操作步骤如下。

步骤 1▶ 选中要添加边框的单元格区域 A2:G11，然后单击“开始”选项卡“字体”组右下角的对话框启动器按钮，打开“设置单元格格式”对话框。

步骤 2▶ 切换到“边框”选项卡，在“样式”列表框中选择线条样式，在“颜色”下拉列表框中选择线条颜色“黑色”，然后单击“外边框”按钮，为所选单元格区域添加外边框，如图 4-40 所示。

步骤 3▶ 选择一种细线条样式，然后单击“内部”按钮，为表格添加内边框（见图 4-41），最后单击“确定”按钮。

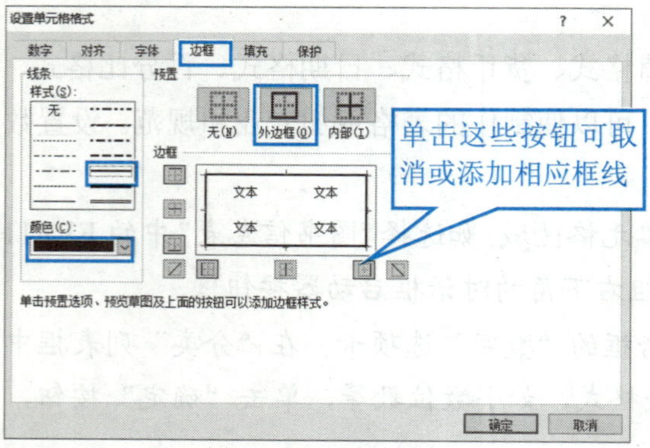

图 4-40 添加外边框

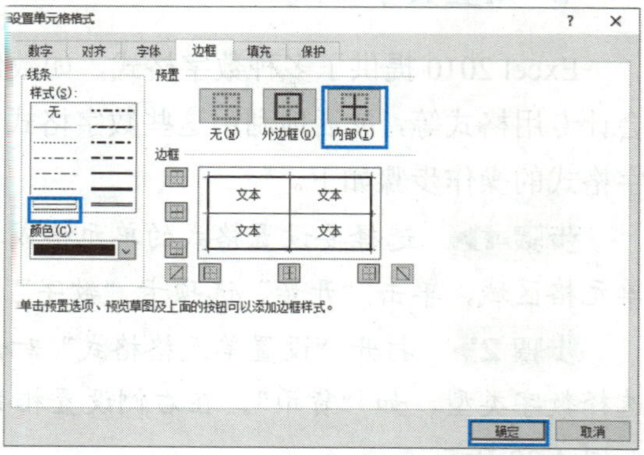

图 4-41 添加内边框

步骤 4▶ 选中 A1 单元格，然后单击“开始”选项卡“字体”组中“填充颜色”按钮右侧的三角按钮，在展开的列表中选择“浅绿”，如图 4-42 所示。添加完边框和底纹后的工作表效果如图 4-43 所示。

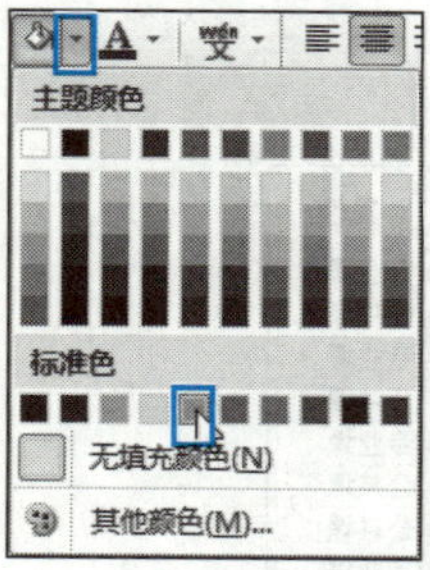

图 4-42 设置单元格底纹

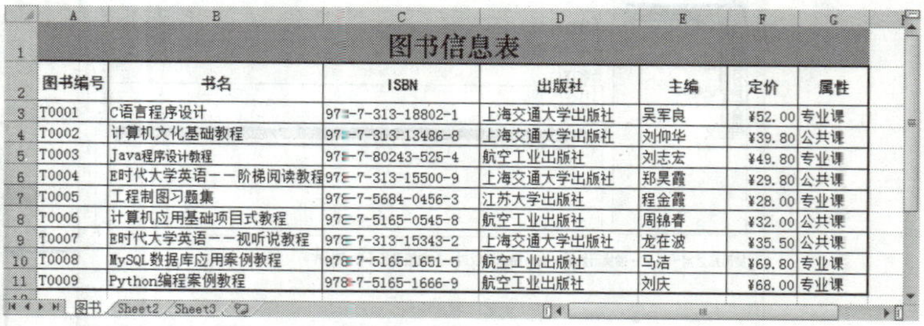

图书信息表						
图书编号	书名	ISBN	出版社	主编	定价	属性
T0001	C语言程序设计	978-7-313-18802-1	上海交通大学出版社	吴军良	¥52.00	专业课
T0002	计算机文化基础教程	978-7-313-13486-8	上海交通大学出版社	刘仰华	¥39.80	公共课
T0003	Java程序设计教程	978-7-80243-525-4	航空工业出版社	刘志宏	¥49.80	专业课
T0004	E时代大学英语——阶梯阅读教程	978-7-313-15500-9	上海交通大学出版社	郑昊霞	¥29.80	公共课
T0005	工程制图习题集	978-7-5684-0456-3	江苏大学出版社	程金霞	¥28.00	专业课
T0006	计算机应用基础项目式教程	978-7-5165-0545-8	航空工业出版社	周锦春	¥32.00	公共课
T0007	E时代大学英语——视听说教程	978-7-313-15343-2	上海交通大学出版社	龙在波	¥35.50	公共课
T0008	MySQL数据库应用案例教程	978-7-5165-1651-5	航空工业出版社	马洁	¥69.80	专业课
T0009	Python编程案例教程	978-7-5165-1666-9	航空工业出版社	刘庆	¥68.00	专业课

图 4-43 工作表最终效果

提 示

Excel 2010 提供了许多内置的单元格样式和表样式，利用它们可以快速对表格进行美化。方法是：选中要设置格式的单元格或单元格区域后，单击“开始”选项卡“样式”组中的“套用表格格式”按钮，在展开的列表中单击要使用的表格样式，打开“套用表格式”对话框，单击“确定”按钮，所选单元格区域将自动套用所选表格样式。此外，单击“单元格样式”按钮，在展开的列表中可选择单元格样式，如图 4-44 所示。

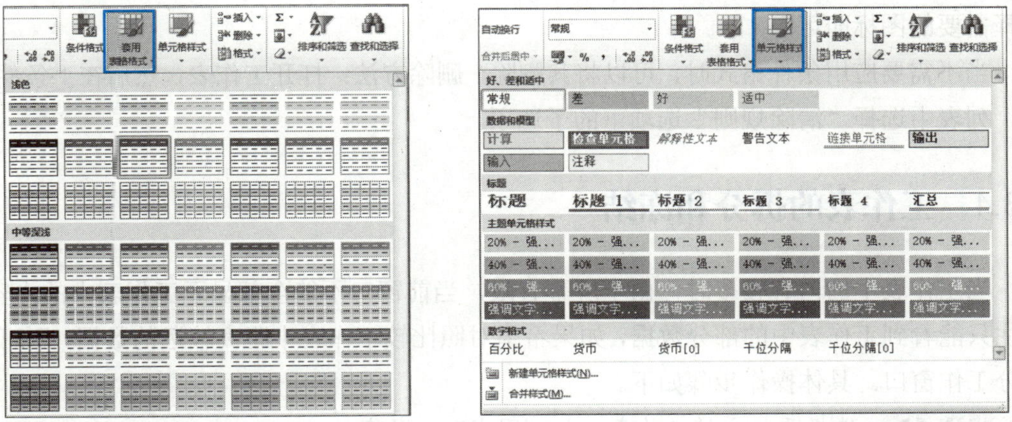

图 4-44 自动套用样式

6. 设置条件格式

在 Excel 2010 中应用条件格式，可以让满足特定条件的单元格以醒目的方式突出显示，便于对工作表数据进行更好的比较和分析。具体操作步骤如下。

步骤 1▶ 选择要添加条件格式的单元格区域。

步骤 2▶ 单击“开始”选项卡“样式”组中的“条件格式”按钮，在展开的列表中选择一种格式类型，如“突出显示单元格规则”，再在展开的子列表中选择一种具体的条件，如“大于”，然后在打开的“大于”对话框中设置具体的条件格式，如图 4-45 所示。

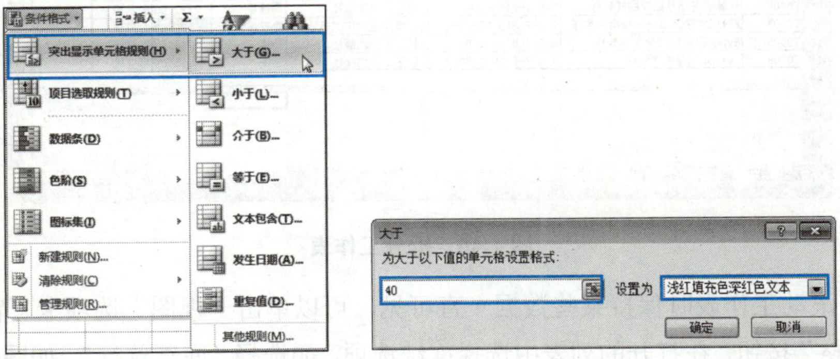

图 4-45 设置条件格式

步骤 3▶ 单击“确定”按钮。此时，所选单元格区域中数据大于 40 的单元格背景为浅红色，字体颜色为深红色。

Excel 2010 提供了以下几种条件规则。

（1）突出显示单元格规则：突出显示所选单元格区域中符合特定条件的单元格。

（2）项目选取规则：其作用与突出显示单元格规则相同，只是设置条件的方式不同。

（3）数据条、色阶和图标集：使用数据条、色阶（颜色的种类或深浅）和图标来标识各单元格中数据值的大小，从而方便查看和比较数据。设置时，只需在相应的子列表中选择需要的图标即可。

当不需要应用条件格式时，可以将其删除。删除方法：打开工作表，然后在“条件格式”列表中选择“清除规则”选项下的子选项。

4.3.4 工作表的拆分和冻结

当工作表中的内容较多时，由于屏幕有限，当前窗口不能全部显示工作表中的内容，往往只能看到工作表中的部分数据，如果希望对照比较工作表中距离较远的数据，则可以拆分工作窗口。具体操作步骤如下。

步骤 1▶ 选择要拆分的工作表，如“图书”工作表。

步骤 2▶ 单击“视图”选项卡“窗口”组中的“拆分”按钮，屏幕上会出现水平和垂直两条拆分线，将工作表自动拆分为 4 个独立的窗口，如图 4-46 所示。根据需要适当拖动两条拆分线，以调整各窗口的大小。

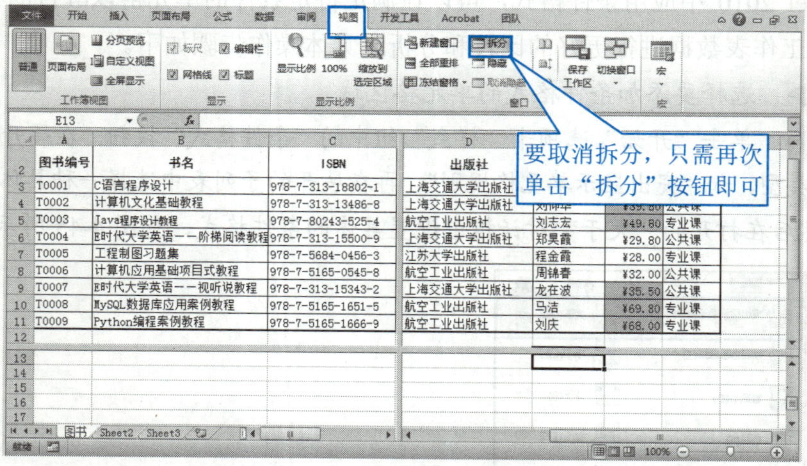

图 4-46 拆分工作表

为了在滚动工作表时保持某些数据一直可见，可以单击“视图”选项卡“窗口”组中的“冻结窗格”按钮，在打开的列表中选择冻结选项，如选择“冻结首行”，如图 4-47 所示。

窗口中被冻结的数据区域不会随工作表的其他部分一同移动，并始终保持可见，拖动垂直滚动条，可以看到标题不随着滚动条的移动而移动。

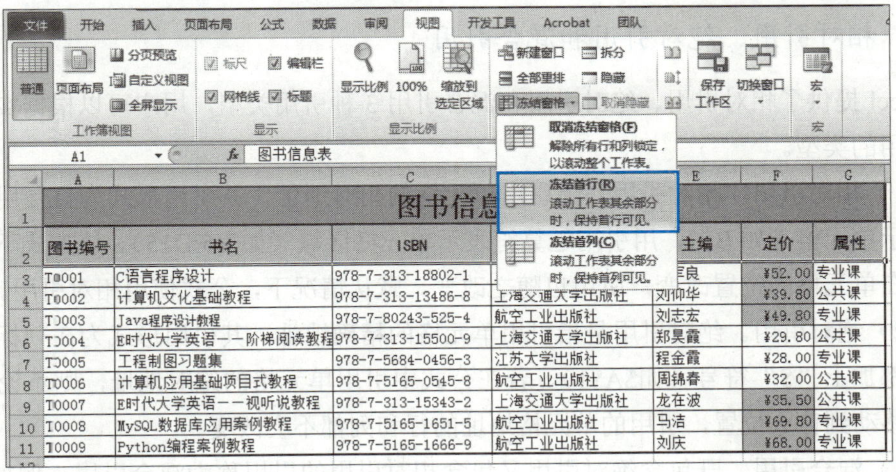

图 4-47　冻结工作表

提　示

执行冻结命令后，“冻结窗格”下拉菜单中会出现“取消冻结窗格”命令，执行该命令后，即可取消窗口冻结操作。

4.4　使用公式和函数

Excel 2010 强大的计算功能主要依赖于其公式和函数，利用它们可以对表格中的数据进行各种计算和处理。

4.4.1　引用单元格

引用的作用是通过标识工作表中的单元格或单元格区域，来指明公式中所使用的数据的位置。通过单元格的引用，可以在一个公式中使用工作表不同部分的数据，或者在多个公式中使用一个单元格中的数据，或者引用同一个工作簿中不同工作表中的数据，甚至还可以引用不同工作簿中的数据。当公式中引用的单元格数值发生变化时，公式会自动更新其所在单元格的内容，即更新其计算结果。

1. 不同工作表中的引用

（1）在同一工作簿中，不同工作表中的单元格可以相互引用，它的表示方法为“工作表名称!单元格或单元格区域地址”，如 Sheet2!F8:F16。

（2）在当前工作表中引用不同工作簿中的单元格的表示方法为“[工作簿名称.xlsx]工作表名称!单元格或单元格区域地址”。

2. 相对引用、绝对引用和混合引用

Excel 提供了相对引用、绝对引用和混合引用 3 种引用类型，用户可以根据实际情况选择引用的类型。

（1）相对引用。相对引用是指引用单元格的相对地址，其引用形式为直接用列标和行号表示单元格（如 B5），用引用运算符表示单元格区域（如 B5:D15）。该方式下，如果公式所在单元格的位置改变，引用也随之改变。默认情况下，公式使用相对引用。

（2）绝对引用。绝对引用是指引用单元格的精确地址，其引用形式为在列标和行号的前面都加上“$”符号（如$A$1）。若在公式中引用单元格的绝对地址，则不论将公式复制或移动到什么位置，引用的单元格地址的行和列都不会改变。

（3）混合引用。既包含绝对引用又包含相对引用的引用称为混合引用。例如，A$1 用于表示列变行不变的引用，而$A1 用于表示列不变行变的引用。如果公式所在单元格的位置改变，则相对引用改变，而绝对引用不变。

图 4-48 为相对、绝对和混合引用示例。

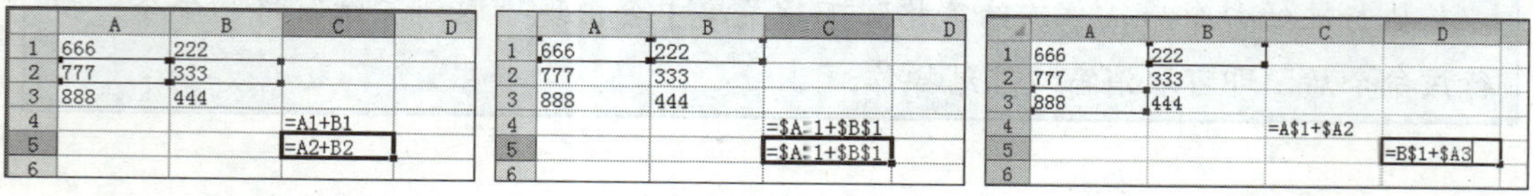

图 4-48 相对、绝对和混合引用示例

提 示

编辑公式时，输入单元格地址后，按“F4”键可在绝对引用、相对引用和混合引用之间切换。

4.4.2 使用公式

1. 认识公式

在 Excel 2010 中，公式是对工作表中的数据进行运算和分析的等式，它由运算符和操作数组成。运算符可以是算术运算符、比较运算符、文本运算符和引用运算符，操作数可以是具体的常量、单元格地址或函数等。

利用公式可以对工作表中的数据进行运算和分析。例如，要计算 B3，C3 和 D3 单元格数据的平均值，并将结果显示在 E3 单元格中，需在 E3 单元格中输入公式“=(B3+C3+D3)/3”，确认后 Excel 2010 会自动进行计算，并在 E3 单元格中显示结果。

Excel 包含以下 4 种类型的运算符。

（1）算数运算符：用来完成基本的数学运算并产生数字结果，包括“+”（加）、“−”

（减）、“*”（乘）、“/”（除）等。

（2）比较运算符：包括“>”（大于）、“<”（小于）等，用于比较两个值，并得出一个逻辑值，即“TRUE”（真）或“FALSE”（假）。

（3）文本运算符“&”：用于将两个或多个文本串起来生成一个连续的文本。

（4）引用运算符：用于对单元格区域进行合并计算，包括“:”（区域运算符）和“,”（联合运算符）等。例如，“A3:B4”表示引用 A3，B3，A4 和 B4 单元格；“B5:D15,F5:I15”表示引用 B5:D15 和 F5:I15 两个单元格区域。

2. 创建和编辑公式

要创建公式，可以直接在单元格中输入，也可以在编辑栏中输入，输入方法与输入普通数据相似，即单击需输入公式的单元格，键入等号“=”，输入公式内容，公式输入完毕，按“Enter”键确定。也可在输入等号后单击要引用的单元格，然后输入运算符，再单击要引用的单元格（引用的单元格周围会出现不同颜色的边框线，它与单元格地址的颜色一致，便于用户查看），输入完毕后按“Enter”键确定。

提 示

当公式是以插入函数开始时，函数自动带等号“=”，无须另行输入。

公式中的各函数部分既可以手动输入也可以采用插入函数方式置入，后者操作更方便、快捷。

编辑公式的常用方法如下。

（1）双击公式所在的单元格，然后在该单元格中进行编辑。

（2）选中公式所在的单元格，然后在编辑栏中进行编辑。

3. 移动、复制公式

用户可以采用复制法或剪切法对公式进行复制或移动。当复制公式时，单元格引用将根据所用的引用类型而自动变化，进而可能影响复制之后公式的结果；而在移动公式时，公式中的单元格引用不会发生变化，因此，公式移动之后其结果保持不变，如图 4-49 所示。

	A	B	C	D	E	F
1	基数	倍数	总额	结果1	结果2	说明
2	76	3	228	228	684	公式复制：D2公式为“=A2*B2”，将D2复制到E2，则E2公式变为“=B2*C2”
3	56	4	224		224	公式移动：D3原公式为“=A3*B3”，将D3移动到E3，则公式保持“=A3*B3”不变

图 4-49 公式复制与移动示例

提 示

若输入公式后按“Ctrl+Enter”组合键，则活动单元格位置保持不变。

复制公式时，也可以通过拖动填充柄将公式复制到相邻的单元格中。若仅复制公式，可在“粘贴”列表中选择“公式”选项。

4.4.3 使用函数

Excel 2010 对其内置的函数库进行了分组归类，并与相关的公式工具一同集成在“公式”选项卡中，方便用户调用，如图 4-50 所示。

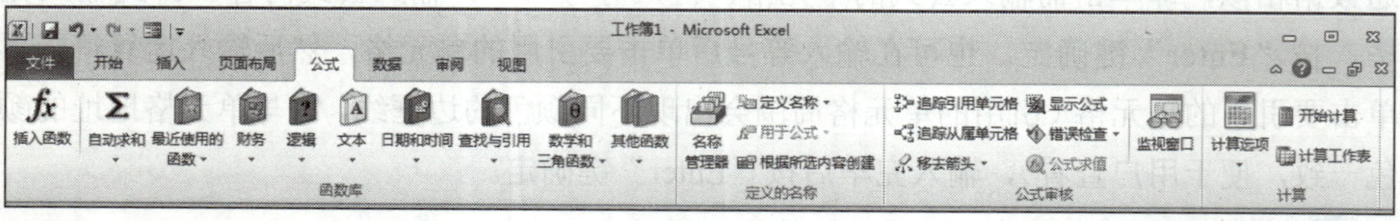

图 4-50 “公式”选项卡

使用函数时，应首先在单元格中输入等号“=”，即进入公式编辑状态，接下来可输入函数名称，再紧跟着输入一对括号，括号内为一个或多个参数，参数之间用逗号分隔。用户可以在单元格中手动输入函数，也可以使用函数向导输入函数。

1. 输入函数的常用方法

（1）在单元格或编辑栏中直接输入函数及公式，此法多用于已熟悉的函数。

（2）通过“插入函数”和“函数参数”对话框插入函数，此法简单易用。

（3）在“公式”选项卡“函数库”组的函数分类下选择函数。

2. 调用“插入函数”对话框的常用方法

（1）在“编辑栏”中单击“插入函数”按钮fx，系统打开“插入函数”对话框。

（2）在“公式”选项卡“函数库”组中单击“插入函数”按钮fx。

（3）在“开始”选项卡“编辑”组中单击“自动求和”按钮右侧的三角按钮，在展开的列表中选择“其他函数”选项。

“插入函数”对话框有助于直观、方便地完成函数的输入。通过“或选择类别”下拉列表，可以缩小函数的查找范围，在“选择函数”列表框中双击函数名称或选择函数名后单击“确定”按钮，系统打开“函数参数”对话框，可在其中进行函数参数的设置工作，如图 4-51 所示。

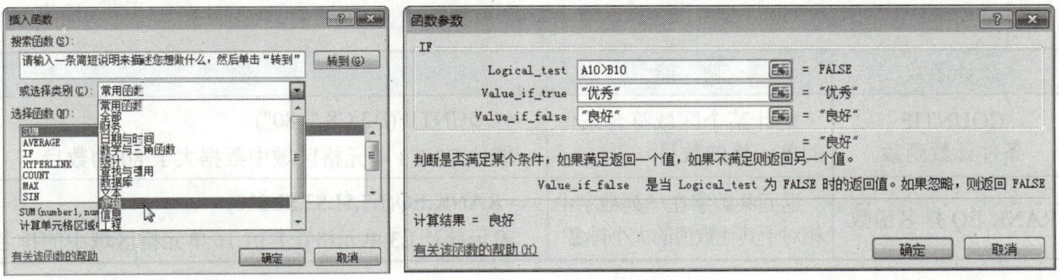

图 4-51 "插入函数"和"函数参数"对话框

3. 嵌套函数

在某些情况下，可以将某函数作为另一函数的参数使用，形成函数的嵌套使用。如图 4-52 所示，IF 函数中嵌套使用 AVERAGE 函数和 SUM 函数。本例公式的功能是先将 AVERAGE 函数的结果与 75 进行比较，当 A2:A9 单元格区域的平均值大于或等于 75 时，本公式才会对 B2:B9 单元格区域求和，否则返回值为 0。

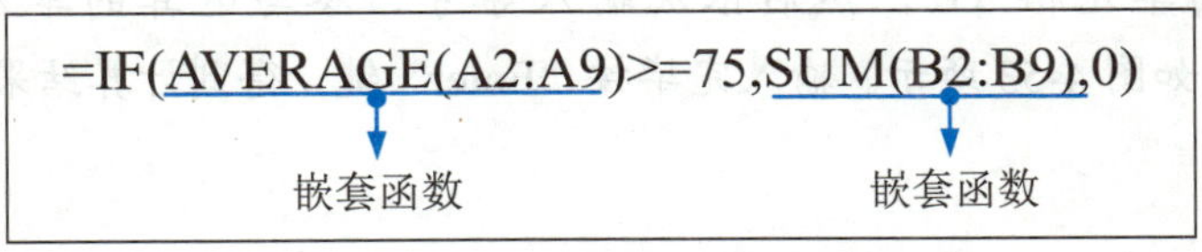

图 4-52 函数嵌套

4. 常用函数

（1）统计函数是 Excel 使用较多的函数，其作用是对数据区域进行统计分析。常用的统计函数如表 4-1 所示。

表 4-1 统计函数

统计函数	功 能	示 例
SUM 求和函数	返回单元格区域中各元素的和	=SUM(C3:F3) 求 C3:F3 单元格区域中数据的和
AVERAGE 平均值函数	返回单元格区域中各元素的平均值	=AVERAGE(C3:F3) 求 C3:F3 单元格区域中数据的平均值
MAX 最大值函数	返回单元格区域中各元素的最大值	=MAX(C3:F3) 求 C3:F3 单元格区域中数据的最大值
MIN 最小值函数	返回单元格区域中各元素的最小值	=MIN(C3:F3) 求 C3:F3 单元格区域中数据的最小值
COUNT 计数函数	统计单元格区域中各元素的数目	=COUNT(B2:B8,E2:E8) 求 B2:B8 和 E2:E8 单元格区域中数据的数目

（续表）

统计函数	功　能	示　例
COUNTIF 条件计数函数	统计某个区域符合条件的单元格的数目	=COUNTIF(B2:C8,">80") 统计 B2:C8 单元格区域中数据大于 80 的数目
RANK.EQ 排名函数	返回某数字在一列数字中相对于其他数值的大小排名	=RANK.EQ(L3,L3,L16) 表示统计 L3 单元格在 L3:L16 单元格区域中的排名

（2）逻辑函数 IF 也是在 Excel 中使用较多的函数，其功能为：根据条件判断值的真或假，返回值。IF 函数的语法为：IF(logical_test,value_if_true,value_if_false)。其中，Logical_test 表示计算结果为 TRUE 或 FALSE 的任意值或表达式。

下面以在“学生成绩表”中使用公式计算每个学生的总分，使用函数计算每个学生的平均分及等级来介绍使用公式和函数的具体方法。

（1）使用公式计算每个学生的总分，具体操作步骤如下。

步骤 1▶ 打开本书配套素材“素材与实例”→“第 4 章”→“学生成绩表”文件，单击要输入公式的单元格 G2，然后依次输入等号、参与运算的单元格和运算符（“=D2+E2+F2”），如图 4-53 所示。输入完毕按“Enter”键，得到计算结果，即第一个学生的总分。

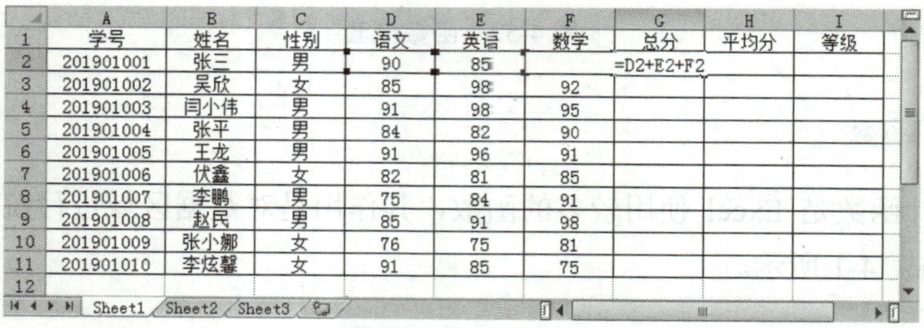

图 4-53　输入公式

步骤 2▶ 选中含有公式的单元格，然后向下拖动填充柄至目标位置后释放鼠标左键，将求和公式复制到同列的其他单元格中，计算出其他学生的总分，如图 4-54 所示。

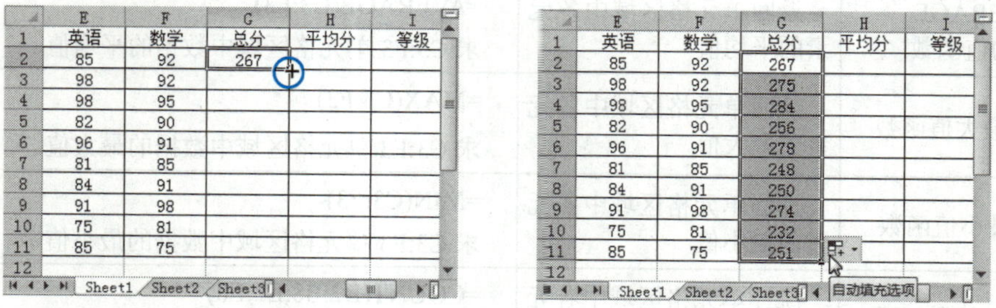

图 4-54　复制公式计算其他学生的总分

提 示

利用“自动求和”按钮列表中的“求和”函数（函数名为 SUM），也可以求所引用的单元格区域中的数据之和。

（2）使用函数计算每个学生的平均分。选择“自动求和”列表中的“平均值”选项快速输入求平均值函数，具体操作步骤如下。

步骤 1▶ 单击 H2 单元格，然后单击“开始”选项卡“编辑”组中“自动求和”按钮右侧的三角按钮，在展开的列表中选择“平均值”选项，如图 4-55 所示。

步骤 2▶ 在所选单元格中显示输入的函数，并自动选择求平均值的单元格区域，拖动鼠标重新选择需要引用的单元格区域 D2:F2，如图 4-56 所示。

步骤 3▶ 按“Enter”键求出 D2:F2 单元格区域数据的平均值，即求出第一个学生各科成绩的平均分，然后利用复制公式方式计算出其他学生的平均分。

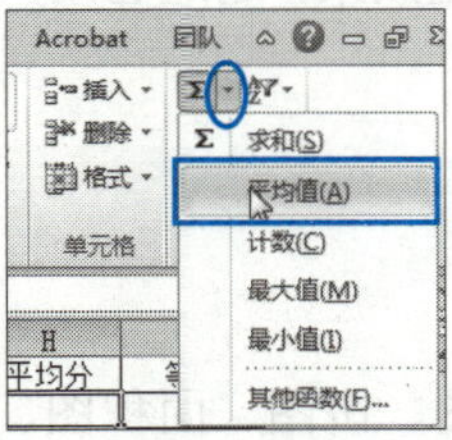

图 4-55 选择“平均值”选项

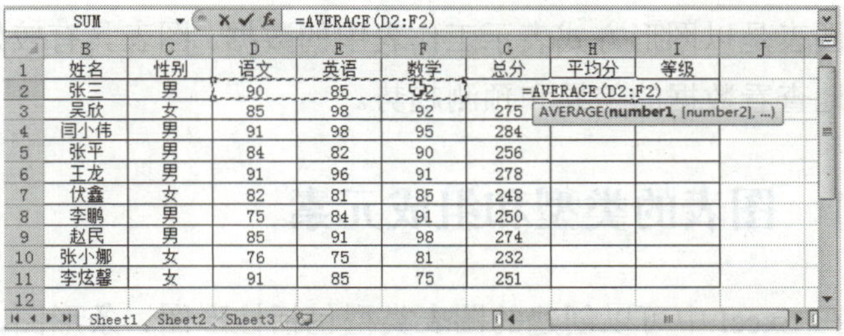

	B	C	D	E	F	G	H	I
1	姓名	性别	语文	英语	数学	总分	平均分	等级
2	张三	男	90	85	92		=AVERAGE(D2:F2)	
3	吴欣	女	85	98	92	275		
4	闫小伟	男	91	98	95	284		
5	张平	男	84	82	90	256		
6	王龙	男	91	96	91	278		
7	伏鑫	女	82	81	85	248		
8	李鹏	男	75	84	91	250		
9	赵民	男	85	91	98	274		
10	张小娜	女	76	75	81	232		
11	李炫馨	女	91	85	75	251		

图 4-56 计算平均分

（3）假设学生成绩表中总分大于等于 270 为优，大于等于 240 为良，其他为及格，使用 IF 函数判断成绩表中的成绩等级，具体操作步骤如下。

步骤 1▶ 在 I2 单元格中输入公式“=IF(G2>=270,"优",IF(G2>=240,"良","及格"))”，确定后得到计算结果。

步骤 2▶ 双击 I2 单元格的填充柄，复制公式，判断出其他学生的成绩等级，如图 4-57 所示。

步骤 3▶ 将文件另存为“学生成绩表（完成）”。

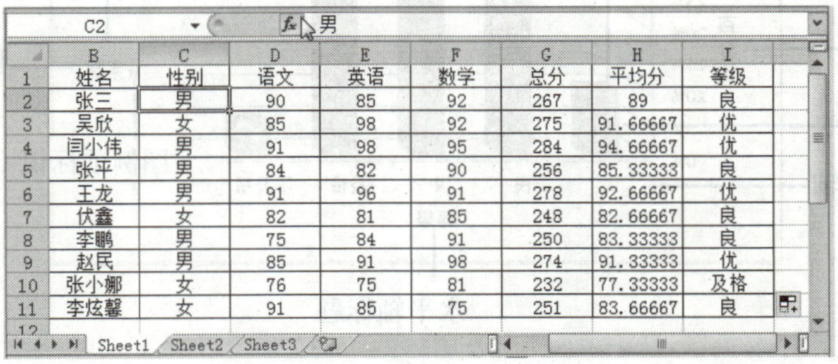

	B	C	D	E	F	G	H	I
1	姓名	性别	语文	英语	数学	总分	平均分	等级
2	张三	男	90	85	92	267	89	良
3	吴欣	女	85	98	92	275	91.66667	优
4	闫小伟	男	91	98	95	284	94.66667	优
5	张平	男	84	82	90	256	85.33333	良
6	王龙	男	91	96	91	278	92.66667	优
7	伏鑫	女	82	81	85	248	82.66667	良
8	李鹏	男	75	84	91	250	83.33333	良
9	赵民	男	85	91	98	274	91.33333	优
10	张小娜	女	76	75	81	232	77.33333	及格
11	李炫馨	女	91	85	75	251	83.66667	良

图 4-57 判断学生的成绩等级

提　示

也可以使用“公式”选项卡“函数库”组中的按钮来输入函数，方法是单击相应函数类型下方的三角按钮，在展开的列表中选择需要插入的函数，如图 4-58 所示。

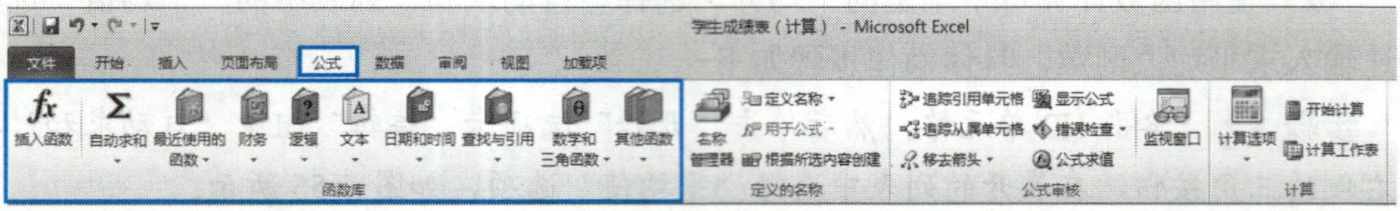

图 4-58　使用“公式”选项卡“函数库”组中的按钮来输入函数

4.5　使用图表

图表是以图形方式表示工作表中的数据。图表具有较好的视觉效果，通过它用户可以直观地查看数据的差异和预测趋势。

4.5.1　图表的类型和组成元素

在 Excel 中可以创建的图表类型包括柱形图、条形图、折线图、饼图、面积图、圆环图、雷达图、股市图等十几种类型，而且每种图表还包括若干种子类型，从而满足用户的各种需要。

创建和编辑图表，首先需要认识图表的组成元素（称为图表项），以柱形图为例，它主要由图表区、标题、绘图区、坐标轴、图例、数据系列等组成，如图 4-59 所示。

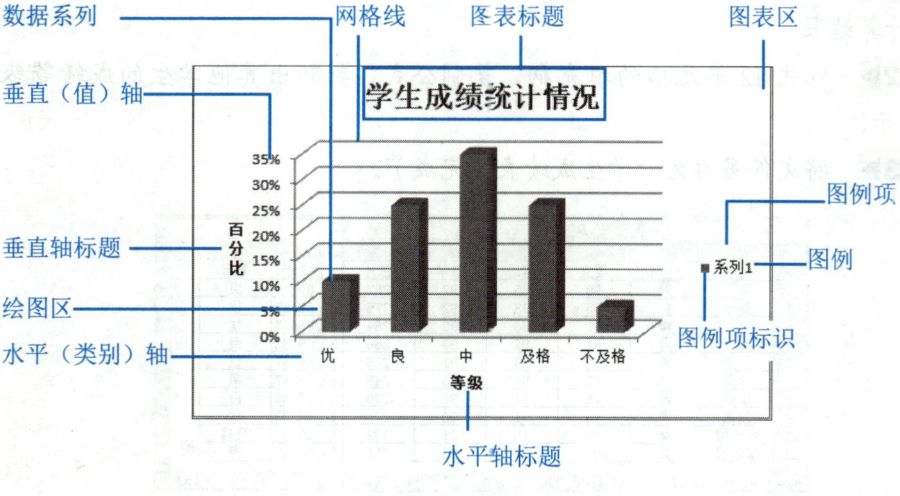

图 4-59　图表组成元素

4.5.2　创建图表

下面通过利用图表展示学生成绩统计情况，介绍创建图表的具体操作步骤。

步骤 1▶　打开本书配套素材"素材与实例"→"第 4 章"→"学生成绩统计表"文件，选中要创建图表的数据区域，如表中的 A2:A6 和 B2:B6 单元格区域。

步骤 2▶　单击"插入"选项卡"图表"组中的"柱形图"按钮，在展开的列表中选择"三维簇状柱形图"，如图 4-60 所示。此时，系统将在工作表中插入一张嵌入式三维簇状柱形图，效果如图 4-61 所示。

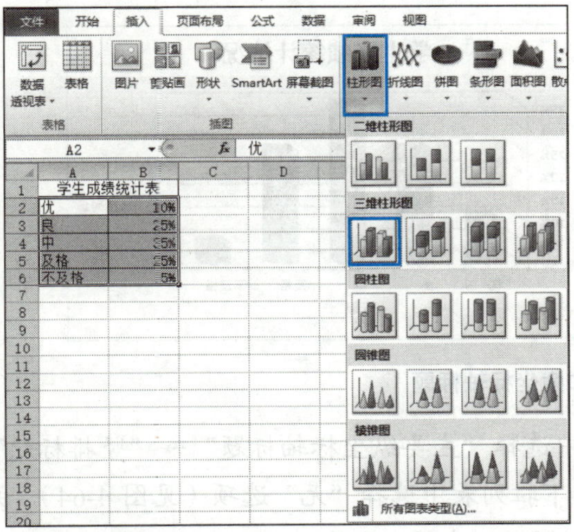

图 4-60　插入图表

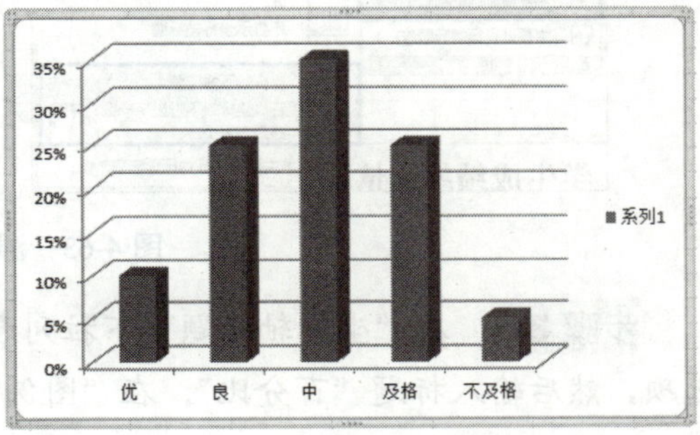

图 4-61　插入的图表效果

4.5.3　编辑图表

图表创建后将自动被选中，此时在 Excel 2010 的功能区将出现"图表工具"选项卡，包括设计、布局、格式 3 个子选项卡。用户可以利用这 3 个子选项卡对创建的图表进行编辑和美化。其中，"图表工具　布局"选项卡主要用来添加或取消图表的组成元素。

步骤 1▶　选中"学生成绩统计表"中创建的图表，在"图表工具　布局"选项卡的"标签"组中单击"图表标题"按钮，在展开的列表中选择"图表上方"，然后将图表标题修改为"学生成绩统计情况"，如图 4-62 所示。

步骤 2▶　在"布局"选项卡的"标签"组中单击"坐标轴标题"按钮，在展开的列表中选择"三要横坐标轴标题"→"坐标轴下方标题"选项，然后输入坐标轴标题名称"等级"，如图 4-63 所示。

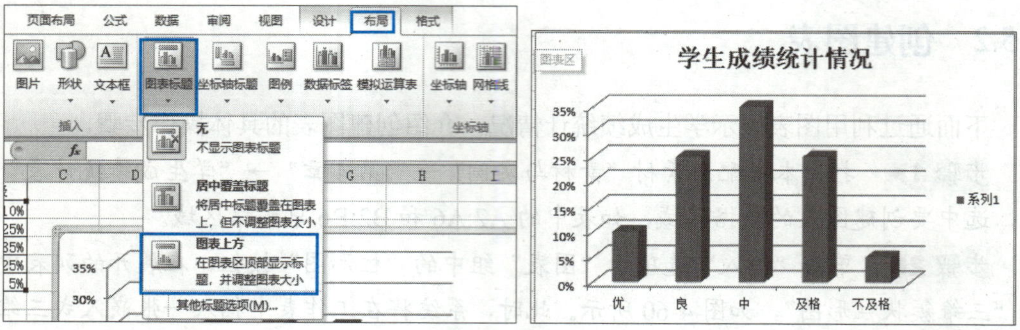

图 4-62　添加图表标题

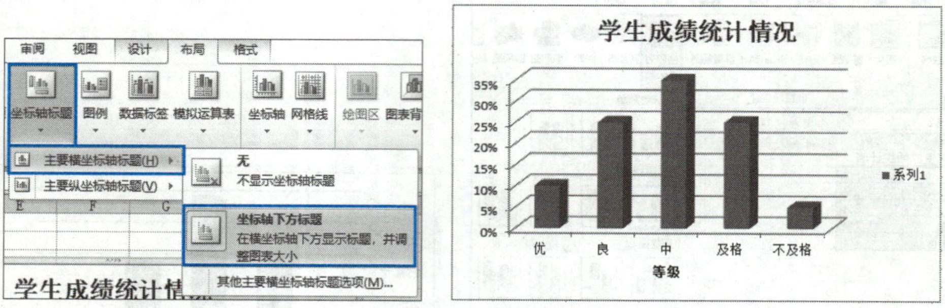

图 4-63　添加横坐标轴标题

步骤 3▶　在“坐标轴标题”下拉列表中选择“主要纵坐标轴标题”→“竖排标题”选项，然后输入标题“百分比”；在“图例”下拉列表中选择“无”选项（见图 4-64），关闭“图例”；在“数据标签”下拉列表中选择“显示”选项（见图 4-65），添加“数据标签”；此时的图表效果如图 4-66 所示。

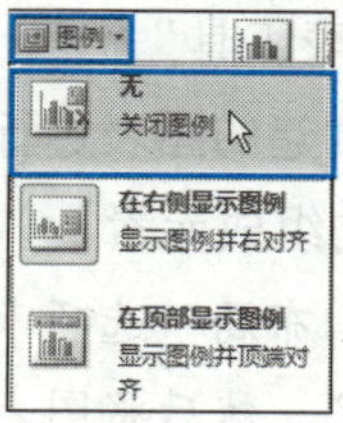

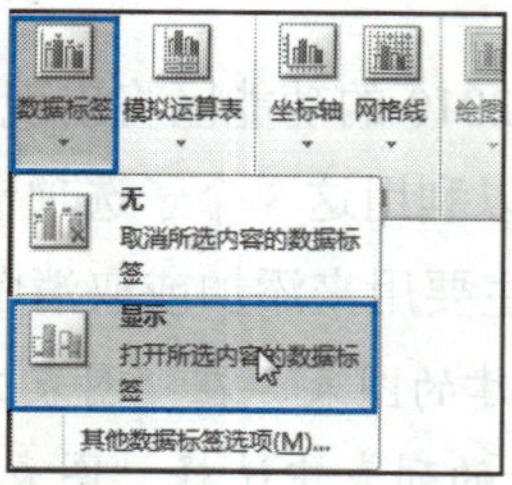

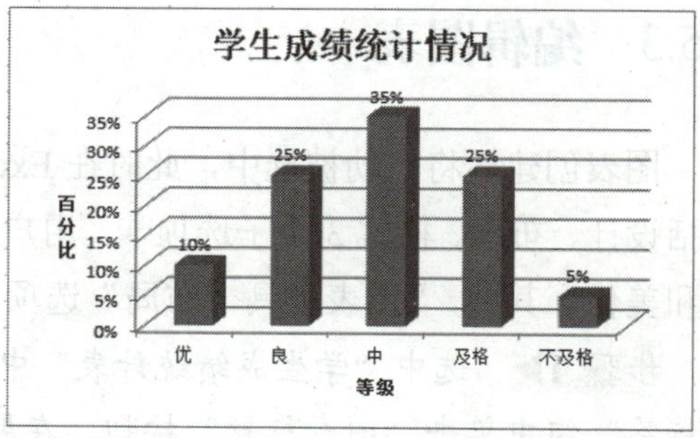

图 4-64　关闭“图例”　　图 4-65　添加“数据标签”　　图 4-66　图表效果

提　示

如果要快速设置图表布局，可在“图表工具　设计”选项卡的“图表布局”组中选择一种系统内置的布局样式。

4.5.4　美化图表

利用“图表工具　格式”选项卡可分别对图表的图表区、绘图区、标题、坐标轴、图例项、数据系列等组成元素进行格式设置，如使用系统提供的形状样式快速设置，或单独设置填充颜色、边框颜色和字体等，从而美化图表。美化图表的具体操作步骤如下。

步骤 1▶　切换到“图表工具　格式”选项卡，将鼠标指针移动到图表空白处，待显示“图表区”时单击，选中图表区。

> **提　示**
>
> 在对图表的各组成元素进行设置时，都需要选中要设置的元素，用户可参考选择图表区的方法来选择图表的其他组成元素。

步骤 2▶　单击“形状样式”组中的“形状填充”按钮，在展开的颜色列表中为图表区设置颜色，如橙色，如图 4-67 所示。

步骤 3▶　在“当前所选内容”组中的“图表元素”下拉列表中选择“绘图区”（见图 4-68），选中图表的绘图区，然后在“形状样式”组的列表中选择一种样式，如“细微效果-水绿色，强调颜色 5”，如图 4-69 所示。

步骤 4▶　适当调整坐标轴标题的位置，图表最终效果如图 4-70 所示。

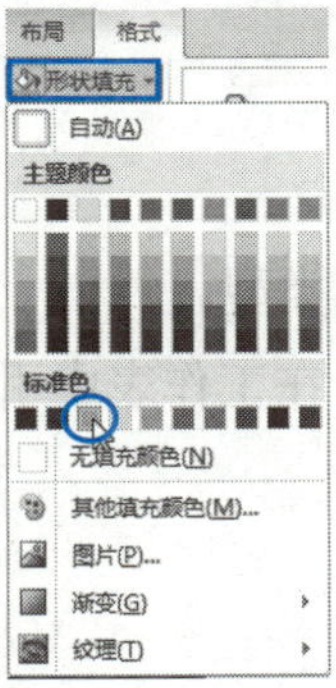

图 4-67　设置填充色

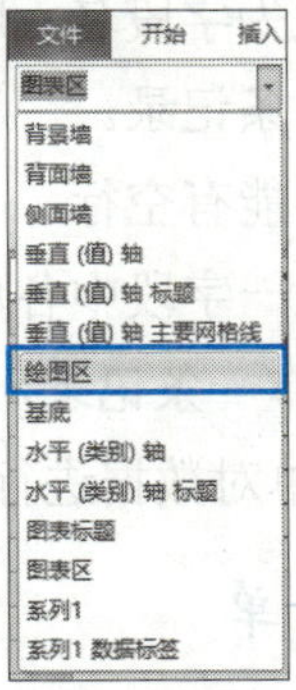

图 4-68　选择“绘图区”

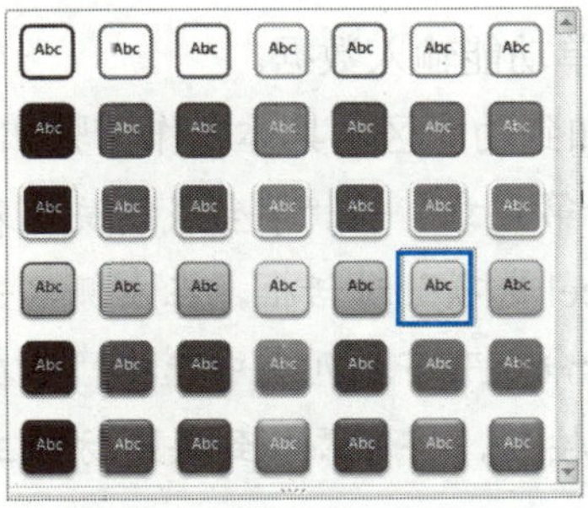

图 4-69　选择绘图区样式

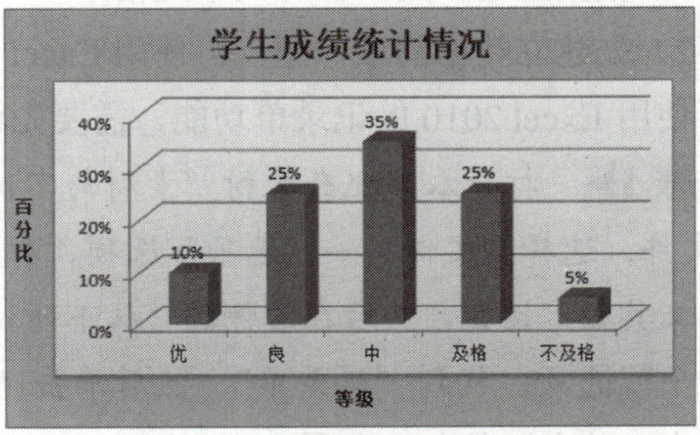

图 4-70　图表最终效果

提　示

如果要快速美化图表，可在“图表工具　设计”选项卡的“图表样式”组中选择一种系统内置的图表样式。利用该选项卡还可以移动图表（可将图表单独放在一个工作表中），转换图表类型，更改图表的数据源等。

4.6　管理数据

除了可以利用公式和函数对工作表数据进行计算和处理外，还可以利用 Excel 提供的数据清单、排序、筛选、分类汇总等功能来管理和分析工作表中的数据。

4.6.1　创建数据清单

在 Excel 2010 中输入大量数据时，需要不断地在行和列之间转换，这样不仅浪费了时间，而且更容易出错。使用 Excel 2010 中的记录单功能，可以很方便地帮助用户快速输入数据。

1. 认识数据清单

数据清单是满足下列条件的一个连续的单元格区域。

（1）第一行必须为字段名，即列标题。

（2）每行形成一条记录。

（3）该区域中不能有空行。

（4）同一列即同一字段中各单元格有相同的数据类型。

清单中的每行叫作一条记录，每列叫作一个字段。在工作表中引进数据清单概念的主要目的是利用数据清单对数据进行分析处理。

2. 创建数据清单

创建数据清单有如下两种方法。

（1）根据上述原则，在有关单元格中一一输入有关数据。

（2）先建立数据清单标题，再使用 Excel 的记录单功能输入数据。

要使用 Excel 2010 的记录单功能，需要先将其添加到功能区，具体操作步骤如下。

步骤 1▶　打开本书配套素材“素材与实例”→“第 4 章”→“学生成绩统计表（完成）”文件，选择“文件”→“选项”选项，打开“Excel 选项”对话框，在左侧单击“快速访问工具栏”按钮，然后在右侧的“从下列位置选择命令”下拉列表中选择“不在功能区的命令”选项，找到“记录单”，然后单击“添加”按钮，将其添加到快速访问工具栏中并单击“确定”按钮，如图 4-71 所示。

步骤 2▶ 此时可看到快速访问工具栏中添加的“记录单”按钮。单击该按钮，打开“记录单”窗口，可看到记录单已经自动读取工作表中列的信息。向下拖动滑块到最后，会有一个空白的选项供用户填写数据，如图 4-72 所示。

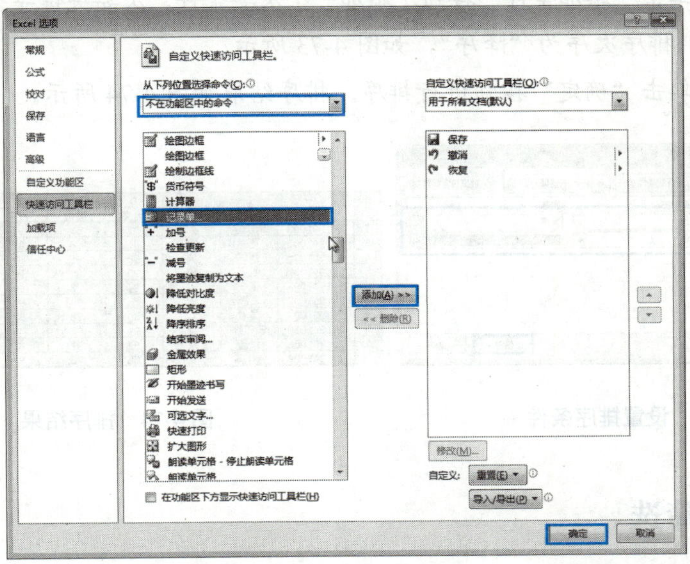

图 4-71 将“记录单”添加到快速访问工具栏中

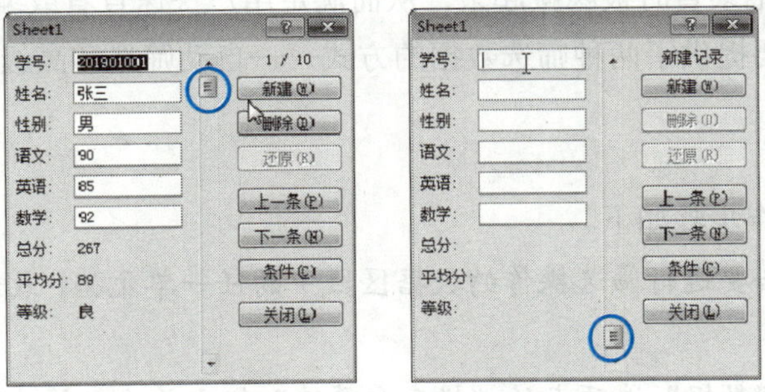

图 4-72 记录单窗口

4.6.2 数据排序

在 Excel 中，如果只是对一列数据进行排序，可选中该列中的任意单元格，然后单击“数据”选项卡“排序和筛选”组中的“升序排序”按钮或“降序排序”按钮即可。

如果要按多列对数据进行排序，例如，将“学生成绩统计表（完成）”表中的“性别”列作为主要关键字，按升序排序，将“总分”列作为次要关键字，按降序排序，可执行如下操作。

步骤 1▶ 选中参与排序的单元格区域 A2:I11，单击“数据”选项卡“排序和筛选”

组中的“排序”按钮，打开“排序”对话框。

步骤 2▶ 在“排序”对话框中选择主要关键字，如“性别”，并选择排序依据为“数值”，排序次序为“升序”。

步骤 3▶ 单击“添加条件”按钮，添加一个次要条件，次要关键字为“总分”，排序依据为“数值”，排序次序为“降序”，如图 4-73 所示。

步骤 4▶ 单击“确定”按钮进行排序。排序结果如图 4-74 所示。

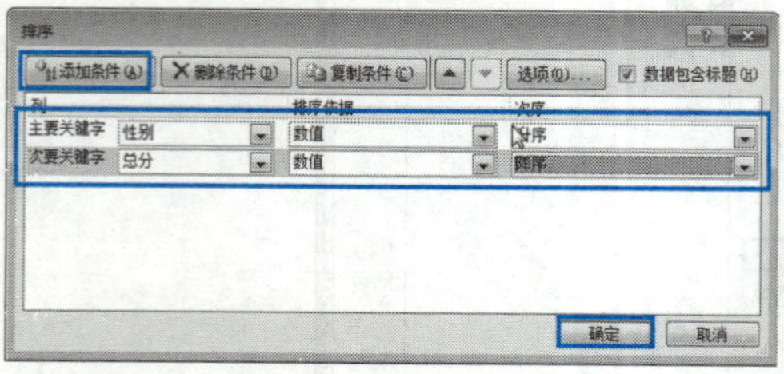

图 4-73　设置排序条件

	A	B	C	D	E	F	G	H	I
1	学号	姓名	性别	语文	英语	数学	总分	平均分	等级
2	201901003	闫小伟	男	91	98	95	284	94.66667	优
3	201901005	王龙	男	91	96	91	278	92.66667	优
4	201901008	赵民	男	85	91	98	274	91.33333	优
5	201901001	张三	男	90	85	92	267	89	良
6	201901004	张平	男	84	82	90	256	85.33333	良
7	201901007	李鹏	男	75	84	91	250	83.33333	良
8	201901002	吴欣	女	85	98	92	275	91.66667	优
9	201901010	李炫馨	女	91	85	75	251	83.66667	良
10	201901006	伏鑫	女	82	81	85	248	82.66667	良
11	201901009	张小娜	女	76	75	81	232	77.33333	及格

图 4-74　排序结果

4.6.3　数据筛选

数据筛选主要应用于大型的电子表格，利用它可以使数据表中仅显示满足条件的记录，不符合条件的记录暂时被隐藏起来，从而满足用户快速查看或编辑指定数据的需要。

Excel 2010 主要提供了两种筛选数据的方式——自动筛选和高级筛选。

1. 自动筛选

自动筛选的操作步骤如下。

步骤 1▶ 单击要进行筛选操作的数据区域中的任一单元格，或者选中要进行筛选的单元格区域。

步骤 2▶ 在“数据”选项卡的“排序和筛选”组中单击“筛选”按钮，此时在筛选区域列标签的右侧显示“自动筛选”按钮。

步骤 3▶ 设置筛选条件。单击作为筛选条件关键值的列标签右侧的按钮，在展开的筛选条件下拉列表中进行筛选条件设置，如图 4-75 所示。

（1）选择数据中该列已存在的固定值，则筛选出与该值完全相等的记录行。

（2）在图 4-75 的“数字筛选”子列表中，除选择“高于平均值”和“低于平均值”两选项外，选择其余选项时系统均打开“自定义自动筛选方式”对话框，供用户设置筛选方式。图 4-76 为筛选出“语文”列中不小于 80 分的记录行。

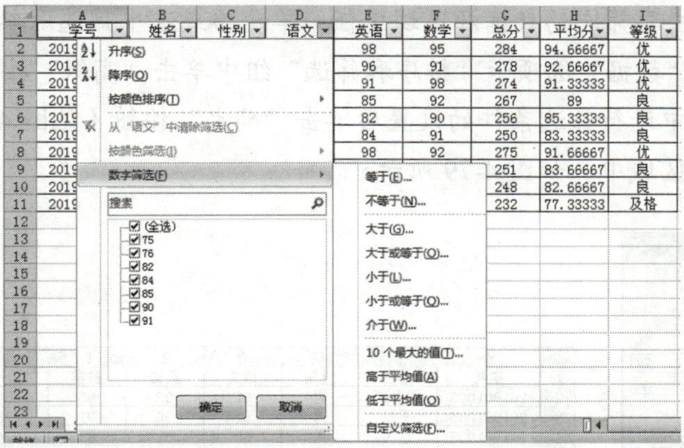

图 4-75 自动筛选

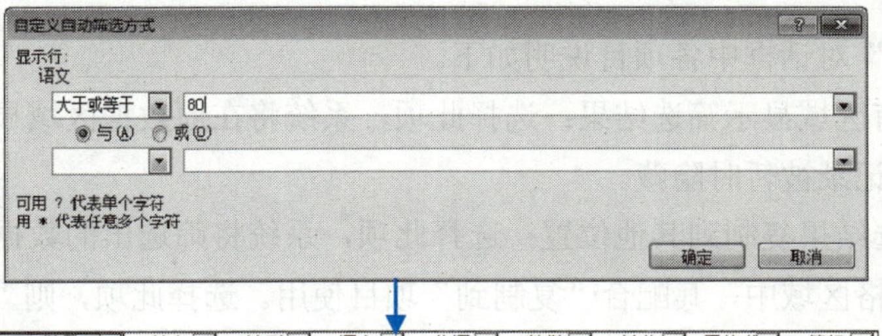

学号	姓名	性别	语文	英语	数学	总分	平均分	等级
201901003	闫小伟	男	91	98	95	284	94.66667	优
201901005	王龙	男	91	96	91	278	92.66667	优
201901008	赵民	男	85	91	98	274	91.33333	优
201901001	张三	男	90	85	92	267	89	良
201901004	张平	男	84	82	90	256	85.33333	良
201901002	吴欣	女	85	98	92	275	91.66667	优
201901010	李炫馨	女	91	85	75	251	83.66667	良
201901006	伏鑫	女	82	81	85	248	82.66667	良

图 4-76 筛选出“语文”列中不小于 80 分的记录行

2. 高级筛选

高级筛选可完成复杂条件下的数据筛选操作，它通过在独立于数据区域的单元格区域内设置筛选条件对数据进行筛选。高级筛选的操作步骤如下。

步骤 1▶ 打开数据文件，设置筛选条件。根据“同行求与，隔行求或”的原则，在相对于源数据的独立单元格区域内设置筛选条件。例如，在“学生成绩统计表（完成）”表中筛选出“性别等于男”和“语文不小于 85 且数学大于 80”的记录，则其筛选条件如图 4-77 所示。

K	L	M
性别	语文	数学
男	>=85	>80

图 4-77 高级筛选条件

步骤 2▶ 单击要筛选的数据源区域中任一单元格或选中筛选源单元格区域。

步骤 3▶ 在“数据”选项卡“排序和筛选”组中单击“高级”按钮，打开“高级筛选”对话框，在其中进行筛选条件的设置后单击“确定”按钮（见图 4-78），筛选的结果随即出现在源数据区域中，如图 4-79 所示。

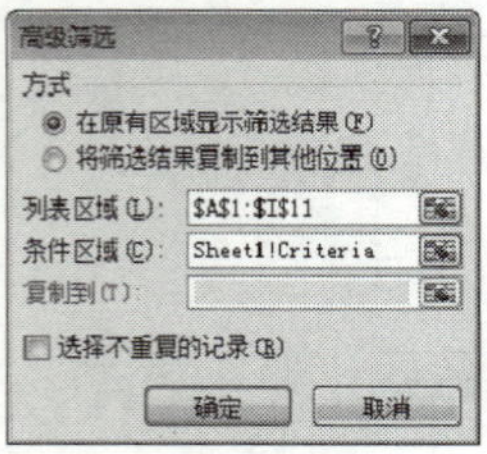

图 4-78 “高级筛选”对话框

	A	B	C	D	E	F	G	H	I
1	学号	姓名	性别	语文	英语	数学	总分	平均分	等级
2	201901003	闫小伟	男	91	98	95	284	94.66667	优
3	201901005	王龙	男	91	96	91	278	92.66667	优
4	201901008	赵民	男	85	91	98	274	91.33333	优
5	201901001	张三	男	90	85	92	267	89	良

图 4-79 筛选的结果

“高级筛选”对话框中各项目说明如下。

（1）在原有区域显示筛选结果：选择此项，系统将在原数据区域显示筛选结果，不满足筛选条件的记录被暂时隐藏。

（2）将筛选结果复制到其他位置：选择此项，系统将筛选出的数据结果复制到指定的单元格或单元格区域中，其配合“复制到”项目使用。选择此项，则“复制到”项目才可使用。

（3）列表区域：表示高级筛选的源数据区域的绝对引用，可直接输入或用鼠标选择。

（4）条件区域：表示高级筛选的条件区域的绝对引用，可直接输入或用鼠标选择。

（5）复制到：筛选的结果自动复制到指定的单元格区域的绝对引用，可直接输入或用鼠标选择。

提 示

在高级筛选操作中，若条件区域与筛选数据区域位于同一工作表时，二者之间在位置上至少要用一空行或一空列进行分隔，以保证筛选结果的正确性。

条件区域的首行输入数据列标志，其最好通过在筛选数据区域中复制粘贴的方法来获取，以保证标志完全一致（不需要的列标志可删除）。同一标志可以多次出现在条件区域，首行用于创建复杂的筛选条件。

当筛选条件中含有公式时，公式的源数据中用于判断的单元格必须使用相对引用，而条件单元格中的必须为绝对引用，并且公式的计算结果必须为逻辑值（TRUE 或 FALSE），公式所在列的标志单元格也必须为空。

3. 筛选的取消

当采用自动筛选或选择“在原有区域显示筛选结果”方式的高级筛选时，直接单击“数据”选项卡“排序和筛选”组中的“筛选”按钮或“清除”按钮，即可取消筛选而显示原来的全部数据。

4.6.4 分类汇总

利用 Excel 的分类汇总功能可以把数据表中的数据分门别类地进行统计，不需建立公式，Excel 会自动对各类别的数据进行求和、求平均值等多种计算。

1. 创建分类汇总

例如，在“图书销售表”中要按部门（即以部门作为汇总字段）对销售额进行求和汇总，可执行如下操作。

步骤 1▶ 打开本书配套素材“素材与实例”→“第 4 章”→“图书销售表”文件，对需要汇总的字段进行排序，如对“部门”列进行升序排序。

步骤 2▶ 选择数据区域的任一单元格，或选中要进行分类汇总的单元格区域，如选择 A1:G12 单元格区域，然后单击“数据”选项卡“分级显示”组中的“分类汇总”按钮，打开“分类汇总”对话框。

提 示

有时，在为工作表数据添加了表格样式后，可能无法对数据进行分类汇总，这时可以选中表格区域，然后右击，在弹出的快捷菜单中选择“表格”→“转换为区域”选项，将表格转换成普通区域。

步骤 3▶ 选择分类字段为“部门”，汇总方式为“求和”，汇总项为“销售额”，如图 4-80 所示。

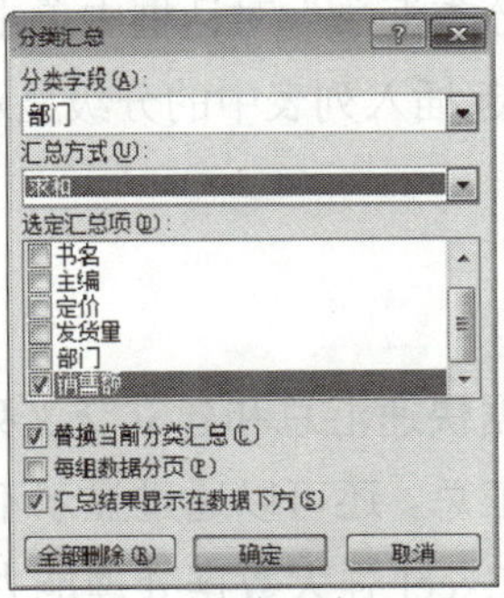

图 4-80 创建分类汇总

步骤 4▶ 单击“确定”按钮，效果如图 4-81 所示。

步骤 5▶ 将文件另存为“图书销售表（分类汇总）”。

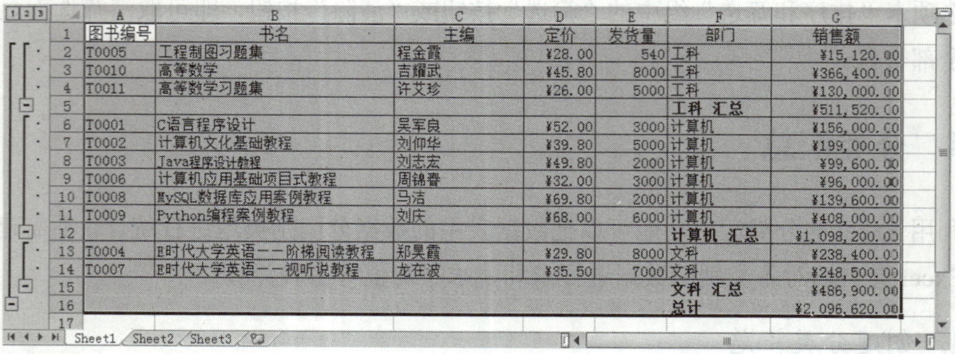

	A	B	C	D	E	F	G
1	图书编号	书名	主编	定价	发货量	部门	销售额
2	T0005	工程制图习题集	程金霞	¥28.00	540	工科	¥15,120.00
3	T0010	高等数学	吉耀武	¥45.80	8000	工科	¥366,400.00
4	T0011	高等数学习题集	许艾珍	¥26.00	5000	工科	¥130,000.00
5						工科 汇总	¥511,520.00
6	T0001	C语言程序设计	吴军良	¥52.00	3000	计算机	¥156,000.00
7	T0002	计算机文化基础教程	刘仰华	¥39.80	5000	计算机	¥199,000.00
8	T0003	Java程序设计教程	刘志宏	¥49.80	2000	计算机	¥99,600.00
9	T0006	计算机应用基础项目式教程	周锦春	¥32.00	3000	计算机	¥96,000.00
10	T0008	MySQL数据库应用案例教程	马洁	¥69.80	2000	计算机	¥139,600.00
11	T0009	Python编程案例教程	刘庆	¥68.00	6000	计算机	¥408,000.00
12						计算机 汇总	¥1,098,200.00
13	T0004	E时代大学英语——阶梯阅读教程	郑昊霞	¥29.80	8000	文科	¥238,400.00
14	T0007	E时代大学英语——视听说教程	龙在波	¥35.50	7000	文科	¥248,500.00
15						文科 汇总	¥486,900.00
16						总计	¥2,096,620.00
17							

Sheet1 Sheet2 Sheet3

图 4-81　分类汇总效果

2. 分级显示数据

在分类汇总显示的结果中，根据需要可控制汇总项与明细数据的显示或隐藏。执行分类汇总后，在汇总数据表的左侧出现“分级显示控制”按钮 1 2 3（见图 4-81），单击“1”“2”“3”按钮，汇总数据表在总汇总结果数据、各分类汇总结果数据和明细数据间切换；而单击其下对应的 + 和 - 按钮，可使指定分类组在汇总结果数据和明细数据间切换。

在编辑明细数据时，系统自动对分类汇总进行更新。

不需要分级显示时，可以根据需要将其部分或全部的分级删除。方法是：选择要取消分级显示的行，然后选择“数据”选项卡“分级显示”组中的“取消组合”→“清除分级显示”选项，可取消部分分级显示；要取消全部分级显示，可单击分类汇总工作表中的任意单元格，然后选择“数据”选项卡“分级显示”组中的“取消组合”→“清除分级显示”选项即可。

3. 清除分类汇总

若要清除分类汇总，可在“分类汇总”对话框中单击“全部删除”按钮。删除分类汇总时，Excel 将删除与分类汇总一起插入列表中的分级显示和所有分页符。

4.6.5　创建数据透视表

数据透视表是一种对大量数据快速汇总和建立交叉列表的交互式表格，用户可以旋转其行或列以查看对源数据的不同汇总，还可以通过显示不同的行标签来筛选数据，或者显示所关注区域的明细数据，它是 Excel 强大数据处理能力的具体体现。

要创建数据透视表，首先要有数据源。这种数据可以是现有的工作表数据或外部数据，然后在工作簿中指定放置数据透视表的位置，最后设置字段布局。

为确保数据可用于数据透视表，在创建数据源时需要做到如下几个方面。

（1）删除所有空行或空列。

（2）删除所有自动小计。

（3）确保第一行包含列标签。

（4）确保各列只包含一种类型的数据，而不能是文本与数字的混合。

创建数据透视表的操作很简单，读者要重点掌握的是如何利用它筛选和分类汇总数据，以对数据进行立体化的分析。

步骤 1▶ 打开本书配套素材“素材与实例”→“第 4 章”→“空调销售表”。

步骤 2▶ 单击数据表中的任意非空单元格，然后单击“插入”选项卡“表格”组中的“数据透视表”按钮，如图 4-82 所示。

步骤 3▶ 在打开的“创建数据透视表”对话框的“表/区域”编辑框中自动显示了工作表名称和单元格区域的引用，如图 4-83 所示。如果显示的单元格区域引用不正确，可以单击其右侧的压缩对话框按钮，然后在工作表中重新选择。确认选中“新工作表”单选钮（表示将数据透视表放在新工作表中）。

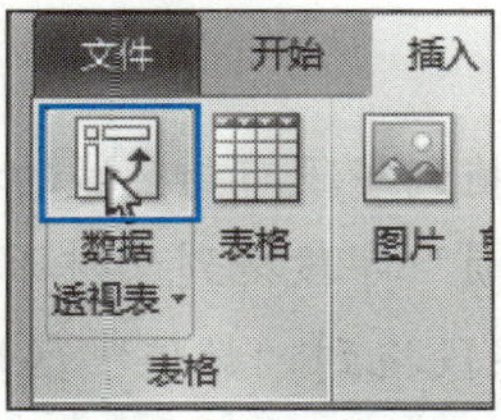

图 4-82 单击“数据透视表”按钮

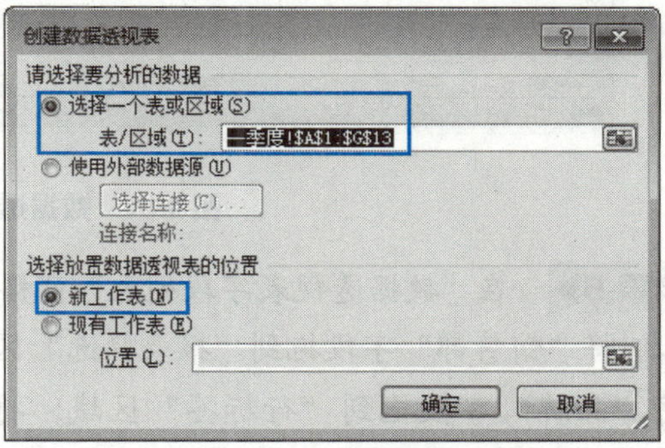

图 4-83 “创建数据透视表”对话框

步骤 4▶ 单击“确定”按钮，创建一个新工作表并在其中添加一个空的数据透视表。此时，Excel 2010 的功能区自动显示“数据透视表工具”选项卡，其下包括两个子选项，工作表工作区的右侧将显示“数据透视表字段列表”窗格，以便用户添加字段、创建布局和自定义数据透视表，如图 4-84 所示。

提 示

默认情况下，“数据透视表字段列表”窗格显示两部分：上方的字段列表区是源数据表中包含的字段（列标签），将其拖入下方字段布局区域中的“报表筛选”“列标签”“行标签”“数值”等列表框中，即可在报表区域（工作表编辑区）显示相应的字段和汇总结果。“数据透视表字段列表”窗格中各选项的含义如下。

报表筛选：用于基于报表筛选中的选定项来筛选整个报表。

列标签：用于将字段显示为报表顶部的列。

行标签：用于将字段显示为报表侧面的行。

数值：用于显示汇总数值数据。

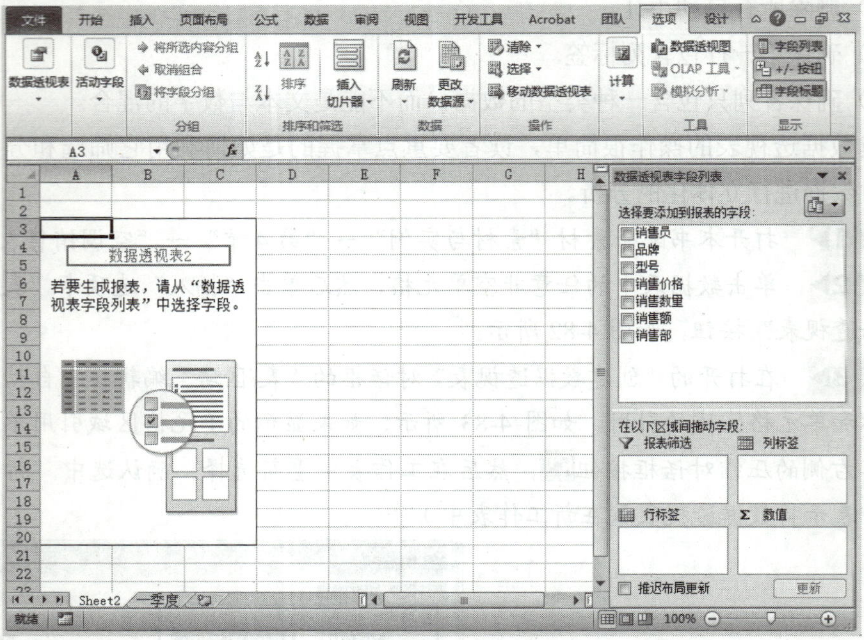

图 4-84　数据透视表框架

步骤 5▶　在“数据透视表字段列表”窗格中将所需字段拖到字段布局区域的相应位置。本例将“销售部”字段拖到“报表筛选”区域；将“销售员”字段拖到“列标签”区域；将“品牌”字段拖到“行标签”区域；将“销售额”字段拖到“数值”区域，如图 4-85 所示。最后在数据透视表外单击，完成数据透视表的创建。

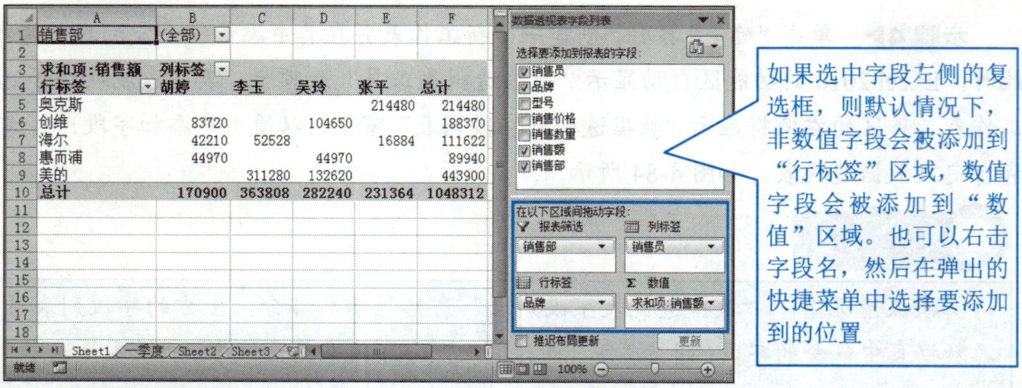

图 4-85　对数据透视表进行字段布局

步骤 6▶　若要分别查看各销售部门的汇总数据，可单击“销售部”右侧的筛选按钮，在展开的列表中选择要查看的部门，然后单击“确定”按钮，如图 4-86 所示。

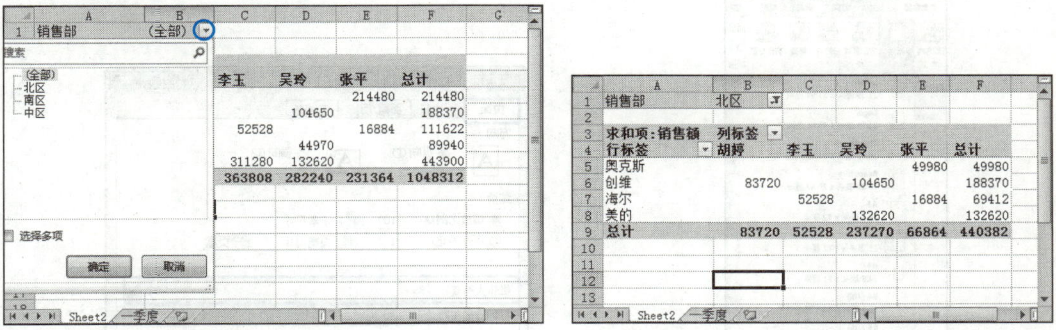

图 4-86 筛选需要汇总的数据

步骤 7▶ 还可分别单击“行标签”或“列标签”右侧的筛选按钮，在展开的列表中选择或取消选择需要单独汇总的记录。

提 示

创建数据透视表后，单击透视表区域的任意单元格，将显示“数据透视表字段列表”窗格，用户可在其中更改字段。其中，在字段布局区单击添加的字段，在展开的列表中选择“删除字段”选项可删除字段；单击“数值”列表中的字段，在展开的列表中选择“值字段设置”选项，在打开的对话框中可重新设置字段的汇总方式。

4.7 打印工作表

工作表制作完毕，一般都会将其打印出来，但在打印前，还需进行一些设置。例如，为工作表设置页面和打印区域等，以便将工作表的所需部分打印到指定的纸张上。

4.7.1 设置页面

工作表的页面设置包括设置打印纸张大小、页边距、打印方向等。

设置打印纸张大小就是设置将工作表打印到什么规格的纸上，如 A4，B5 等。方法是：单击“页面布局”选项卡“页面设置”组中的“纸张大小”按钮，在展开的列表中选择某种规格的纸张即可，如图 4-87 所示。

若列表中的选项不能满足需要，可选择列表底部的“其他纸张大小”选项，打开“页面设置”对话框并显示“页面”选项卡，在该选项卡的“纸张大小”下拉列表中提供了更多的选项供用户选择。例如，在“页面”选项卡中将“纸张大小”设为“B5”，如图 4-88 所示。

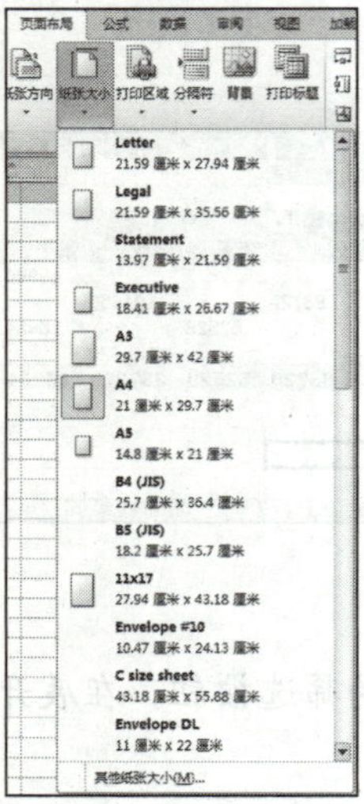

图 4-87　设置纸张大小

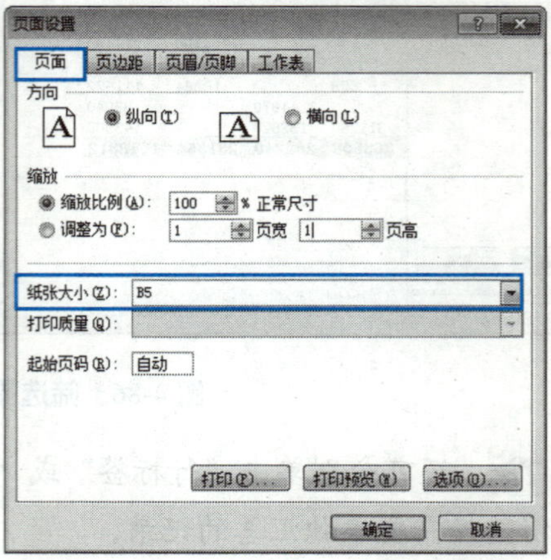

图 4-88　“页面”选项卡

默认情况下，工作表的打印方向为“纵向”，用户可以根据需要改变打印方向。方法是：单击“页面布局”选项卡“页面设置”组中的“纸张方向”按钮，在展开的列表中进行选择（见图 4-89），或在“页面设置”对话框的“页面”选项卡的“方向”设置区中进行选择。

页边距是指页面上打印区域之外的空白区域。要设置页边距，可单击“页面布局”选项卡“页面设置”组中的“页边距”按钮，在展开的列表中选择“普通”“宽”“窄”样式，如图 4-90 所示。

若列表中没有合适的样式，可选择列表底部的“自定义边距”选项，打开“页面设置”对话框并显示“页边距”选项卡，在其中的“上”“下”“左”“右”编辑框中直接输入数值，或单击微调按钮进行调整，如图 4-91 所示。

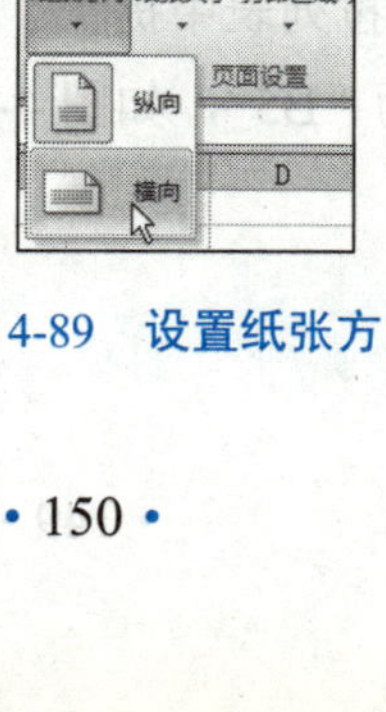

图 4-89　设置纸张方向

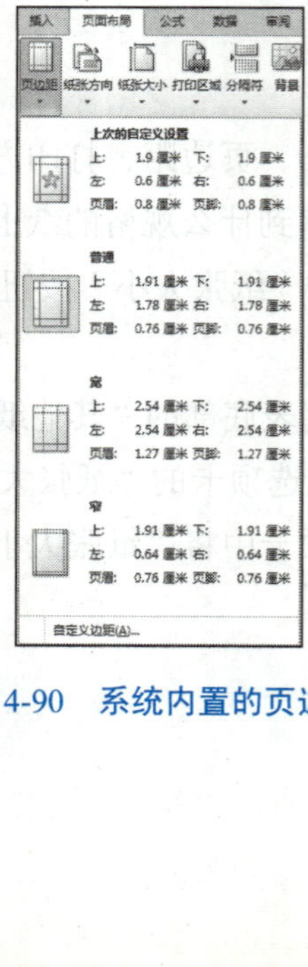

图 4-90　系统内置的页边距

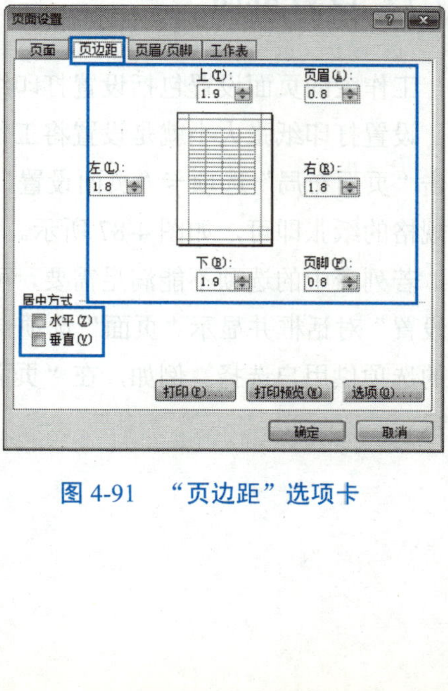

图 4-91　“页边距”选项卡

提　示

在“页边距”选项卡中选择“水平”和“垂直”复选框，可使打印的表格在打印纸上水平和垂直居中。在设置打印方向时，当要打印的表格高度大于宽度时，通常选择“纵向”；当宽度大于高度时，通常选择“横向”。

4.7.2　设置打印区域和打印标题

1. 打印区域

设置打印区域常用的方法有以下两种。

（1）当只需要对工作表中特定区域的数据进行打印时，在选中数据区域后单击“页面布局”选项卡“页面设置”组中的“打印区域”按钮，在展开的列表中选择“设置打印区域”选项，即可设定打印区域，如图 4-92 所示。

（2）在“页面设置”对话框的“工作表”选项卡（见图 4-93）中单击“打印区域”编辑框，然后在工作表中选择打印区域。

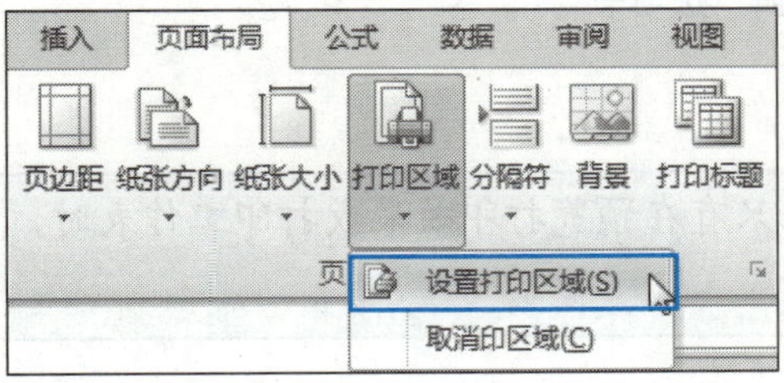

图 4-92　选择“设置打印区域”选项

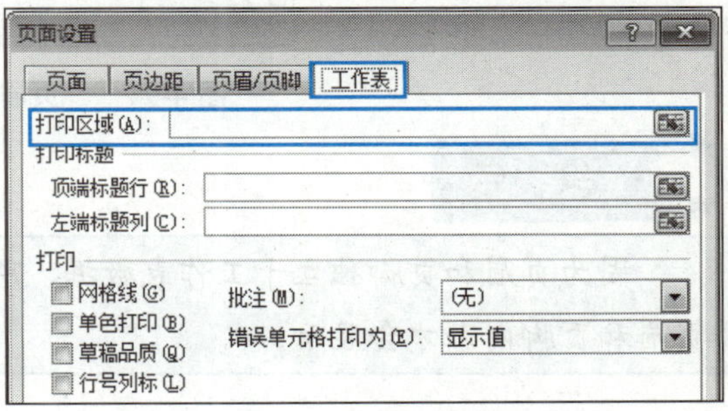

图 4-93　“工作表”选项卡

2. 打印标题

当工作表数据跨越多页时，为了正确标记数据和方便阅读，可以在每一页上都打印出标题，即每页重复行和列标题（也称打印标题）。设置打印标题常用的方法是：单击“页面设置”对话框的“工作表”选项卡（见图 4-93），在“打印标题”设置区分别单击“顶端标题行”和“左端标题列”编辑框，然后在工作表中选择行、列标题区域并单击“确定”按钮即可。打印标题可根据需要设置，不一定同时都具备行、列标题。

3. 设置页眉和页脚

页眉和页脚分别位于打印页的顶端和底端，通常用来打印表格名称、页号、作者名称或时间等。如果工作表有多页，为其设置页眉和页脚可方便用户查看。

用户既可为工作表添加系统预定义的页眉或页脚，也可以添加自定义的页眉或页脚。单击“页面设置”对话框的“页眉/页脚”选项卡（见图4-94），在“页眉”和“页脚”下拉列表中可选择系统自带的页眉和页脚。若要自定义页眉或页脚，可分别单击“自定义页眉”和“自定义页脚”按钮，在打开的对话框中进行设置即可。

此外，单击“插入”选项卡“文本”组中的“页眉和页脚”按钮，系统自动进入“页面布局”视图，用户可在该视图中为工作表添加页眉和页脚。默认情况下，设置的页眉和页脚将出现在工作表的每一页中。

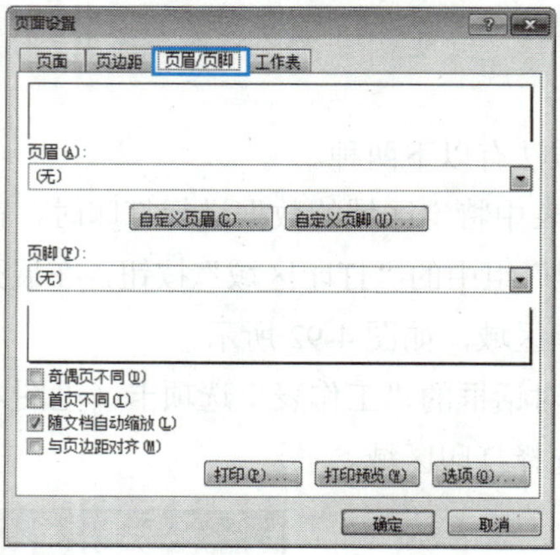

图4-94　“页眉/页脚”选项卡

提　示

因为页眉和页脚独立于工作表数据，所以只有在预览打印效果或打印工作表时，页眉和页脚内容才会显示。

4.7.3　分页预览与分页设置

如果需要打印的工作表内容不止一页，Excel会自动在工作表中插入分页符并将工作表分成多页打印，但是这种自动分页有时不是用户所需要的。因此，用户最好在打印前查看分页情况，并对分页符进行调整，或重新插入分页符，从而使分页打印符合要求。

1. 插入分页符

Excel中的分隔符即为分页符，通过手动插入分页符，可以控制打印输出的分页位置。手动插入分页符后，系统会自动调整分页符的位置。方法是：单击要分出新页的首行首列单元格，再单击“页面布局”选项卡“页面设置”组中的“分隔符”按钮，在展开的列表中选择“插入分页符”选项，在当前单元格的上方和左侧插入分页符，如图4-95所示。

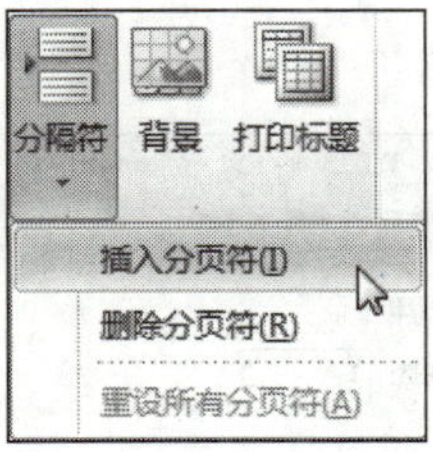

图 4-95 插入分页符示例

提 示

手动分页符的插入位置选择很重要，插入手动分页符后，自动分页符会在手动分页的基础上进行自动调整。

2. 删除手动分页符

选择分页符下方或右侧的单元格，在“分隔符”列表中选择“删除分页符”选项，可删除相应的分页符。若选择列表中的“重设所有分页符”选项，可删除工作表中所有的手动分页符。

3. 设置分页符位置

默认分页符的位置取决于纸张的大小和页边距设置等，用户可在分页预览视图中改变默认分页符的位置。方法是：单击“视图”选项卡“工作簿视图”组中的“分页预览”按钮，进入分页预览视图，从中可查看工作表中的所有分页符及分布情况，然后将鼠标指针移到要调整位置的分页符上，当鼠标指针变成上下或左右双向箭头时，按住鼠标左键并拖动即可，如图 4-96 所示。

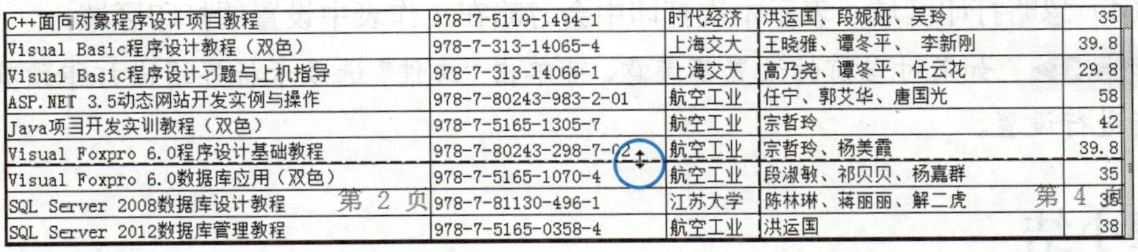

C++面向对象程序设计项目教程	978-7-5119-1494-1	时代经济	洪运国、段妮娅、吴玲	35
Visual Basic程序设计教程（双色）	978-7-313-14065-4	上海交大	王晓雅、谭冬平、李新刚	39.8
Visual Basic程序设计习题与上机指导	978-7-313-14066-1	上海交大	高乃尧、谭冬平、任云花	29.8
ASP.NET 3.5动态网站开发实例与操作	978-7-80243-983-2-01	航空工业	任宁、郭艾华、唐国光	58
Java项目开发实训教程（双色）	978-7-5165-1305-7	航空工业	宗哲玲	42
Visual Foxpro 6.0程序设计基础教程	978-7-80243-298-7-02	航空工业	宗哲玲、杨美霞	39.8
Visual Foxpro 6.0数据库应用（双色）	978-7-5165-1070-4	航空工业	段淑敏、祁贝贝、杨嘉群	35
SQL Server 2008数据库设计教程	978-7-81130-496-1	江苏大学	陈林琳、蒋丽丽、解二虎	36
SQL Server 2012数据库管理教程	978-7-5165-0358-4	航空工业	洪运国	38

图 4-96 拖动分页符

4.7.4 打印预览和打印

在对工作表进行页面和打印区域等设置后，便可以将其打印出来了。为了确保打印效果为所需效果，在打印前，还可对工作表进行打印预览。

步骤 1▶ 选择“文件”→“打印”选项，在右侧窗格中显示打印预览效果，如图 4-97

所示。

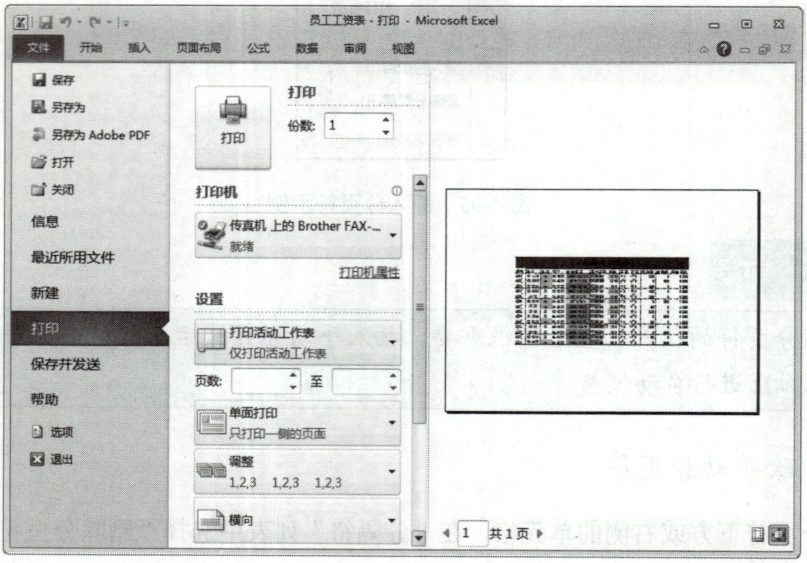

图 4-97 打印预览

步骤 2▶ 预览无误后，在界面中间窗格的“份数”编辑框中输入要打印的份数；在“打印机”下拉列表中选择要使用的打印机；在“设置”下拉列表框选择要打印的内容；在“页数”编辑框中输入打印范围，最后单击“打印”按钮，系统将按照设置打印工作表。“设置”下拉列表中各选项的含义如下。

（1）打印活动工作表：打印当前工作表或选择的多个工作表。

（2）打印整个工作簿：打印当前工作簿中的所有工作表。

（3）打印选定区域：打印当前选择的单元格区域。

（4）忽略打印区域：表示本次打印中会忽略在工作表中设置的打印区域。

步骤 3▶ 如果对当前的设置不满意，可单击“文件”选项卡标签退出打印预览视图，再重新进行设置。

本章小结

本章主要介绍了使用 Excel 2010 制作电子表格的基本操作。通过本章的学习，读者应重点掌握以下内容。

（1）熟悉 Excel 2010 的工作界面。

（2）掌握 Excel 2010 的基本操作，包括工作簿的基本操作，选择单元格和输入数据的操作方法。

（3）掌握编辑工作表的基本方法，包括工作表的基本操作、编辑工作表数据、格式化工作表、工作表的拆分和冻结等。

（4）了解公式和函数的概念，了解公式中的运算符及其作用，掌握公式和函数的使用方法。

（5）掌握创建与编辑图表的方法。

（6）掌握管理数据的各种方法。

（7）掌握打印工作表的方法。

第 5 章　演示文稿制作软件 PowerPoint 2010

PowerPoint 2010 是 Microsoft Office 2010 的重要组件之一，是目前最好的演示文稿制作软件。它在工作汇报、产品推介、项目竞标、企业宣传、多媒体教学等领域有着广泛的应用。本章将介绍利用 PowerPoint 2010 制作演示文稿的方法。

5.1　PowerPoint 2010 使用基础

PowerPoint 2010 是一款专门用来制作和放映演示文稿的软件，利用它可以制作集文字、图形、图像、声音及视频等多媒体元素于一体的演示文稿，如产品宣传幻灯片、会议讲稿和教学课件等。

5.1.1　PowerPoint 2010 的工作界面

单击“开始”按钮，选择“所有程序”→“Microsoft Office”→“Microsoft PowerPoint 2010”菜单项，启动 PowerPoint 2010，进入其工作界面，如图 5-1 所示。

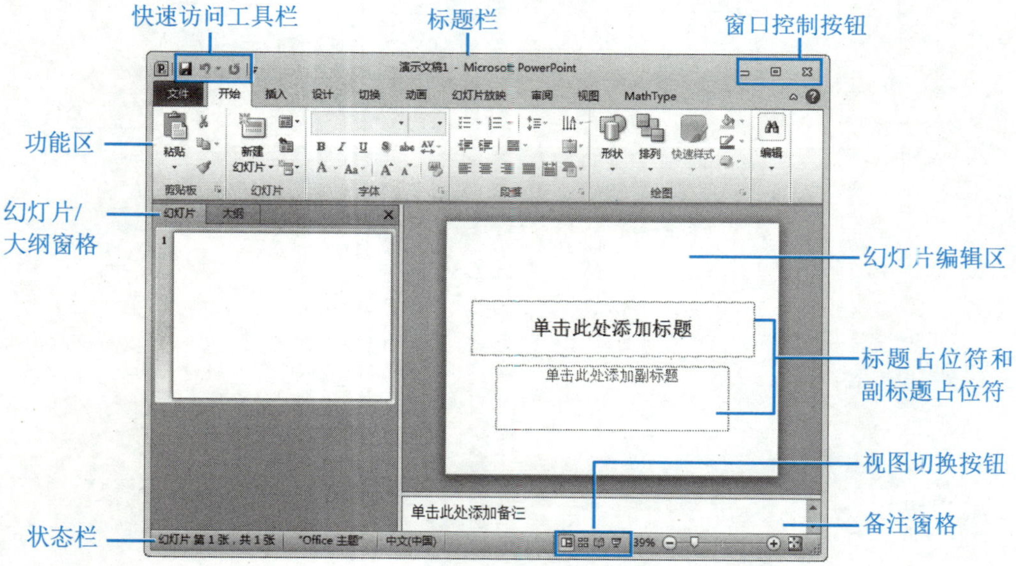

图 5-1　PowerPoint 2010 的工作界面

PowerPoint 2010 的工作界面与 Office 2010 的其他组件相似，其不同之处是：在普通视图下工作区分为幻灯片/大纲窗格、幻灯片编辑区和备注窗格。

（1）幻灯片/大纲窗格：利用“幻灯片”窗格或“大纲”窗格（单击窗格上方的标签可在这两个窗格之间切换）可以快速查看和选择演示文稿中的幻灯片。其中，“幻灯片”窗格显示了幻灯片的缩略图，单击某张幻灯片的缩略图可选中该幻灯片，此时即可在右侧的幻灯片编辑区编辑该幻灯片的内容；“大纲”窗格显示了幻灯片的文本大纲。

（2）幻灯片编辑区：编辑幻灯片的主要区域，在其中可以为当前幻灯片添加文本、图片、图形、声音和影片等，还可以创建超链接或设置动画。

（3）备注窗格：用于为幻灯片添加一些备注信息。放映幻灯片时，观众无法看到这些信息。

提　示

> 幻灯片编辑区有一些带有虚线边框的编辑框，称为占位符，用于指示可在其中输入标题文本（标题占位符，单击即可输入文本）、正文文本（文本占位符），或者插入图表、表格和图片等对象（内容占位符）。幻灯片的版式不同，占位符的类型和位置也不同。

5.1.2　PowerPoint 2010 的视图模式

为满足用户的不同需求，PowerPoint 2010 提供了普通视图、幻灯片浏览视图、备注页视图和阅读视图 4 种视图模式，如图 5-2 所示。

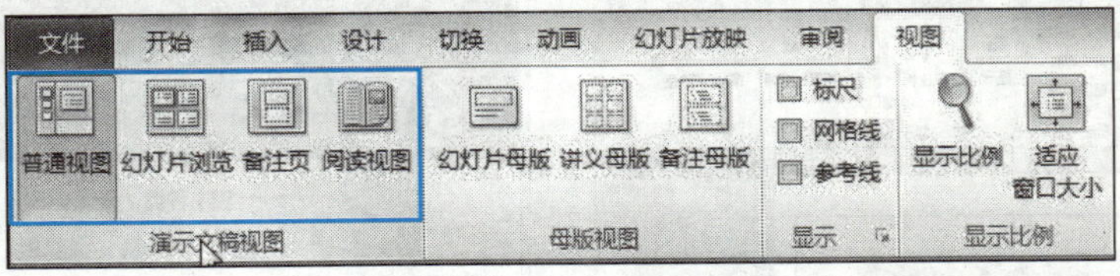

图 5-2　演示文稿的 4 种不同视图

各种视图的含义如下。

（1）普通视图：PowerPoint 2010 的默认视图模式，也是主要的编辑视图，常用于撰写或设计单张幻灯片，调整演示文稿的结构。该视图有 3 个工作区域：左侧是幻灯片/大纲窗格；右侧为主工作区，以大视图显示当前幻灯片；底部为备注窗格。

（2）幻灯片浏览视图：以缩略图的形式显示幻灯片的视图，可浏览幻灯片在演示文稿中的整体结构和效果，如图 5-3 所示。在此模式下可以改变幻灯片的背景，以及移动、复制、删除幻灯片，以此改变幻灯片的版式和结构，但不能对单张幻灯片的具体内容进行编辑。

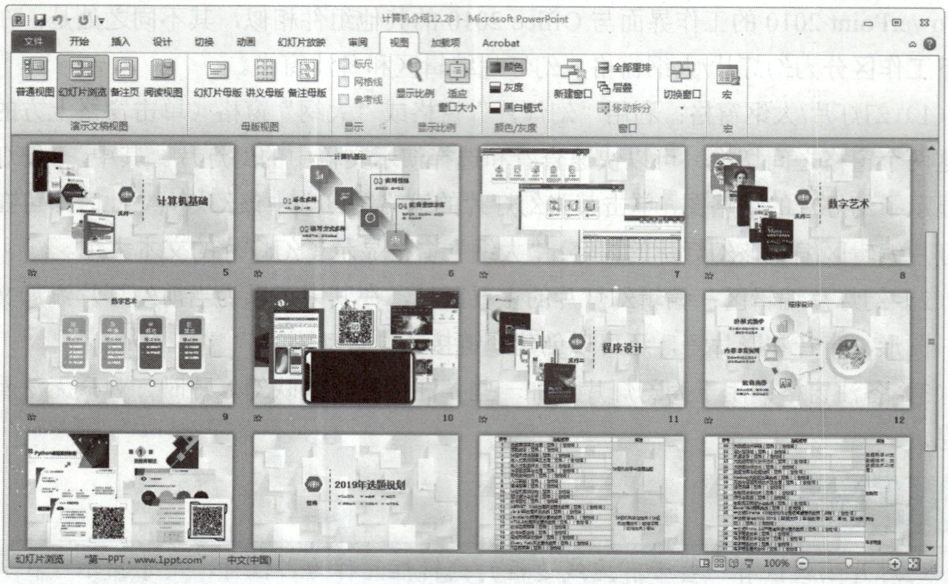

图 5-3　幻灯片浏览视图

（3）备注页视图：它与普通视图相似，只是没有幻灯片/大纲窗格。在此视图下，幻灯片编辑区中显示的是当前幻灯片的缩略图和备注信息，如图 5-4 所示。

（4）阅读视图：演示文稿中的幻灯片以窗口的形式放映，以阅读方式浏览整个演示文稿的播放画面，如图 5-5 所示。通过预览放映效果，可以及时对不满意的地方进行修改，可以测试插入的动画、声音等效果，还可以梳理出重点，以及观察每张幻灯片的切换效果等。

图 5-4　备注页视图

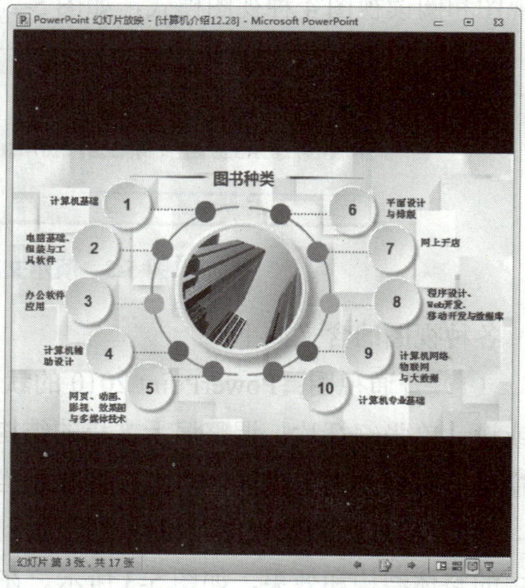

图 5-5　阅读视图

提 示

在工作界面的右下角有普通视图、幻灯片浏览视图和阅读视图按钮，用户可通过单击相应按钮进行切换。

5.2 演示文稿的基本操作

5.2.1 创建和保存演示文稿

在 PowerPoint 2010 中可以使用多种方法创建演示文稿，下面分别进行说明。

1. 创建空白演示文稿

空白演示文稿是指不带任何格式和内容的演示文稿。启动 PowerPoint 2010 时，就会自动创建一个空白演示文稿，若还需要创建其他空白演示文稿，可使用以下两种方法。

（1）单击“文件”选项卡标签，在打开的界面中选择“新建”选项，选择要创建的演示文稿类型选项，如“空白演示文稿”，然后单击“创建”按钮，如图 5-6 所示。

（2）按“Ctrl+N”组合键。

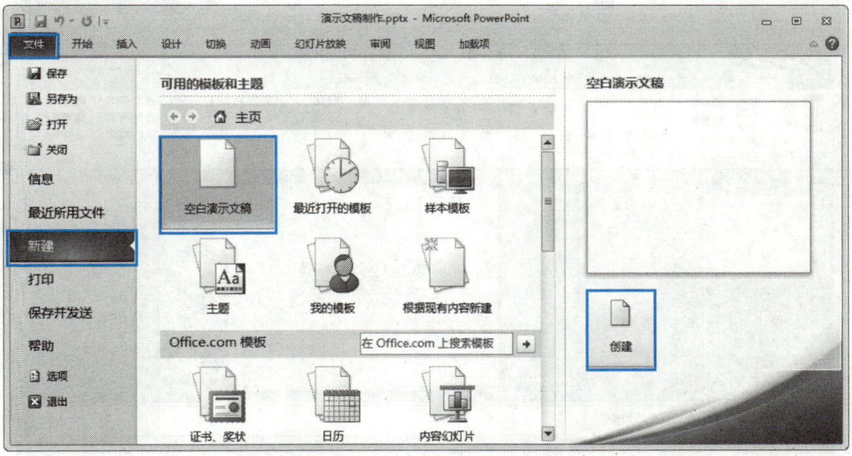

图 5-6 创建空白演示文稿

提 示

默认情况下，新建的演示文稿的宽高比为 4∶3，如果需要设置为其他比例或尺寸，可单击“设计”选项卡“页面设置”组中的“页面设置”按钮，然后在打开的“页面设置”对话框“幻灯片大小”下拉列表中选择其他比例或尺寸，如选择“全屏显示（16∶9）”选项。

2. 利用模板或主题创建演示文稿

利用模板和主题都可以创建具有特定版面和格式的演示文稿。二者的不同之处是：利用模板创建的演示文稿通常还带有相应的内容，用户只需对这些内容进行修改，便可快速设计出专业的演示文稿，而主题则是幻灯片背景、版式和字体等格式的集合。

要利用系统内置的模板或主题创建演示文稿，只需在图 5-6 所示的界面中选择“样本模板”或“主题”选项，然后在打开的列表中选择需要的模板或主题，单击“创建”按钮即可。例如，选择“主题”选项，在打开的列表中选择“暗香扑面”选项，再单击“创建”按钮，即可使用该主题创建演示文稿，如图 5-7 所示。

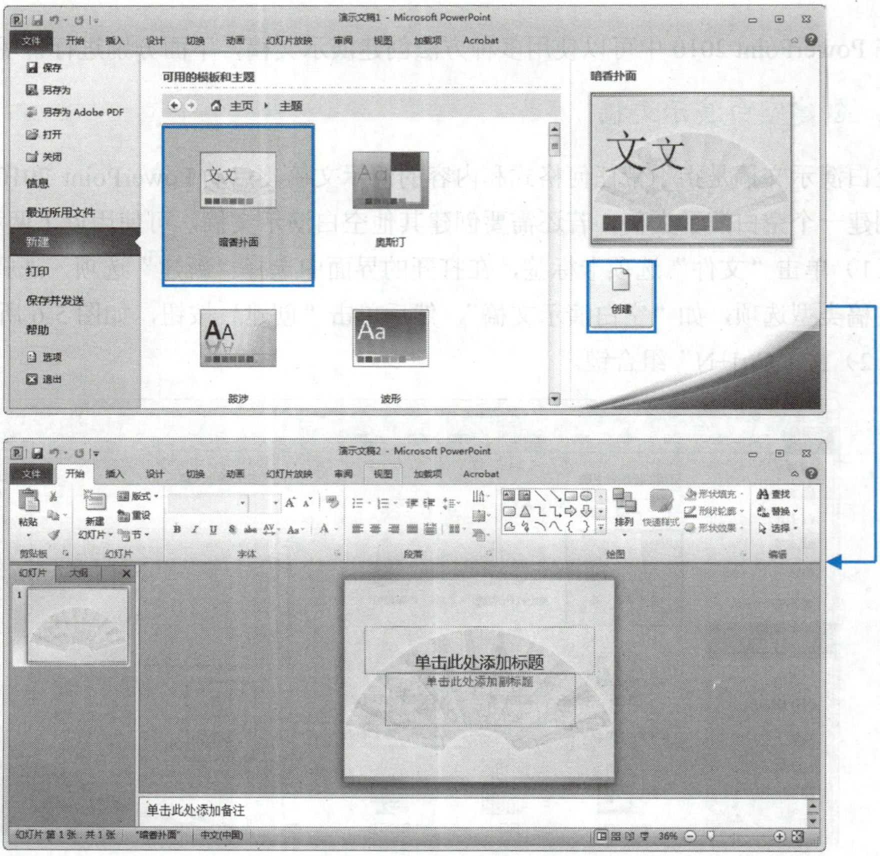

图 5-7　利用主题创建演示文稿

提　示

用户也可从 Office.com 网站下载微软提供的演示文稿模板，方法是：可在如图 5-6 所示的“新建”界面中间窗格的“Office.com 模板”分类下选择需要使用的模板类型，此时系统会从网站搜索有关该分类的所有模板。搜索完毕，选择所需模板，然后单击“下载”按钮，即可在线下载该模板并应用。此外，也可以从某些网站下载演示文稿模板，只需使用 PowerPoint 打开该模板并将其另存，然后进行编辑操作即可。

3. 保存演示文稿

用户在制作演示文稿时，要养成随时保存演示文稿的习惯，以防止发生意外而使正在编辑的内容丢失。

要保存演示文稿，如前面利用主题创建的演示文稿，可单击“快速访问工具栏”中的“保存”按钮，或单击“文件”选项卡标签，在展开的界面中选择“保存”选项，或直接按“Ctrl+S”组合键。

第一次保存演示文稿时，将打开“另存为”对话框，输入文件名“图书介绍”并选择保存类型和保存位置，单击“保存”按钮即可，如图 5-8 所示。

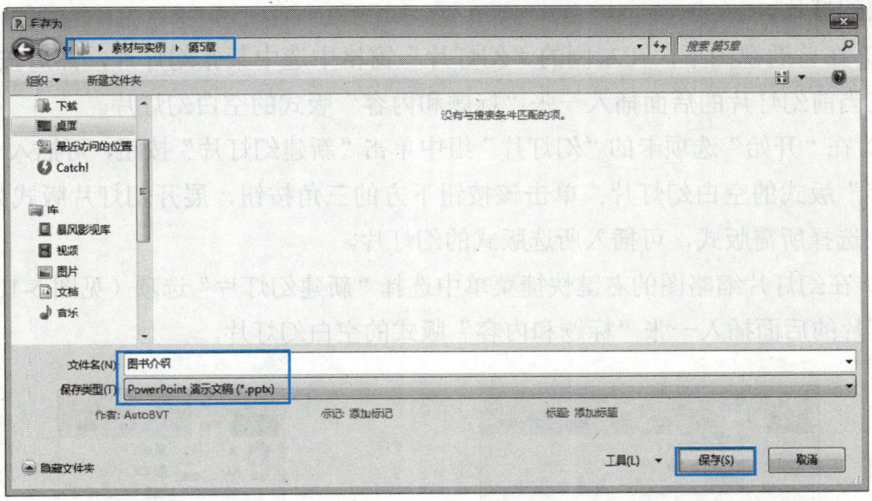

图 5-8 保存演示文稿

5.2.2 打开和关闭演示文稿

1. 打开演示文稿

打开演示文稿的操作与打开 Word 文档相同，都是单击“文件”选项卡标签，在打开的界面中选择“打开”选项，打开“打开”对话框，选择要打开的演示文稿所在的磁盘驱动器或文件夹，选择要打开的演示文稿，然后单击“打开”按钮即可。

2. 关闭演示文稿

编辑完毕并保存演示文稿后，还需要将其关闭。要关闭演示文稿，可在“文件”选项卡界面中选择“关闭”选项；若希望退出 PowerPoint 2010 程序，可在该界面中单击“退出”按钮，或单击窗口右上角的“关闭”按钮☒，也可按“Alt+F4”组合键。

5.3 幻灯片的基本操作

演示文稿中的每一页称为一张幻灯片。幻灯片是演示文稿中既相互独立又相互联系的内容。

5.3.1 添加幻灯片

幻灯片是文稿内容的载体。默认情况下，启动 PowerPoint 时，系统会新建一个空白演示文稿，其中包括一张幻灯片。根据需要，用户可以添加幻灯片。为此，可按如下方法进行添加。

（1）按“Ctrl+M”组合键，可快速在当前幻灯片的后面插入一张“标题和内容”版式的空白幻灯片。

（2）在普通视图下，在左侧的“幻灯片”窗格中选中某张幻灯片，然后按回车键，可快速在当前幻灯片的后面插入一张“标题和内容”版式的空白幻灯片。

（3）在“开始”选项卡的“幻灯片”组中单击“新建幻灯片”按钮，可插入一张“标题和内容”版式的空白幻灯片；单击该按钮下方的三角按钮，展开幻灯片版式列表（见图 5-9），选择所需版式，可插入所选版式的幻灯片。

（4）在幻灯片缩略图的右键快捷菜单中选择“新建幻灯片”选项（见图 5-10），可在当前幻灯片的后面插入一张“标题和内容”版式的空白幻灯片。

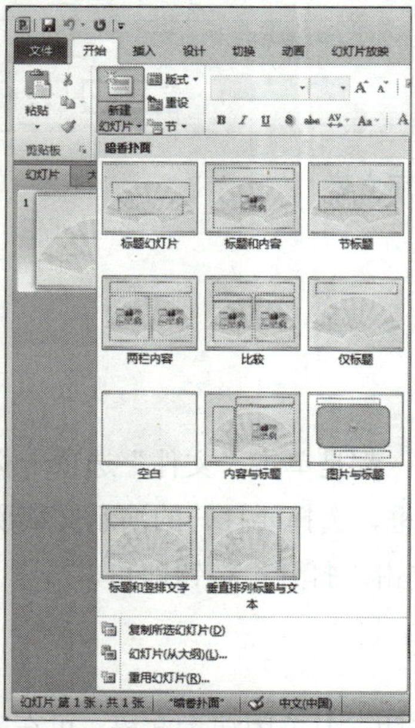

图 5-9 幻灯片版式列表

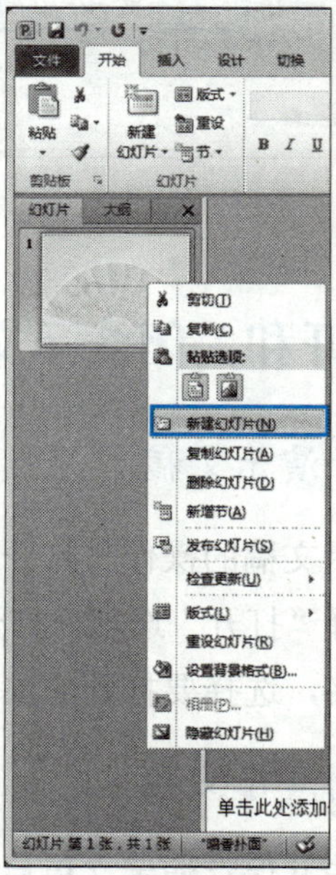

图 5-10 选择“新建幻灯片”选项

5.3.2 设置幻灯片版式

幻灯片版式通过占位符的方式为用户规划幻灯片中内容的布局，用户只需选择一个符合自身需要的版式，然后在其规划好的占位符中输入或插入内容，便可快速制作出符合要求的幻灯片。

默认情况下，添加的幻灯片的版式为“标题和内容”，用户可以根据需要改变其版式。方法是：在“幻灯片”窗格中单击幻灯片（如第 2 张幻灯片），然后单击“开始”选项卡“幻灯片”组中的“版式”按钮，在展开的列表中选择一种幻灯片版式，如“图片与标题”版式，即可为所选幻灯片应用该版式，如图 5-11 所示。

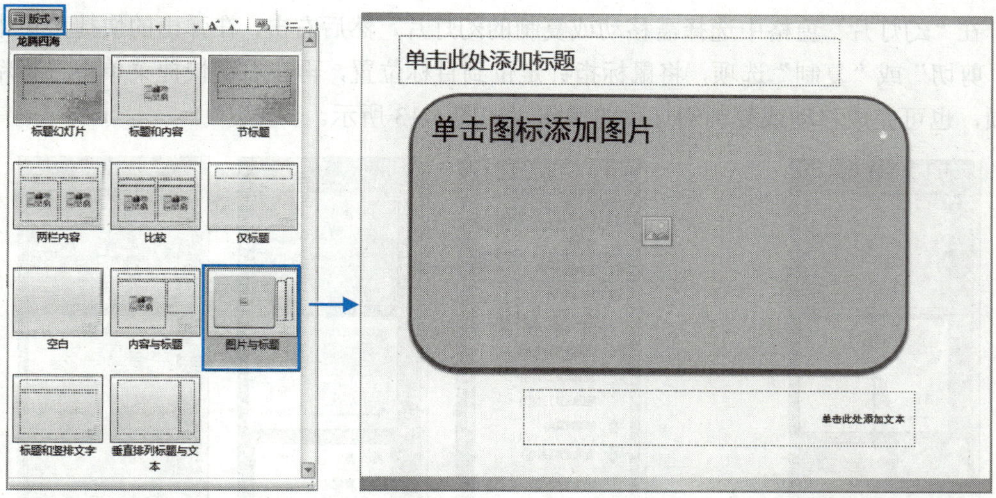

图 5-11　设置幻灯片版式

5.3.3 选择幻灯片

（1）选择单张幻灯片：在“幻灯片”窗格或幻灯片浏览视图中，单击幻灯片缩略图，可选择单张幻灯片。

（2）选择多张连续的幻灯片：在“幻灯片”窗格或幻灯片浏览视图中，单击要选择的第 1 张幻灯片，按住“Shift”键不放，再单击要选择的最后一张幻灯片，可选择两张幻灯片之间的所有幻灯片。

（3）选择多张不连续的幻灯片：在“幻灯片”窗格或幻灯片浏览视图中，单击要选择的第 1 张幻灯片，按住“Ctrl”键不放，再依次单击要选择的其他幻灯片，可选择多张不连续的幻灯片。

（4）选择全部幻灯片：在“幻灯片”窗格或幻灯片浏览视图中，按“Ctrl+A”组合键，可选择当前演示文稿中的所有幻灯片。

提 示

若选择的多张幻灯片中包括了不需要的幻灯片，可按住“Ctrl”键单击要取消的幻灯片，即可在不取消其他幻灯片的情况下取消不需要的幻灯片。

5.3.4 移动或复制幻灯片

在“幻灯片”窗格中选择需移动的幻灯片，按住鼠标左键将其拖动到目标位置后释放鼠标，即可完成移动操作，如图 5-12 所示。若选择幻灯片后按“Ctrl+D”组合键，可将其复制一份放到当前幻灯片的后面。

在“幻灯片”窗格中选择需移动或复制的幻灯片，然后右击，在弹出的快捷菜单中选择“剪切”或“复制”选项，将鼠标指针定位到目标位置，再在右键快捷菜单中选择粘贴选项，也可完成移动或复制幻灯片的操作，如图 5-13 所示。

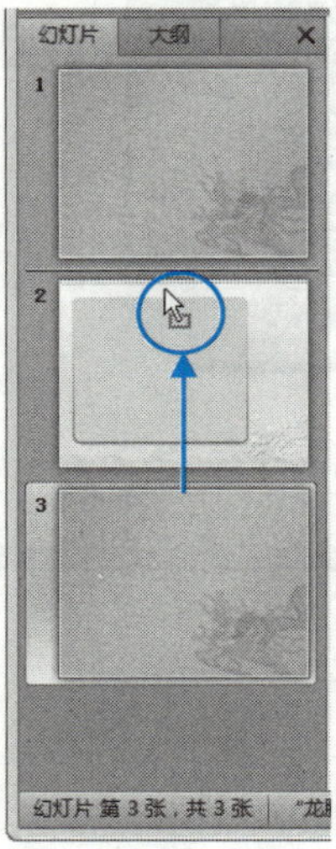

图 5-12 移动幻灯片

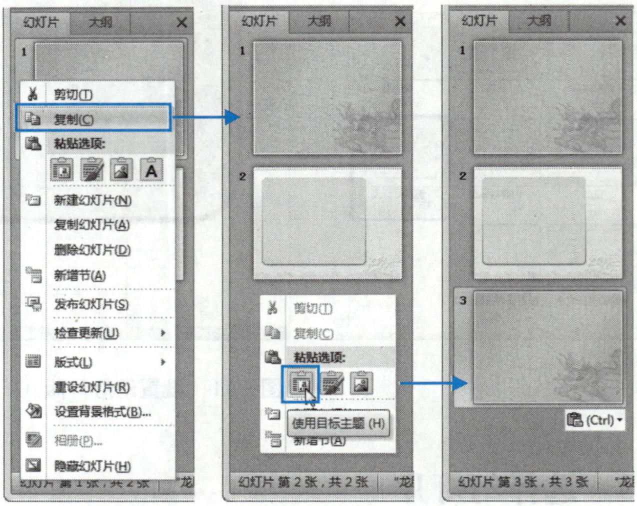

图 5-13 复制幻灯片

5.3.5 删除幻灯片

在“幻灯片”窗格或幻灯片浏览视图中选择需删除的幻灯片，然后按“Delete”键；或右击要删除的幻灯片，在弹出的快捷菜单中选择“删除幻灯片”选项，可对演示文稿中多余的幻灯片进行删除操作。删除幻灯片后，系统会自动对幻灯片进行重新编号。

5.4 制作幻灯片内容

可以在幻灯片中插入和编辑文本框、图片、图形、艺术字、表格、媒体等对象，从而制作出集图文和影音于一体的幻灯片。下面通过制作“图书介绍”幻灯片内容进行介绍。

5.4.1 插入和编辑文本框

文本框是存放文本的容器。当幻灯片内默认生成的文本框无法满足需要时，可以手动插入文本框。为此，可单击“开始”选项卡“绘图”组中的“文本框”按钮或“竖排文本框”按钮，然后在幻灯片中按住鼠标左键并拖动以绘制文本框。

绘制文本框后，可利用自动出现的“绘图工具 格式”选项卡对文本框及其中的文本进行格式设置。

提 示

> 与 Wcrd 中的文本框不同的是，在 PowerPoint 中通过拖动鼠标绘制的文本框没有固定高度，其高度会随输入的文本而自动调整。若选择文本框工具(即单击文本框命令按钮)后直接在幻灯片中单击，则插入的文本框没有固定宽度，其宽度将随输入的文本而自动调整。

在文本框中输入和设置文本的具体操作步骤如下。

步骤 1▶ 单击“图书介绍”第 1 张幻灯片标题占位符中的“单击此处添加标题”提示文字，提示文字消失，此时即可输入标题“计算机教材”，如图 5-14 所示。

步骤 2▶ 单击副标题或文本占位符中的提示文字，输入副标题文本，输入完成后单击副标题边框线选中该文本框，单击“开始”选项卡“段落”组中的“居中”按钮，居中显示副标题文本，如图 5-15 所示。

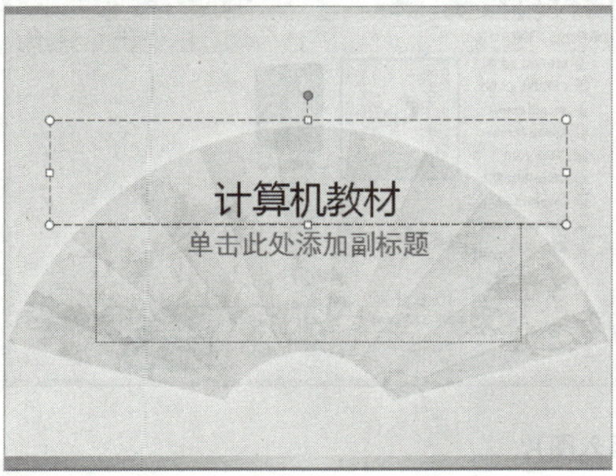

图 5-14 输入幻灯片标题

图 5-15 输入幻灯片副标题并居中显示

步骤 3▶ 选中幻灯片标题，通过“开始”选项卡“字体”组中的相关按钮设置标题文本格式。例如，设置字体为“黑体”、字号为“60”、字体颜色为“蓝色”，如图 5-16 所示。

步骤 4▶ 选中幻灯片副标题，单击“字体”组右下角的对话框启动器按钮，在打开的“字体”对话框设置文本格式。例如，设置字体为“华文行楷”、字号为“28”、字体颜色为“紫色”，如图 5-17 所示。

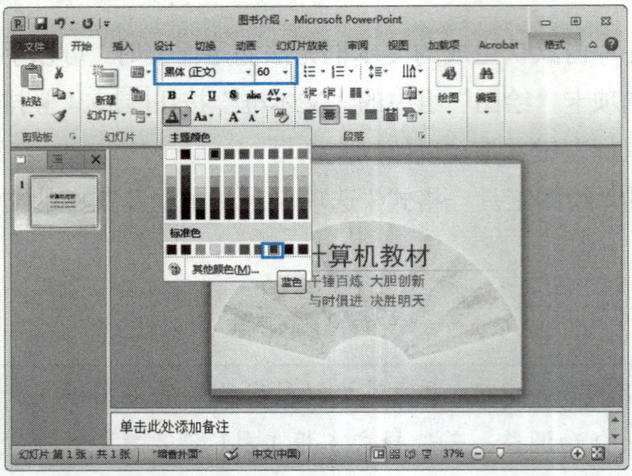

图 5-16　设置标题文本格式

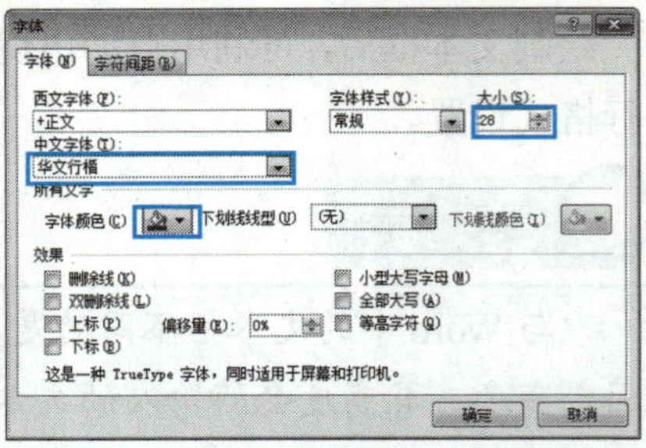

图 5-17　“字体”对话框

5.4.2　插入图片和艺术字

要在幻灯片中插入图片和艺术字，可执行如下操作。

步骤 1▶ 新建第 2 张幻灯片，单击该幻灯片中间的图标，打开“插入图片”对话框，选择本书配套素材“素材与实例”→“第 3 章”文件夹中的“封面 1”图片，然后单击“插入”按钮，在该占位符处插入一张图片，如图 5-18 所示。

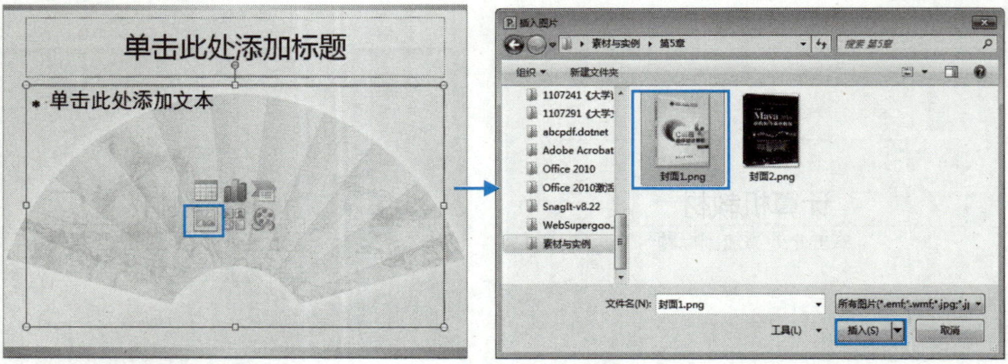

图 5-18　插入图片

步骤 2▶ 适当缩放图片，将图片移动至幻灯片的左侧。保持图片的选中状态，单击“图片工具　格式”选项卡“图片样式”组中的“其他”按钮，在展开的列表中选择“矩形投影”样式（见图 5-19），设置完成后效果如图 5-20 所示。

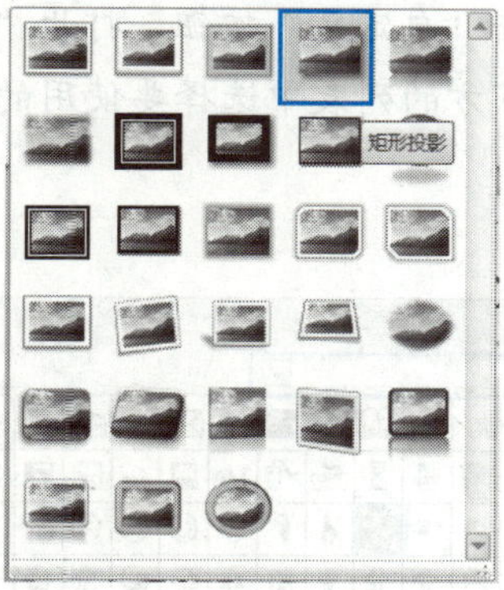

图 5-19 选择样式

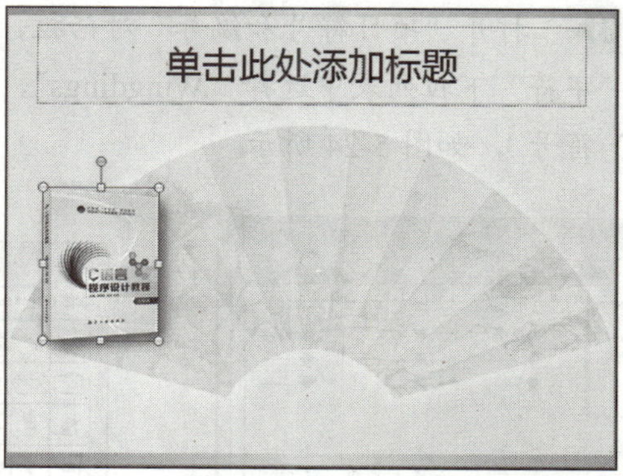

图 5-20 图片效果

步骤 3▶ 在幻灯片中输入标题“程序设计”，然后选中输入的文本，单击“绘图工具 格式”选项卡“艺术字样式”组中的“其他”按钮，在展开的列表中选择“应用于形状中的所有文字”组中的“填充-茶色，强调文字颜色 2，粗糙棱台”样式，如图 5-21 所示。

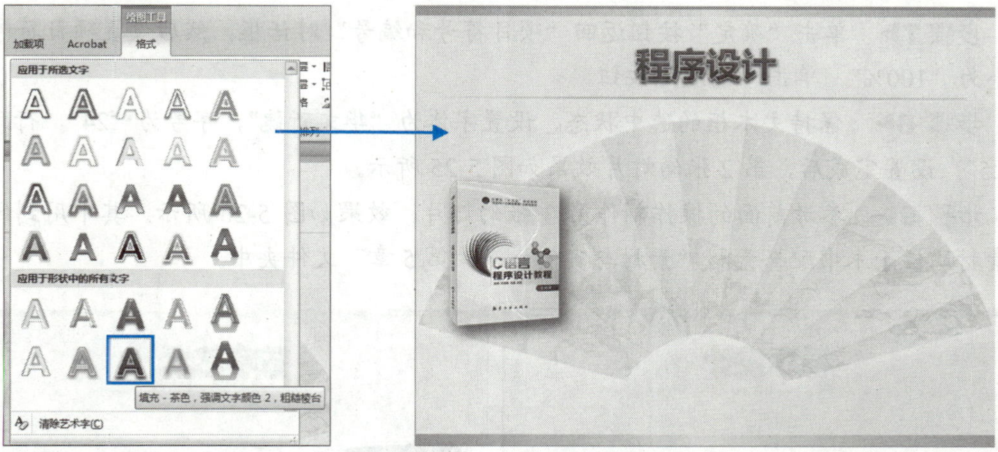

图 5-21 设置标题的艺术字样式

步骤 4▶ 在幻灯片编辑区右侧绘制一个文本框，输入文本，如图 5-22 所示。

步骤 5▶ 选中文本框，单击“开始”选项卡“段落”组中“项目符号”按钮右侧的三角按钮，在展开的列表中选择“项目符号和编号”选项，如图 5-23 所示。

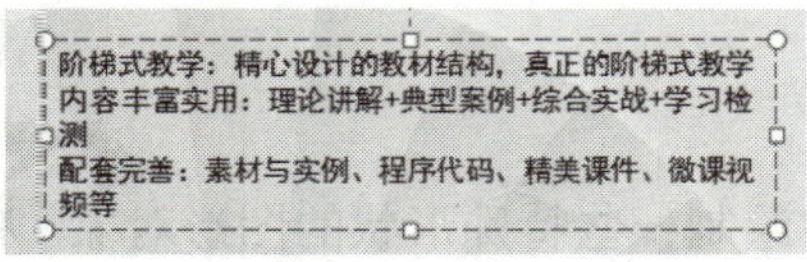

图 5-22 绘制文本框并输入文本

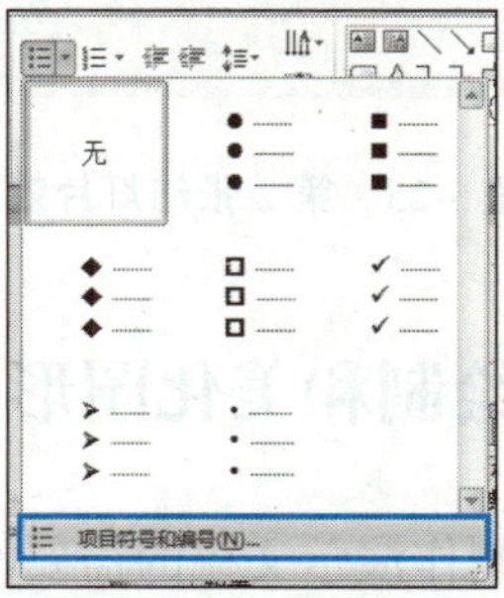

图 5-23 选择“项目符号和编号”

步骤 6▶ 打开“项目符号和编号”对话框，单击“自定义”按钮，打开“符号”对话框，在“字符”下拉列表中选择“Wingdings”，在下方的列表中选择要使用的符号（如选择“☞”符号），如图 5-24 所示。

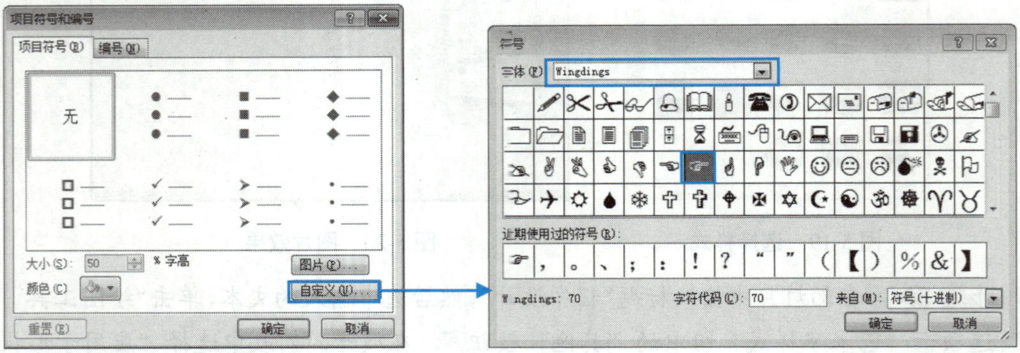

图 5-24 添加项目符号

步骤 7▶ 单击“确定”按钮返回“项目符号和编号”对话框，然后设置项目符号的大小为“100%”，单击“确定”按钮。

步骤 8▶ 保持文本框的选中状态，设置字体为“华文新魏”，字号为“24”，行距为“1.5”。设置完成后，第 2 张幻灯片效果如图 5-25 所示。

步骤 9▶ 参考前面的操作制作第 3 张幻灯片，效果如图 5-26 所示。其中用到的图片素材均位于本书配套素材“素材与实例”→“第 5 章”文件夹中。

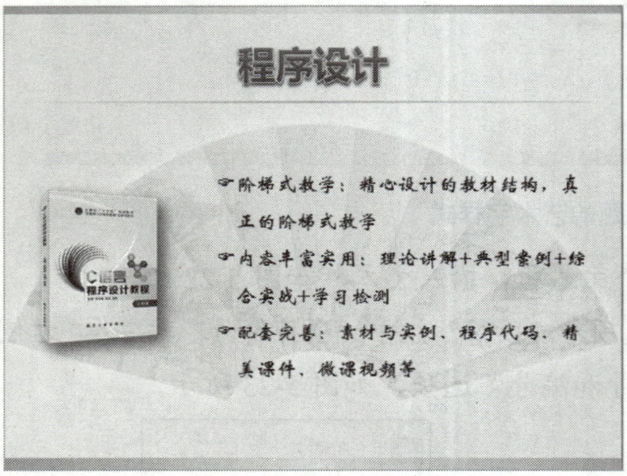

图 5-25 第 2 张幻灯片效果

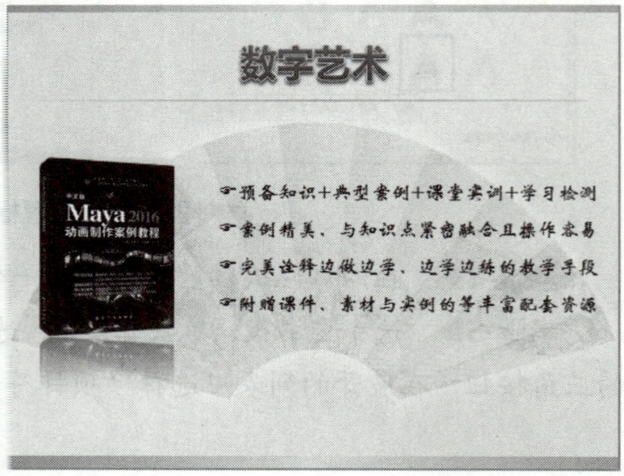

图 5-26 第 3 张幻灯片效果

5.4.3 绘制和美化图形

根据制作演示文稿的需要，经常要在其中绘制一些特殊形状的图形对象。PowerPoint 中内置的形状有线条、矩形、基本形状、箭头总汇、公式形状、流程图、星与旗帜、标注和动作按钮等类型，用户可根据需要绘制形状并对其进行调整。具体操作步骤如下。

步骤 1▶ 单击“开始”选项卡“幻灯片”组中的“新建幻灯片”按钮，在展开的列表中选择“空白”项，在“图书介绍”演示文稿中新建一张空白幻灯片。

步骤 2▶ 单击“插入”选项卡“插图”组中的“形状”按钮，在展开的列表中选择一种图形，如“横卷形”，如图 5-27 所示。

步骤 3▶ 将鼠标指针移至幻灯片中准备绘制图形的起始点，按住鼠标左键并拖动至需要的图形大小，释放鼠标左键，即可绘制出先前选择的形状，如图 5-28 所示。

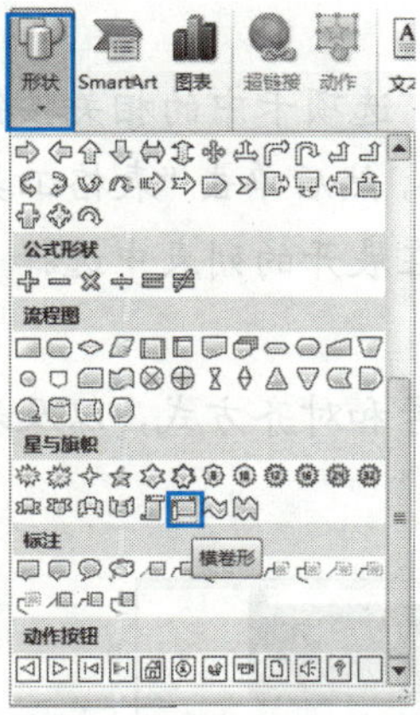

图 5-27　选择图形样式

图 5-28　绘制图形

步骤 4▶ 选中绘制好的图形，利用“开始”选项卡“绘图”组中的相关工具按钮对其进行美化操作，例如，填充颜色、设置边框，以及添加阴影和三维效果等。例如，单击“形状效果”按钮，在展开的列表中选择“阴影”→“内部上方”，为自选图形设置一种阴影效果。

步骤 5▶ 右击图形，在打开的快捷菜单中选择“编辑文字”选项（见图 5-29），然后输入文本“选题规划”，并利用“开始”选项卡“字体”组中的相关按钮设置文本字体为“华文中宋”、字号为“44”，图形最终效果如图 5-30 所示。

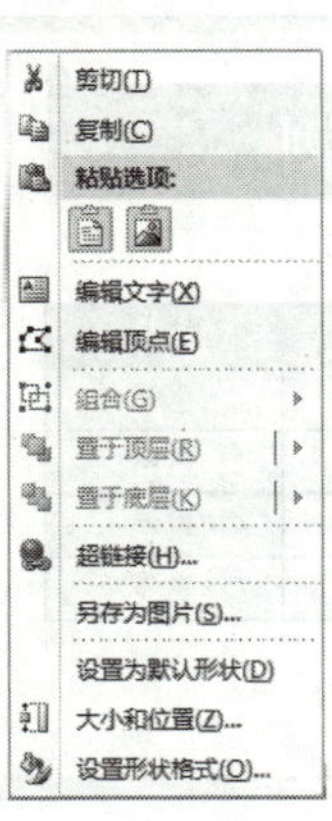

图 5-29　选择“编辑文字”选项

图 5-30　图形最终效果

5.4.4 绘制和美化表格

在演示文稿中绘制和美化表格的操作方法与在 Word 中的相似。例如，要在“图书介绍”的第 4 张幻灯片中绘制一个表格，可执行如下操作。

步骤 1▶ 单击“插入”选项卡“表格”组中的“表格”按钮，在展开的列表中直接用鼠标拖动的方式在网格中选定表格的行、列数，然后单击即可插入一个普通带主题格式的表格，如图 5-31 所示。

步骤 2▶ 在表格中输入文本内容。

步骤 3▶ 利用“表格工具 设计”和“表格工具 布局”选项卡中的相关按钮对表格进行美化。例如，要为表格添加内外边框，需要首先选中表格，然后单击“表格工具 设计”选项卡“表格样式”组中“边框”按钮右侧的三角按钮，在展开的列表中选择“所有框线”项，如图 5-32 所示。

步骤 4▶ 适当调整表格的列宽，表格中文字的字体、字号和对齐方式，以及表格和图形的位置，最终效果如图 5-33 所示。

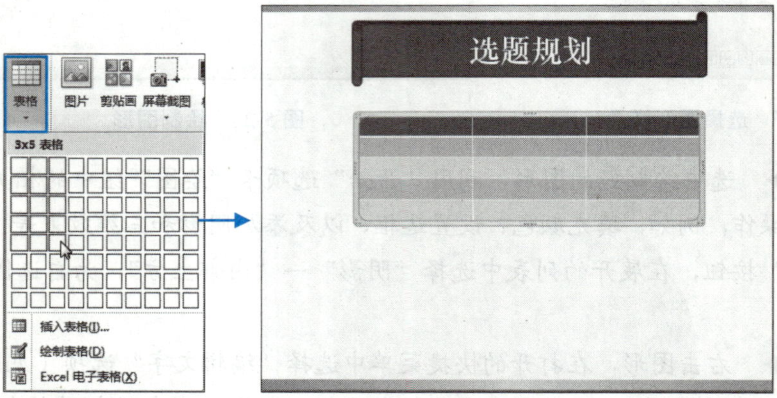

图 5-31 绘制表格

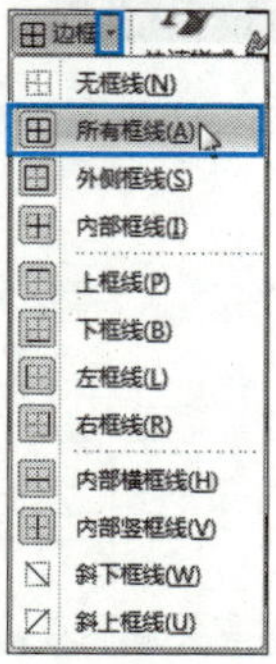

图 5-32 选择表格边框样式

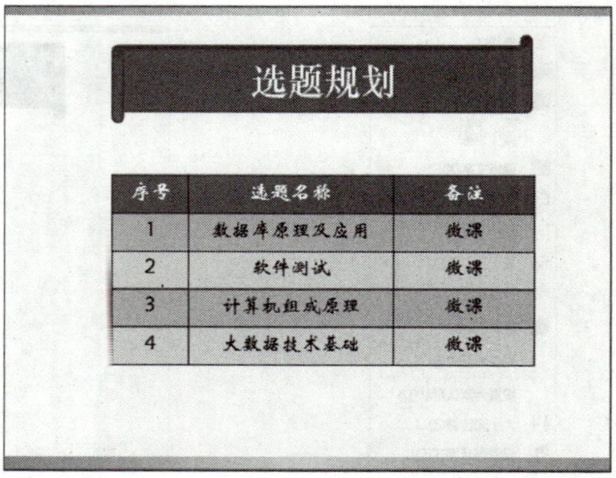

图 5-33 表格最终效果

5.4.5　插入媒体

制作某些演示文稿时，可以在幻灯片中插入声音或影片，从而使演示文稿的播放“有声有色”，更加精彩。

1. 插入和编辑音频文件

可以在幻灯片中插入音频文件来作为演示文稿的背景音乐或演示解说等。此外，还可以对插入的音频文件进行编辑以满足设计需要，具体操作步骤如下。

步骤 1▶ 切换到要插入声音文件的幻灯片，如“图书介绍”的第 1 张幻灯片，然后单击“插入”选项卡“媒体”组中的“音频”按钮下方的三角按钮，在展开的列表中选择“文件中的音频”选项，如图 5-34 所示。

步骤 2▶ 打开“插入音频”对话框，选择要插入的声音文件（本书配套素材“素材与实例”→“第 5 章”文件夹中的“Remember.mp3”），单击“插入”按钮，如图 5-35 所示。

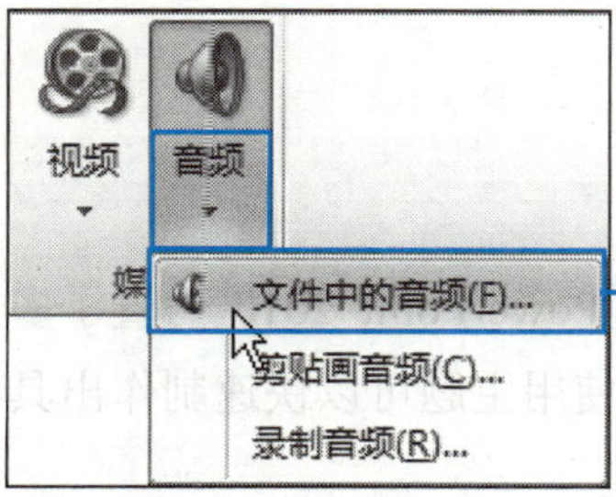

图 5-34　选择“文件中的音频”选项

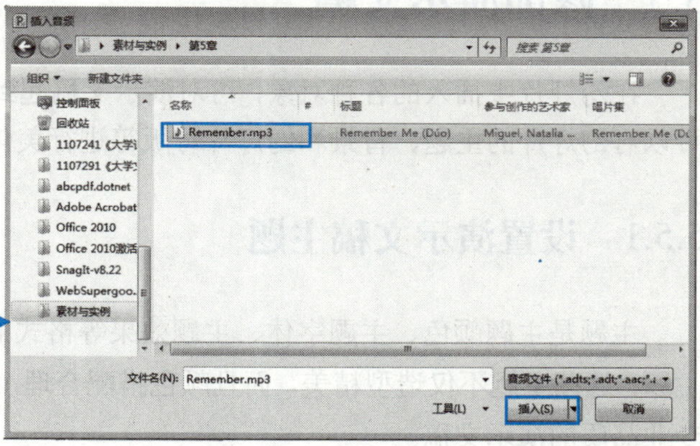

图 5-35　“插入音频”对话框

步骤 3▶ 插入声音文件后，系统将在幻灯片中间位置添加一个声音图标，用户可以用操作图片的方法调整该图标的位置及尺寸，如图 5-36 所示。

步骤 4▶ 选择“声音”图标后，自动出现“音频工具”选项卡，包括“格式”和“播放”两个子选项卡，如图 5-37 所示。单击“播放”选项卡“预览”组中的“播放”按钮，可以试听声音；在“音频选项”组中可以设置放映时声音的开始方式，在“开始”下拉列表中选择“跨幻灯片播放”选项，还可以设置播放时的音量高低及是否循环播放声音等，这里选中“放映时隐藏”和“循环播放，直到停止”复选框。

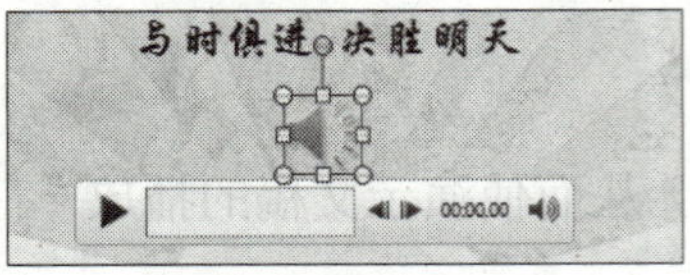

图 5-36 插入的声音

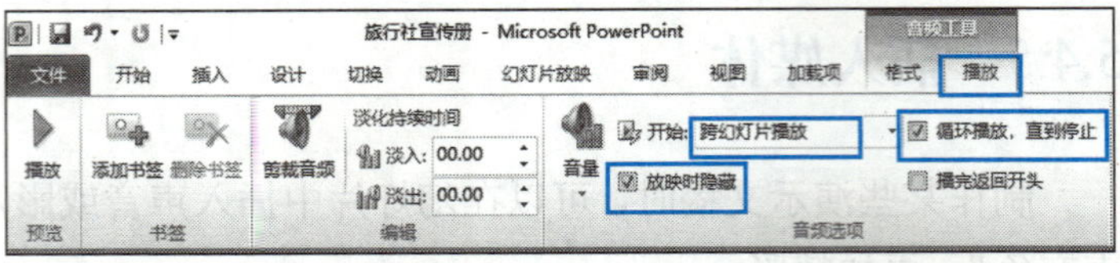

图 5-37 “音频工具 播放”选项卡

在“开始”下拉列表中选择“自动”选项表示放映幻灯片时自动播放声音；选择“单击时”选项表示单击声音图标才开始播放声音；选择“跨幻灯片播放”选项表示声音自动且跨多张幻灯片播放。

2. 插入视频文件

插入视频文件的方法与插入音频文件类似，只需单击“插入”选项卡“媒体”组中的“视频”按钮下方的三角按钮，在展开的列表中选择“文件中的视频”选项，从打开的“插入视频文件”对话框中选择要插入的视频文件，单击“插入”按钮即可。

5.5 修饰演示文稿

在幻灯片中插入的各种对象，可对演示文稿起到一定的美化作用。除此之外，用户还可以对幻灯片的主题、背景和幻灯片母版等进行美化设置。

5.5.1 设置演示文稿主题

主题是主题颜色、主题字体、主题效果等格式的集合。PowerPoint 2010 内置了多个主题，这些主题不仅造型精美，而且颜色搭配合理，灵活地使用主题可以快速制作出具有专业品质的演示文稿。

当用户为演示文稿应用了某主题之后，演示文稿中默认的幻灯片背景，以及图形、表格、图表、艺术字或文字等都将自动与该主题匹配，并使用该主题规定的格式。此外，用户还可以自定义主题的颜色、字体和效果，以及设置幻灯片背景等。

用户除了可以在新建演示文稿时根据某个主题新建幻灯片外，也可以在创建演示文稿后再应用某个主题，或更改演示文稿的背景颜色等。例如，要更改“图书介绍”的主题，可执行如下操作。

步骤 1▶ 打开“图书介绍”演示文稿，单击“设计”选项卡“主题”组右侧的“其他”按钮，在展开的主题列表中选择要应用的主题，如“聚合”（见图 5-38），即可为演示文稿中的所有幻灯片应用所选主题。

步骤 2▶ 右击主题，在弹出的快捷菜单中选择“应用于选定幻灯片”选项，可只将该主题应用到选定的幻灯片，如图 5-39 所示。

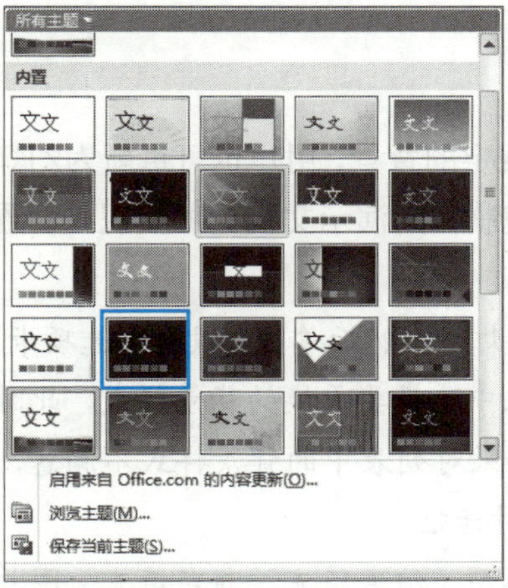

图 5-38 应用主题

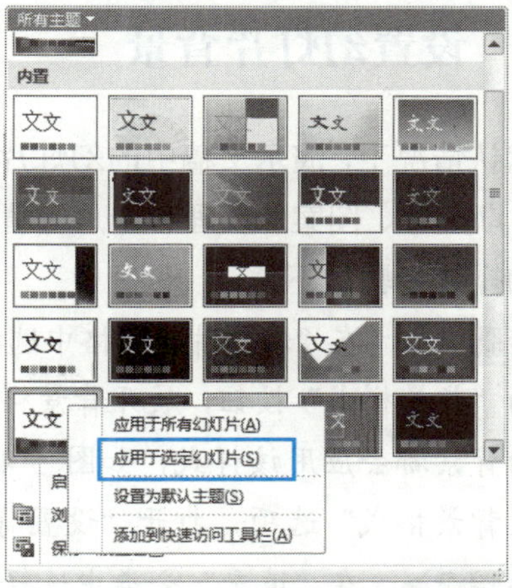

图 5-39 主题的应用方式

提 示

在对幻灯片应用了某个主题后，如果对主题不满意，还可自行设置主题的颜色、字体和效果。方法是：单击“设计”选项卡“主题”组右侧的“颜色”“字体”或“效果”按钮，在展开的列表中进行选择，如图 5-40 所示。

主题颜色：PowerPoint 提供了一套控制颜色的机制，它以预设的方式控制着演示文稿的一些基本颜色特征，如幻灯片背景、标题文本和所绘图形等对象的默认颜色。

主题字体：是指演示文稿中所有标题文字和正文文字的默认字体。

主题效果：是幻灯片中图形轮廓和填充效果设置的组合，其中包含了多种常用的阴影和三维设置组合。

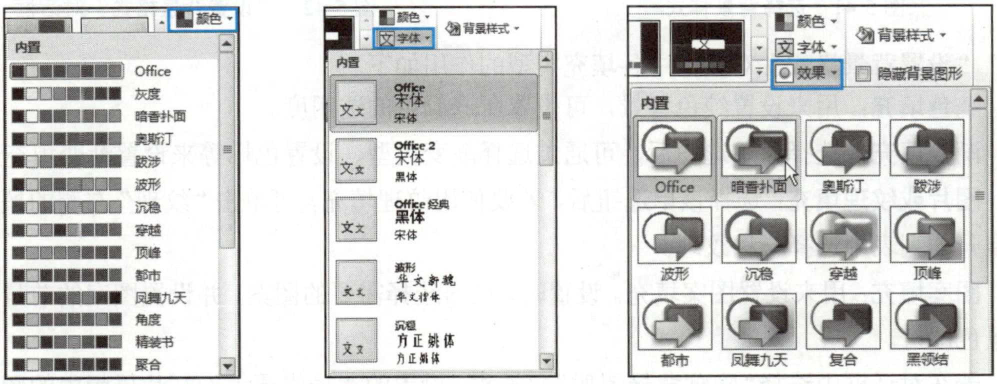

图 5-40 设置主题颜色、字体和效果

5.5.2 设置幻灯片背景

默认情况下，演示文稿中的幻灯片使用主题规定的背景，用户也可重新为幻灯片设置纯色、渐变色、图案、纹理和图片等背景，从而使制作的演示文稿更加美观。设置幻灯片背景的操作步骤如下。

步骤 1▶ 在“幻灯片”窗格中选择第 1 张幻灯片，然后单击“设计”选项卡“背景”组中的“背景样式”按钮，展开背景样式列表，从中选择要更换的背景样式，此时所有幻灯片的背景都会应用该样式，如图 5-41 所示。如果对列表中的背景样式不满意，可选择“设置背景格式”选项，打开“设置背景格式”对话框。

步骤 2▶ 在“填充”分类中选择一种填充类型（纯色填充、渐变填充、图片或纹理填充等），本例选择“图片或纹理填充”单选钮，再单击“文件”按钮，如图 5-42 所示。

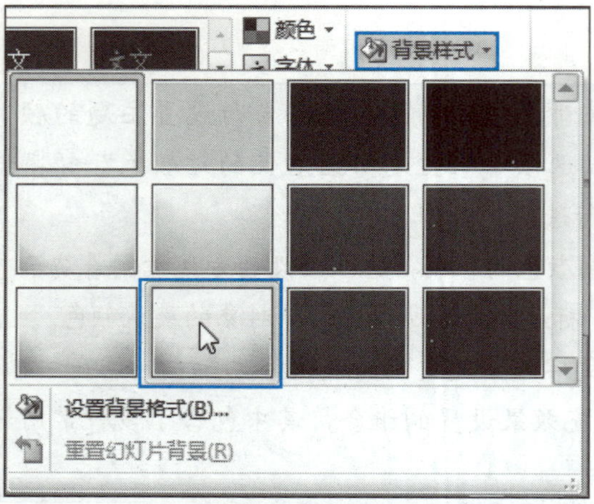

图 5-41 选择背景样式

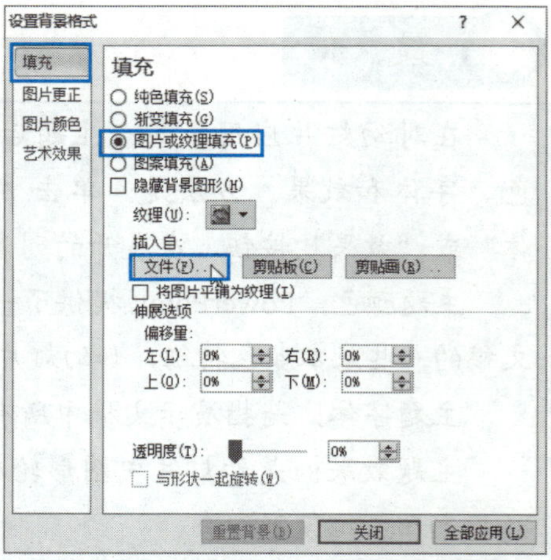

图 5-42 “设置背景格式”对话框

“设置背景格式”对话框中各填充类型的作用如下。

纯色填充：用来设置纯色背景，可设置所选颜色的透明度。

渐变填充：选择该单选钮后，可通过选择渐变类型、设置色标等来设置渐变填充。

图片或纹理填充：选择该单选钮后，若要使用纹理填充，可单击“纹理”右侧的按钮，在展开的列表中选择一种纹理。

图案填充：用来设置图案填充。设置时，只需选择需要的图案，并设置图案的前景色、背景色即可。

若在对话框中选择“隐藏背景图形”复选框，设置的背景将覆盖幻灯片母版中的图形、图像和文本等对象，也将覆盖主题中自带的背景。

步骤 3▶ 打开“插入图片”对话框，在其中找到本书配套素材“素材与实例”→“第 5 章”→“背景”图片，单击“插入”按钮返回“设置背景格式”对话框，然后在“偏移量”的各编辑框中设置数值，如图 5-43 所示。

步骤 4▶ 单击“关闭”按钮，将设置的背景应用于当前幻灯片中，效果如图 5-44 所示。若单击“全部应用”按钮，则可将设置的背景应用于演示文稿中的所有幻灯片。

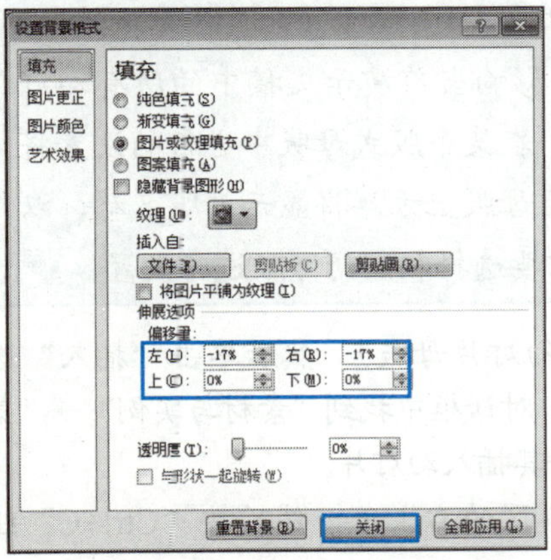

图 5-43 插入图片并设置偏移量

图 5-44 更换第 1 张幻灯片的背景效果

5.5.3 使用幻灯片母版

制作演示文稿时，通常需要为指定的幻灯片设置部分相同的内容或格式。例如，在每张幻灯片中都加入公司的徽标（Logo），且每张幻灯片标题占位符和文本占位符的字符格式和段落格式都一致。如果在每张幻灯片中重复设置这些内容，无疑会浪费时间，此时可在 PowerPoint 的母版中设置这些内容。

例如，利用幻灯片母版在“图书介绍”演示文稿的所有张幻灯片的右上角添加一个公司的徽标，操作步骤如下。

步骤 1▶ 单击“视图”选项卡“母版视图”组中的“幻灯片母版”按钮（见图 5-45），进入母版视图，此时系统自动打开“幻灯片母版”选项卡，如图 5-46 所示。

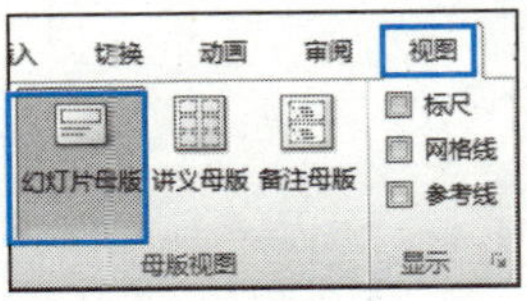

图 5-45 单击“幻灯片母版”按钮

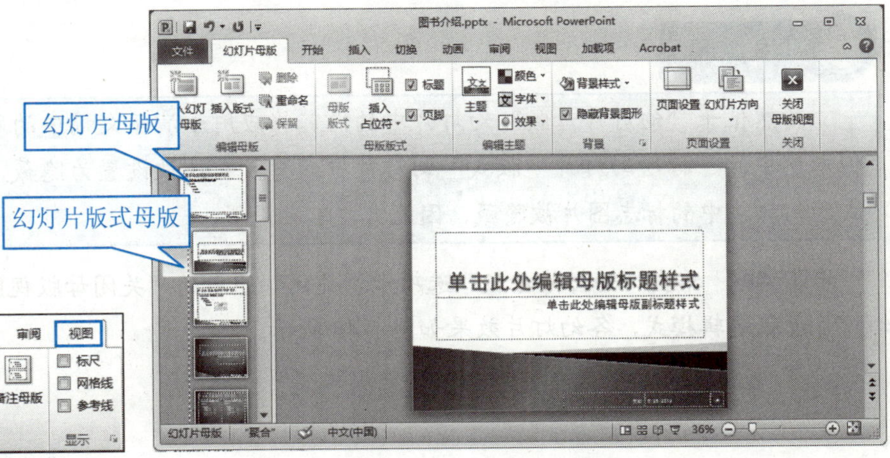

图 5-46 幻灯片母版视图

提 示

默认情况下，在幻灯片母版视图左侧任务窗格中的第 1 个母版（比其他母版稍大）称为“幻灯片母版”，在其中设置的内容和格式将影响当前演示文稿中的所有幻灯片；幻灯片母版下方的多个母版为幻灯片版式母版，在某个版式母版中进行的设置将影响使用了该幻灯片版式的幻灯片（将鼠标指针移至母版上方，将显示母版名称，以及其应用于演示文稿的哪些幻灯片）。用户可根据需要选择相应的母版进行设置。

步骤 2▶ 在“幻灯片”窗格中单击最上方的“幻灯片母版”，然后单击“插入”选项卡“图像”组中的“图片”按钮，在打开的“插入图片”对话框中找到“素材与实例”→“第 5 章”文件夹中的“Logo”图片，单击“插入”按钮，将其插入幻灯片。

步骤 3▶ 将“Logo”图片缩小并移至幻灯片编辑区的右上角，然后按“Ctrl+C”组合键复制图片，再切换到“标题幻灯片 版式”幻灯片，按“Ctrl+V”组合键粘贴“Logo”图片，效果如图 5-47 所示。

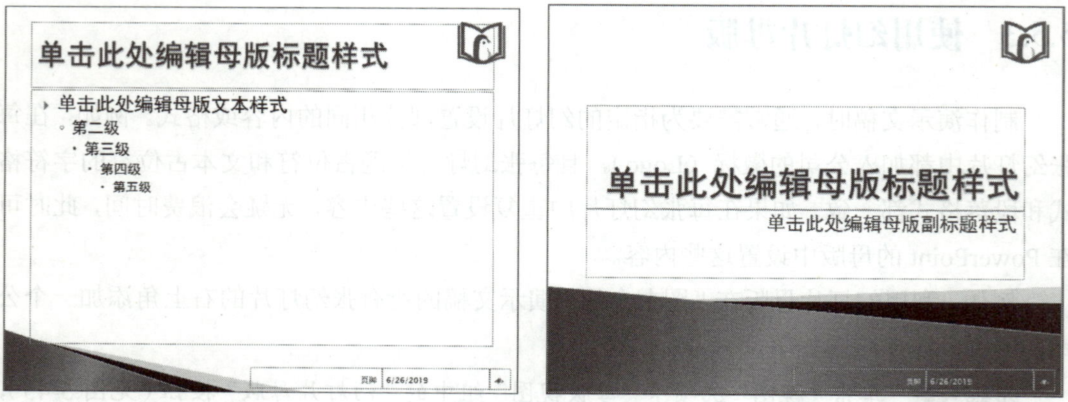

图 5-47 缩小、移动和复制图片

提 示

虽然位于“幻灯片母版”幻灯片中的内容将应用于演示文稿中的所有幻灯片，但本例中的“标题幻灯片 版式”幻灯片中的背景默认被设置为隐藏，导致这个版式的幻灯片中的标志图片被隐藏，因此需要单独设置。

步骤 4▶ 单击“幻灯片母版”选项卡“关闭”组中的“关闭母版视图”按钮，退出幻灯片母版编辑模式，各幻灯片效果如图 5-48 所示。

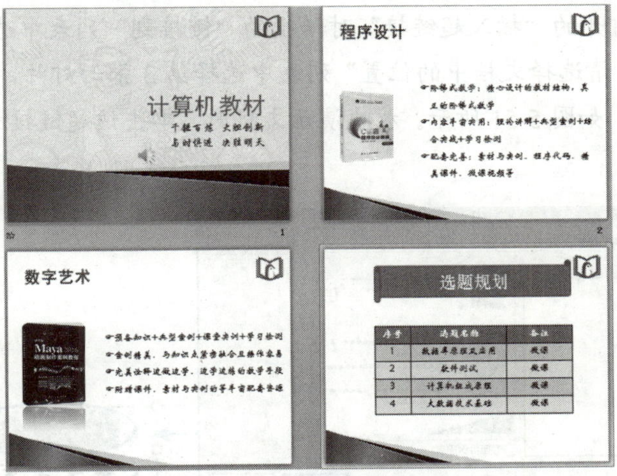

图 5-48 幻灯片效果

5.6 演示文稿的交互

为了增强幻灯片之间的交互功能，可以为幻灯片添加超链接或动作按钮，这样在放映幻灯片时，通过超链接和动作按钮可以切换幻灯片、打开文件或网页、发送电子邮件等。

5.6.1 添加超链接

为“图书介绍”演示文稿中的导航文本设置超链接的操作步骤如下。

步骤 1▶ 参考前面的操作在第 1 张幻灯片后插入一张新的幻灯片，制作完成后效果如图 5-49 所示。其中用到的图片素材均位于本书配套素材“素材与实例”→“第 5 章”文件夹中。

步骤 2▶ 在“幻灯片”窗格中选择第 2 张幻灯片，然后拖动鼠标选中“程序设计”文本，再单击“插入”选项卡“链接”组中的“超链接”按钮，如图 5-50 所示。

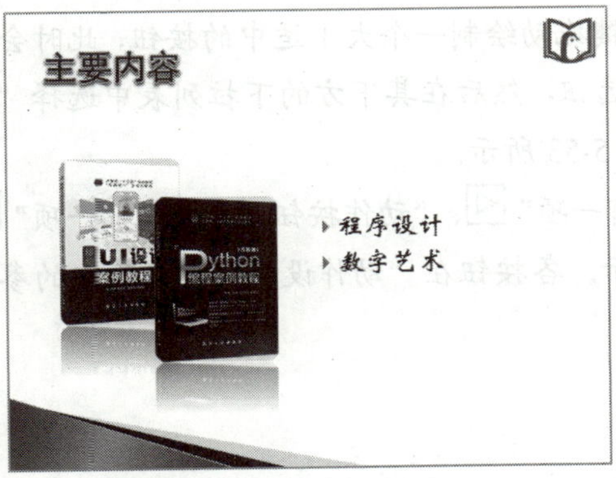

图 5-49 幻灯片效果

图 5-50 单击“超链接”按钮

步骤 3▶ 在打开的“插入超链接”对话框的“链接到”列表中选择“本文档中的位置”选项，然后在“请选择文档中的位置”列表中选择第 3 张幻灯片，单击“确定”按钮，为文本添加超链接，如图 5-51 所示。放映演示文稿时，单击该超链接文本，将切换到第 3 张幻灯片。

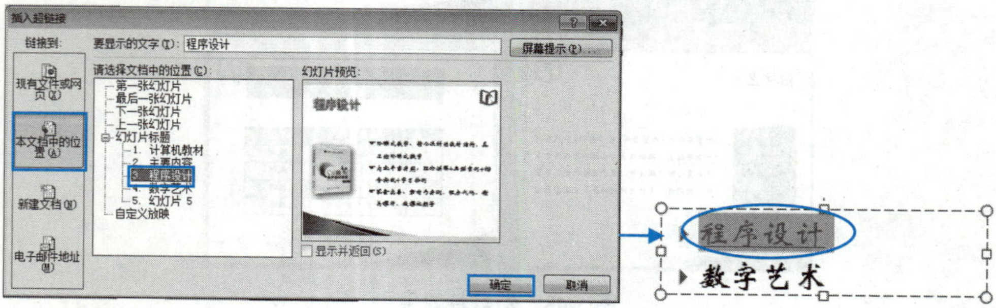

图 5-51　插入超链接

选择“现有文件或网页”选项，并在“地址”编辑框中输入要链接到的网址，可将所选对象链接到网页。

选择“新建文档”选项，可新建一个演示文稿文档并将所选对象链接到该文档。

选择“电子邮件地址”选项，可将所选对象链接到一个电子邮件地址。

步骤 4▶ 用同样的方法为其他文本添加超链接。例如，将“数字艺术”文本链接到第 4 张幻灯片。

5.6.2　创建动作按钮

下面通过为“图书介绍”创建向前、向后翻页等动作按钮，介绍在幻灯片中添加动作按钮的具体操作。

步骤 1▶ 切换到第 1 张幻灯片，单击“插入”选项卡“插图”组中的“形状”按钮，在展开的列表中选择“动作按钮：开始”选项，如图 5-52 所示。

步骤 2▶ 在幻灯片的右下方按住鼠标左键拖动绘制一个大小适中的按钮，此时会打开“动作设置”对话框，选中“超链接到”单选钮，然后在其下方的下拉列表中选择“第一张幻灯片”选项，单击“确定”按钮，如图 5-53 所示。

步骤 3▶ 依次绘制“动作按钮：后退或前一项”、“动作按钮：前进或下一项”和“动作按钮：结束”，效果如图 5-54 所示。各按钮在“动作设置”对话框中的参数都保持默认设置。

图 5-52　选择动作按钮

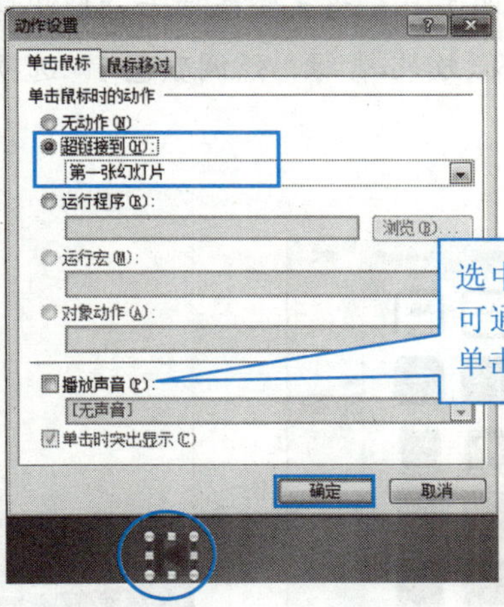

图 5-53　设置动作按钮

图 5-54　制作其他动作按钮

步骤 4▶ 按住“Shift”键依次单击选中 4 个按钮，然后在“绘图工具 格式”选项卡“大小”组中设置按钮的大小，如图 5-55 所示。

步骤 5▶ 单击“排列”组中的“对齐”按钮，在展开的列表中选择“上下居中”和“横向分布”选项（见图 5-56），将几个按钮上下居中对齐，以及左右均匀分布。单击“组合”按钮，在展开的列表中选择“组合”选项（见图 5-57），组合所选按钮，效果如图 5-58 所示。

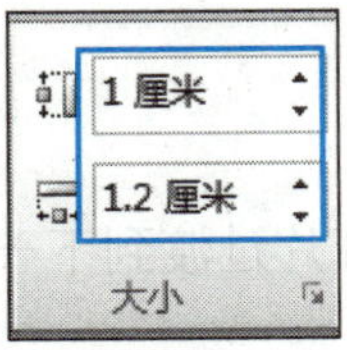

图 5-55　设置按钮的大小

图 5-56　设置按钮的排列方式

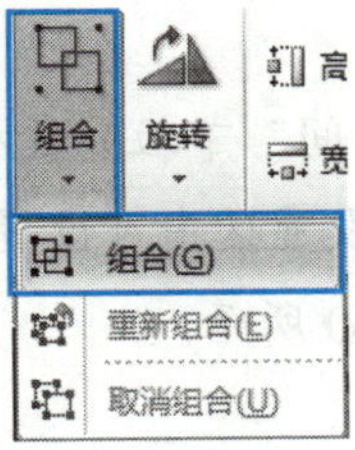

图 5-57　组合按钮

图 5-58　按钮效果

步骤 6▶ 单击“绘图工具 格式”选项卡“形状样式”组中的“其他”按钮，在展开的下拉列表中选择“细微效果-青绿，强调颜色 1”选项，为所选按钮添加系统内置的样式，如图 5-59 所示。

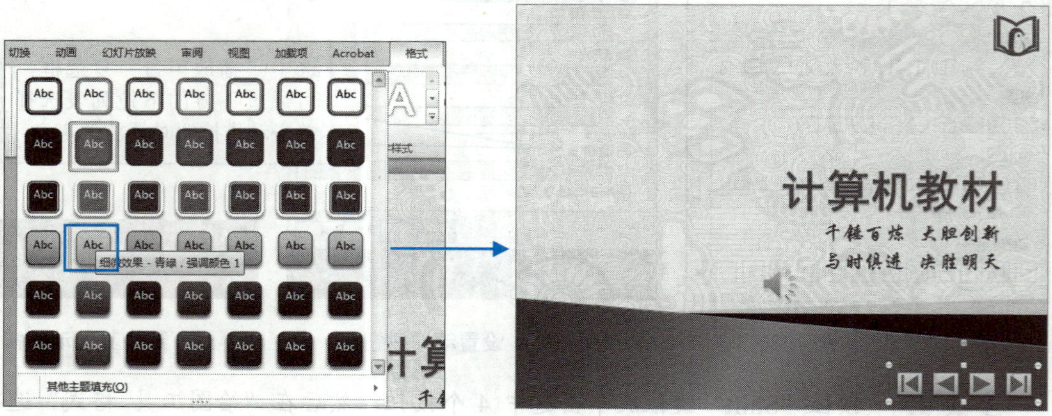

图 5-59 为按钮添加系统内置样式

步骤 7▶ 保持按钮的选中状态，按“Ctrl+C”组合键，然后切换到第 2 张幻灯片，按“Ctrl+V”组合键，将按钮复制到第 2 张幻灯片中。利用相同的方法，将按钮复制到后面的幻灯片中。

5.7 设置动画效果

通过为幻灯片或幻灯片中的对象设置动画效果，可以使演示文稿的播放更加精彩。

5.7.1 设置幻灯片切换效果

幻灯片的切换效果是指放映幻灯片时从一张幻灯片过渡到下一张幻灯片时的动画效果。为幻灯片添加切换效果的操作步骤如下。

步骤 1▶ 在“幻灯片”窗格中选中要设置切换效果的幻灯片，然后单击“切换”选项卡“切换到此幻灯片”组中的“其他”按钮，在展开的列表中选择一种幻灯片切换方式，如选择“推进”。

步骤 2▶ 在“计时”组中的“声音”和“持续时间”下拉列表框中可选择切换幻灯片时的声音效果和幻灯片的切换速度，在“换片方式”设置区中可设置幻灯片的换片方式，本例保持默认选中的“单击鼠标时”复选框，如图 5-60 所示。

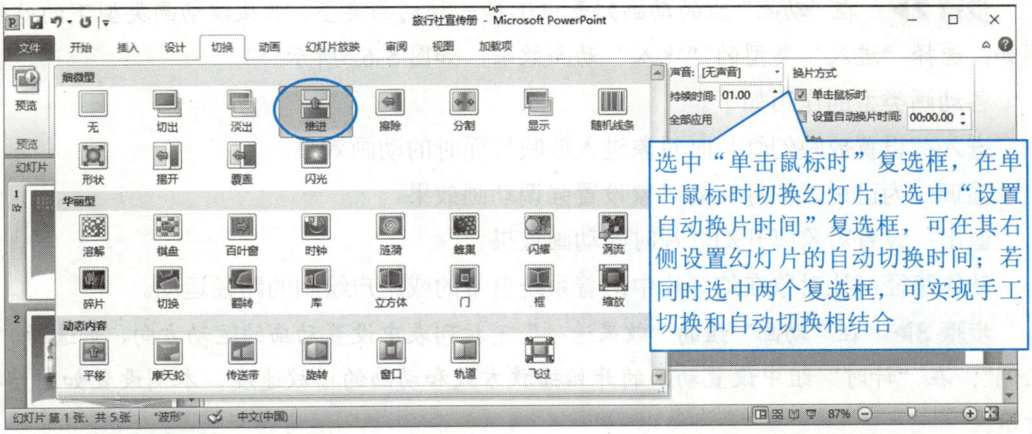

图 5-60 设置幻灯片切换效果

步骤 3▶ 要想将设置的幻灯片切换效果应用于全部幻灯片，可单击“计时”组中的“全部应用”按钮，本例选择该项。否则，当前的设置将只应用于当前所选的幻灯片。

5.7.2 为幻灯片中的对象设置动画效果

利用 PowerPoint 2010 的“动画”选项卡，可以为幻灯片中的对象设置各种动画效果，利用“动画窗格”可以对添加的动画效果进行管理。为幻灯片中的对象设置动画效果的操作步骤如下。

步骤 1▶ 切换到第 2 张幻灯片，选中要添加动画效果的对象，如左侧的两张图片，单击“动画”选项卡“高级动画”组中的“动画窗格”按钮，打开“动画窗格”，如图 5-61 所示。

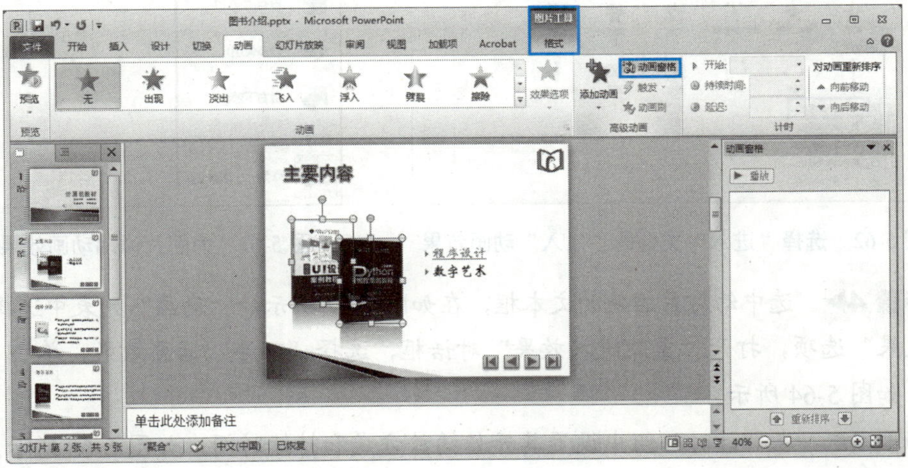

图 5-61 打开“动画窗格”

步骤 2▶ 在“动画”组的动画列表中选择一种动画类型，以及该动画类型下的效果。例如，选择“进入”类型的“飞入”动画效果，如图 5-62 所示。

各动画类型的作用如下。

进入：设置放映幻灯片时对象进入放映界面时的动画效果。

强调：为已进入幻灯片的对象设置强调动画效果。

退出：设置对象离开幻灯片时的动画效果。

动作路径：让对象在幻灯片中沿着系统自带的或用户绘制的路径运动。

步骤 3▶ 在“动画”组的“效果选项”下拉列表中设置动画的运动方向，如选择“自左侧”；在“计时”组中设置动画的开始播放方式和动画的播放速度，本例设置如图 5-63 所示。

“开始”下拉列表中各选项的作用如下。

单击时：在放映幻灯片时，需单击鼠标才开始播放动画。

与上一动画同时：在放映幻灯片时，自动与上一动画效果同时播放。

上一动画之后：在放映幻灯片时，播放完上一动画效果后自动播放该动画效果。

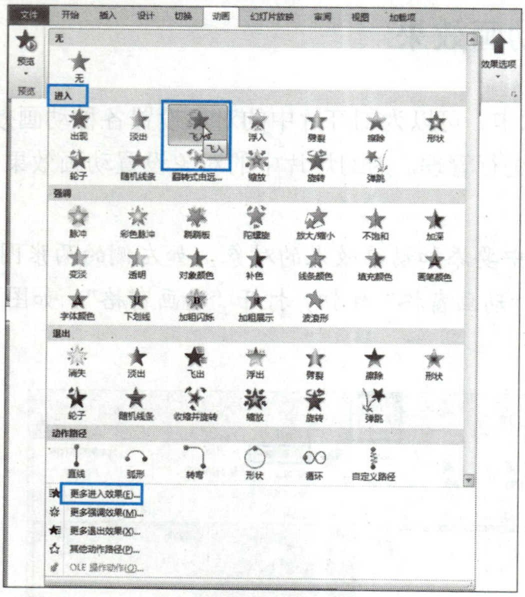

图 5-62 选择“进入”类型的“飞入”动画效果

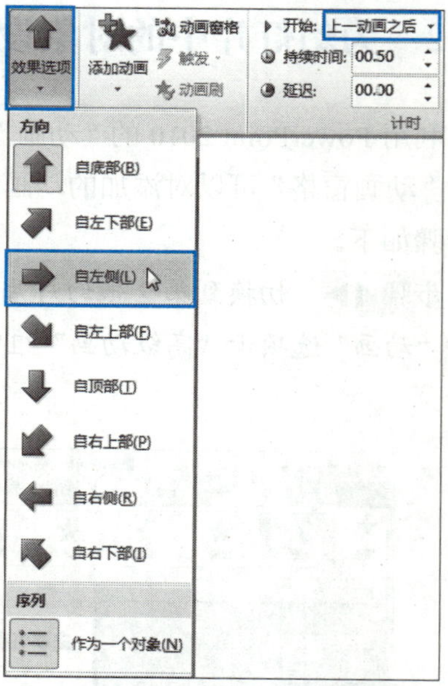

图 5-63 为图片添加动画效果

步骤 4▶ 选中幻灯片右侧的文本框，在如图 5-62 所示的“动画”列表中选择“更多进入效果”选项，打开“更改进入效果”对话框，选择“下浮”动画效果，单击“确定”按钮，如图 5-64 所示。

步骤 5▶ 在“计时”组中设置其开始播放方式和持续时间，如图 5-65 所示。

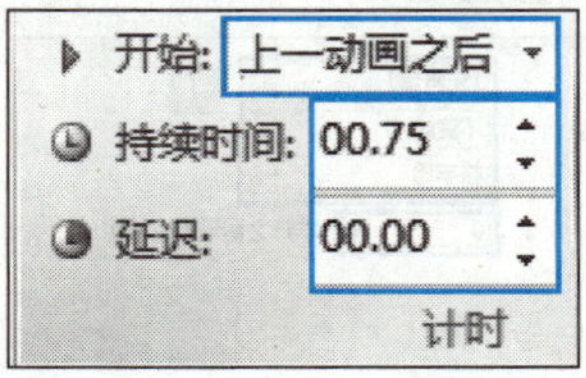

图 5-64 “更改进入效果”对话框　　图 5-65 设置动画开始播放方式和持续时间

步骤 6▶ 选中“主要内容”标题占位符，单击“动画”选项卡“高级动画”组中的“添加动画”按钮，在展开的动画列表中选择“强调”类型的“补色”动画效果，如图 5-66 所示。

提　示

与利用“动画”组中的动画列表添加动画效果不同的是，利用“添加动画”列表可以为同一对象添加多个动画效果；而利用“动画”组只能为同一对象添加一个动画效果，后添加的动画效果将替换前面添加的动画效果。

步骤 7▶ 在右侧的“动画窗格”中可以查看为当前幻灯片中的对象添加的所有动画效果，并对动画效果进行更多设置。这里在动画窗格中单击选中步骤 6 添加的强调类动画，单击右侧的三角按钮，在展开的下拉列表中选择“效果选项”选项，如图 5-67 所示。

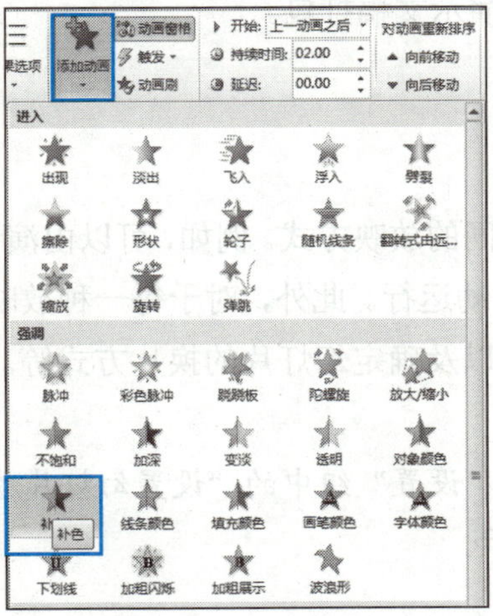

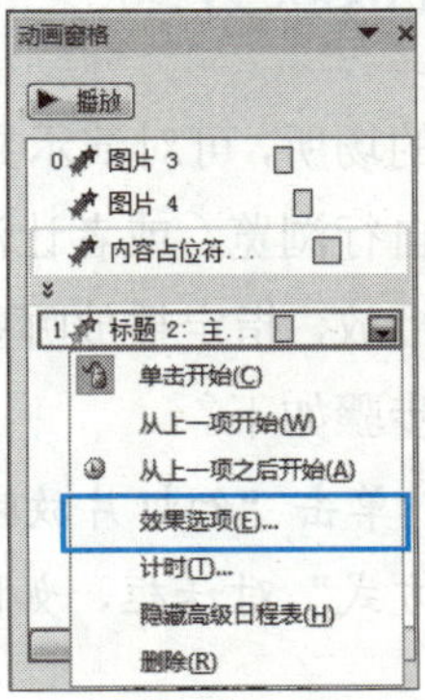

图 5-66 添加“强调”类型的“补色”动画效果　　图 5-67 动画窗格

步骤 8▶ 打开动画属性对话框，在“效果”选项卡中设置动画的声音效果，动画播放结束后对象的状态，以及动画文本的出现方式，如图 5-68 所示。

步骤 9▶ 切换到“计时”选项卡，可以设置动画的开始方式、延迟时间和动画重复次数等，这里将动画重复次数设置为“3”，最后单击“确定”按钮，如图 5-69 所示。

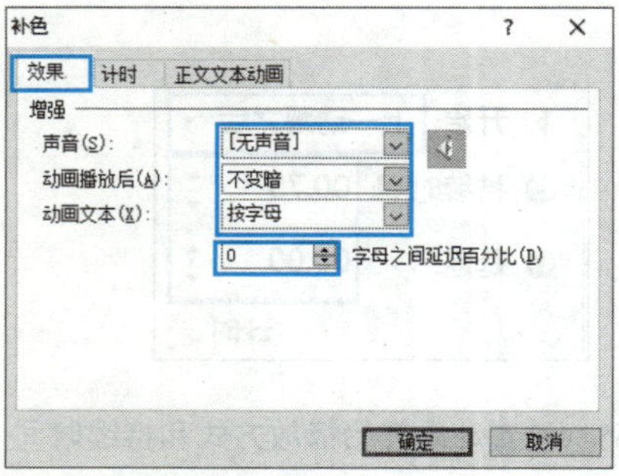

图 5-68　设置动画效果

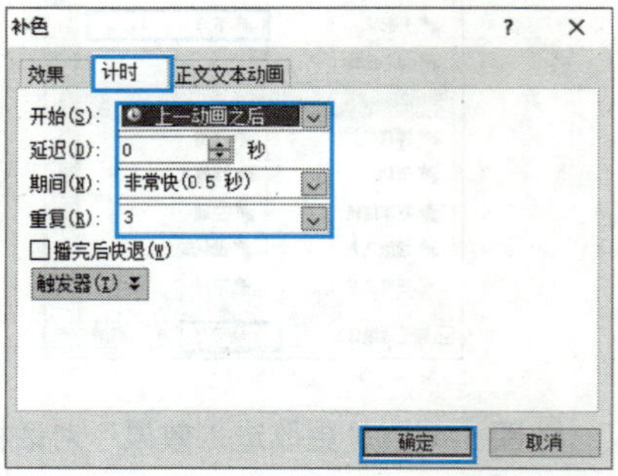

图 5-69　设置计时选项

步骤 10▶ 放映幻灯片时，各动画效果将按照在“动画窗格”任务窗格中的排列顺序进行播放，也可以通过拖动方式调整动画的播放顺序，或者在选中动画效果后，单击“动画窗格”下方的“重新排序”按钮来排列动画的播放顺序。

5.8　放映和打包演示文稿

制作演示文稿的最终目的是为了在观众面前放映和演示。要想获得比较好的放映效果，除了需要制作好精彩的幻灯片内容和动画效果外，还需要根据放映场所的不同选择不同的放映方式，并对放映过程进行有效的控制。

如果需要将制作好的演示文稿在一台没有安装 PowerPoint 的计算机上播放，可使用 PowerPoint 提供的“打包成 CD”功能，将演示文稿打包。

5.8.1　设置放映方式

根据不同的场所，可对演示文稿设置不同的放映方式。例如，可以由演讲者控制放映，也可以由观众自行浏览，或者让演示文稿自动运行。此外，对于每一种放映方式，还可以控制是否循环播放，指定播放哪些幻灯片，以及确定幻灯片的换片方式等。设置幻灯片放映方式的操作步骤如下。

步骤 1▶ 单击“幻灯片放映”选项卡“设置”组中的“设置幻灯片放映”按钮，打开“设置放映方式”对话框，如图 5-70 所示。

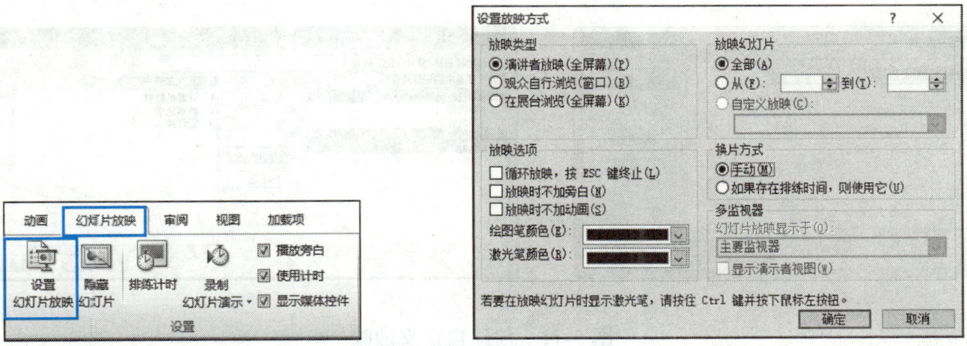

图 5-70 设置放映方式

常见的放映类型有以下 3 种。

演讲者放映：这是最常用的放映类型。放映时幻灯片将全屏显示，演讲者对演示文稿的播放具有完全的控制权，如切换幻灯片、播放动画、添加墨迹注释等。

观众自行浏览：放映时在标准窗口中显示幻灯片，并显示标题栏和工具栏，方便用户对幻灯片进行切换、编辑、复制和打印等操作。

在展台浏览：该放映方式不需要专人来控制幻灯片的播放，适合在展览会等场所全屏放映演示文稿。

步骤 2▶ 在“放映选项”设置区选择是否循环播放幻灯片，是否播放动画效果等。

步骤 3▶ 在“放映幻灯片”设置区选择放映演示文稿中的哪些幻灯片。用户可根据需要选择是放映演示文稿中的全部幻灯片，还是只放映其中的一部分幻灯片，或者只放映自定义放映中的幻灯片。

步骤 4▶ 在“换片方式”设置区选择幻灯片的切换方式。如果设置了间隔一定的时间自动切换幻灯片，应选择第 2 种方式，该方式同时也适用于单击鼠标切换幻灯片。

步骤 5▶ 单击“确定”按钮，完成幻灯片放映方式的设置。

5.8.2 创建自定义放映

利用 PowerPoint 提供的“自定义放映”功能，可以将演示文稿中的已有幻灯片有选择地组成一个自定义放映，按照自定义的顺序来播放幻灯片，操作方法如下。

步骤 1▶ 在“幻灯片放映”选项卡的“开始放映幻灯片”组中单击“自定义幻灯片放映”按钮，在展开的列表中选择“自定义放映”选项，打开“自定义放映”对话框。

步骤 2▶ 单击“新建”按钮，打开“定义自定义放映”对话框，在“幻灯片放映名称”编辑框中输入放映集名称，按住“Ctrl”键在“在演示文稿中的幻灯片”列表中选择要添加到自定义放映的幻灯片，然后单击“添加”按钮，此时所选幻灯片会出现在右侧的“在自定义放映中的幻灯片”列表中，如图 5-71 所示。

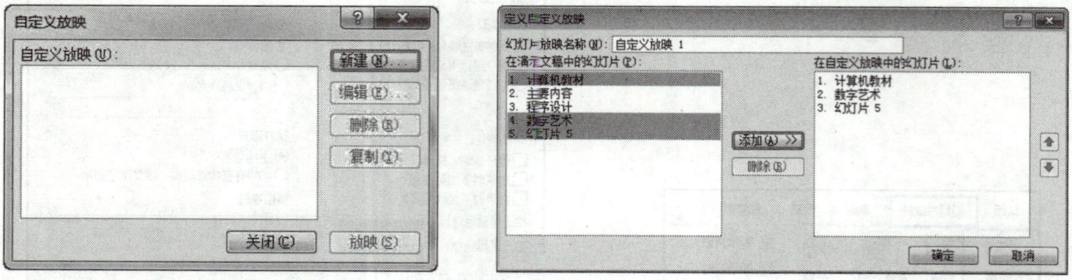

图 5-71　创建自定义放映

提　示

在“在自定义放映中的幻灯片”列表中选择某张幻灯片，单击右侧的⬆、⬇按钮，可调整幻灯片的播放顺序；单击中间的“删除”按钮，可将所选幻灯片从“在自定义放映中的幻灯片”列表中移除。

步骤 3▶　单击“确定”按钮，返回“自定义放映”对话框，在“自定义放映”列表中将出现新建的自定义放映名称。单击“关闭”按钮，完成自定义放映的创建。

步骤 4▶　此时单击“自定义幻灯片放映”按钮，在展开的列表中可看到刚刚新建的放映集名称，选择它就可放映自己添加的幻灯片。

提　示

除了通过自定义放映方式放映指定的幻灯片外，也可在“幻灯片”窗格中选择希望在放映时隐藏的幻灯片，单击“幻灯片放映”选项卡“设置”组中的“隐藏幻灯片”按钮将其隐藏。再次执行该操作可显示隐藏的幻灯片。

5.8.3　放映演示文稿

放映幻灯片的操作步骤如下。

步骤 1▶　用以下方法中的一种来启动幻灯片放映。

（1）在“幻灯片放映”选项卡“开始放映幻灯片”组中单击“从头开始”按钮，或者按“F5”键，从第 1 张幻灯片开始放映。

（2）在“幻灯片放映”选项卡“开始放映幻灯片”组中单击“从当前幻灯片开始”按钮，或者按“Shift+F5”组合键，可从当前幻灯片开始放映。

步骤 2▶　在放映过程中，可根据制作演示文稿时的设置来切换幻灯片或显示幻灯片内容。例如，通过单击切换幻灯片和显示动画，通过单击超链接跳转到指定的幻灯片。

步骤 3▶　在放映过程中，将鼠标指针移至放映画面左下角位置，会显示一组控制按钮，利用它们可进行如下操作。

（1）添加墨迹注释：单击按钮，在展开的列表中选择一种绘图笔（见图 5-72），然后在放映画面中按住鼠标左键并拖动，可为幻灯片中一些需要强调的内容添加墨迹注释。

（2）跳转幻灯片：单击或按钮可跳转到上一张或下一张幻灯片；单击按钮将打开一个列表，从中选择相应的选项也可跳转到指定幻灯片。

步骤 4▶ 放映演示文稿时，PowerPoint 2010 还提供了许多控制播放进程的技巧，归纳如下。

① 按“↓”“→”“Enter”“空格”“Page Down”键均可快速显示下一张幻灯片。

② 按“↑”“←”“Backspace”“Page Up”键均可快速显示前一张幻灯片。

③ 同时按住鼠标左右键不放，可快速返回第一张幻灯片。

步骤 5▶ 演示文稿放映完毕，可按“Esc”键结束放映，如果想在中途终止放映，也可按“Esc”键。如果在幻灯片放映中添加了墨迹标记，结束放映时会弹出提示框，提示用户是否保存墨迹。如果单击“放弃”按钮，表示不在幻灯片中保留墨迹。

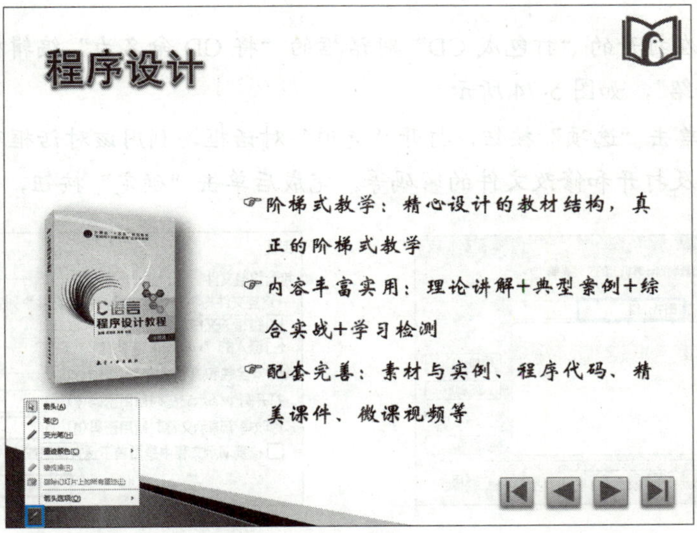

图 5-72　添加墨迹注释

5.8.4　打包演示文稿

当用户将演示文稿放置到其他计算机中播放时，如果该计算机没有安装 PowerPoint 程序，或者没有演示文稿中所链接的文件及所采用的字体，那么演示文稿将不能正常放映。此时，可利用 PowerPoint 2010 提供的“打包成 CD”功能，将演示文稿及与其关联的文件、字体等打包，这样即使其他计算机中没有安装 PowerPoint 程序，也可以正常放映演示文稿了。打包演示文稿的操作步骤如下。

步骤 1▶ 单击“文件”选项卡标签，在打开的界面中选择“保存并发送”→“将演示文稿打包成 CD”→“打包成 CD”选项，如图 5-73 所示。

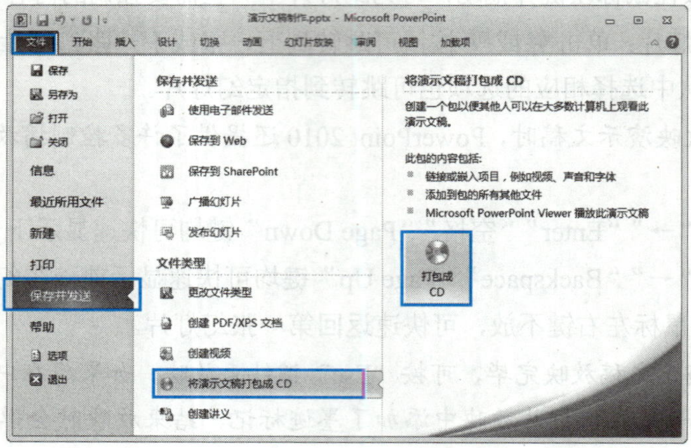

图 5-73　选择“打包成 CD”选项

步骤 2▶ 在打开的“打包成 CD”对话框的“将 CD 命名为”编辑框中输入打包文件名称“图书介绍”，如图 5-74 所示。

步骤 3▶ 单击“选项”按钮，打开“选项”对话框，利用该对话框可为打包文件设置包含文件，以及打开和修改文件的密码等，完成后单击“确定”按钮，如图 5-75 所示。

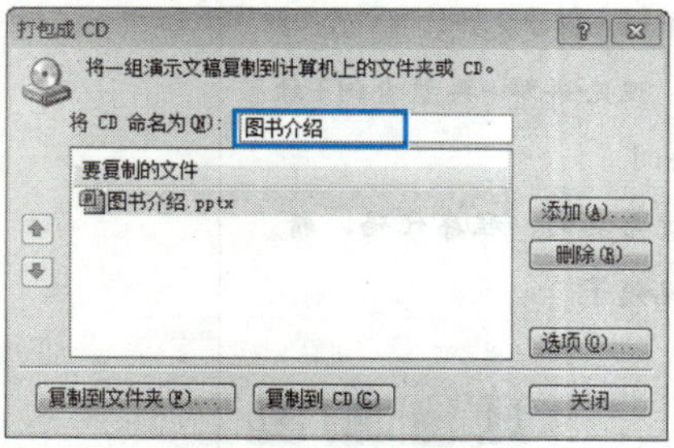

图 5-74　命名打包文件

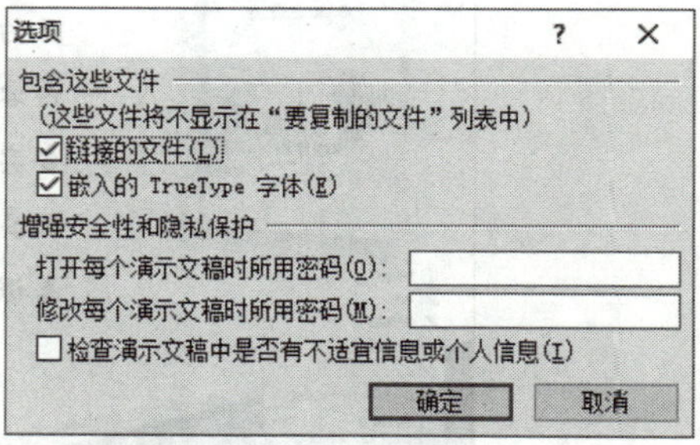

图 5-75　设置打包选项

步骤 4▶ 在“打包成 CD”对话框中，单击“复制到文件夹”按钮，打开“复制到文件夹”对话框，设置打包的文件夹名称及保存位置，单击“确定”按钮，如图 5-76 所示。

步骤 5▶ 打开提示对话框，询问是否打包链接文件，单击“是”按钮，如图 5-77 所示。

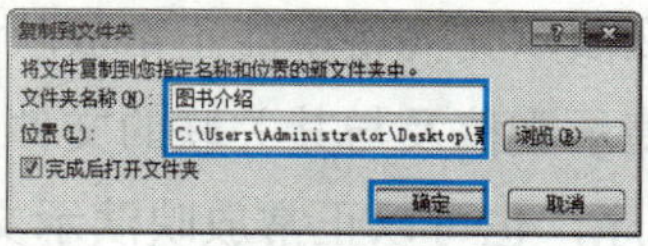

图 5-76　“复制到文件夹”对话框

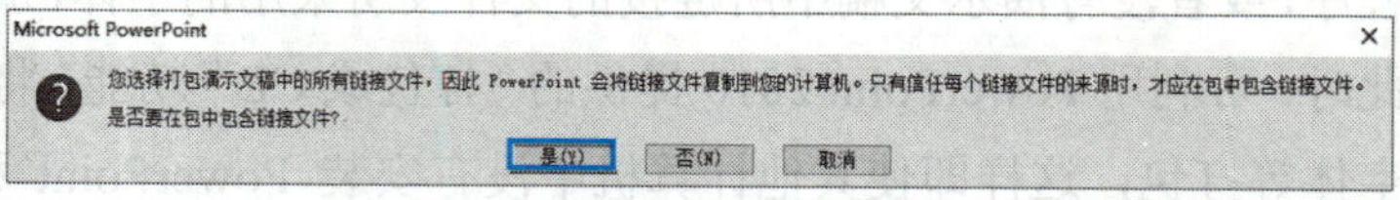

图 5-77　提示对话框

提　示

若在“打包成 CD”对话框中单击“添加”按钮，将打开“添加文件”对话框。利用该对话框可以向包中添加其他文件；单击“复制到 CD”按钮，会弹出提示对话框，提示用户插入一张空白 CD，以便将打包文件复制到空白 CD 中。

步骤 6▶ 等待一段时间后，即可将演示文稿打包到指定的文件夹中，并自动打开该文件夹显示其中的内容（见图 5-78）。单击“打包成 CD”对话框中的“关闭”按钮，将该对话框关闭。

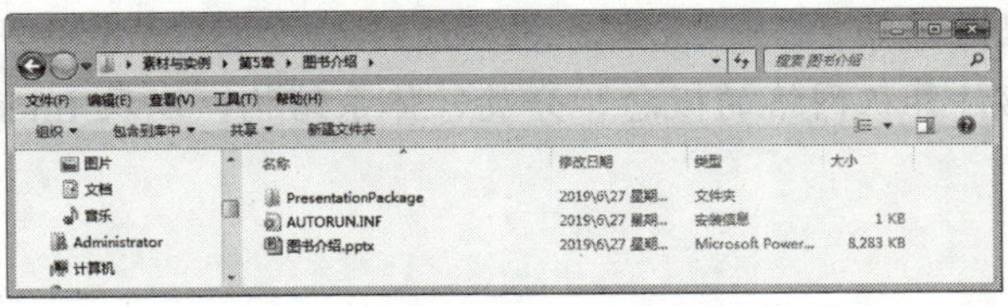

图 5-78　打包文件夹中的内容

步骤 7▶ 将演示文稿打包后，可找到存放打包文件的文件夹，然后利用 U 盘或网络等方式，将其拷贝或传输到其他计算机中进行播放。要播放演示文稿，需双击打开打包文件夹中的演示文稿。

提　示

若另一台计算机中没有安装 PowerPoint 2010 程序，需要下载 PowerPoint Viewer 2010 播放器才能正常播放。

本章小结

本章主要介绍了使用 PowerPoint 2010 制作演示文稿的基本操作。通过本章的学习，读者应重点掌握以下内容。

（1）熟悉 PowerPoint 2010 的工作界面和视图模式。

（2）掌握演示文稿的基本操作，包括创建、保存、打开和关闭演示文稿的方法。

（3）掌握幻灯片的基本操作，包括添加幻灯片，设置幻灯片版式，选择、移动、复制和删除幻灯片。

（4）掌握制作幻灯片内容的方法，包括插入和编辑文本框，插入图片和艺术字，绘制和美化图形，绘制和美化表格，以及插入媒体的方法。

（5）掌握修饰演示文稿的方法，包括设置演示文稿主题，设置幻灯片背景，以及使用幻灯片母版的方法。

（6）掌握为演示文稿添加交互、设置动画和放映的方法。

第 6 章　计算机网络与因特网

计算机网络技术起源于 20 世纪 60 年代，随着互联网的出现，在最近二十多年来得到了飞速发展。如今，计算机网络和因特网已经深入到人们工作和生活的各个方面，如电子银行、电子商务、电子政务、企业管理、信息服务、电子社区、远程教育、远程医疗等。

本章将介绍计算机网络的概念、分类、体系结构，以及 Internet 基础知识和应用。

6.1　计算机网络概述

6.1.1　什么是计算机网络

计算机网络是把分布在不同地点且具有独立功能的多台计算机，通过通信设备和通信线路连接起来，并通过功能完善的网络软件实现资源共享的系统。通俗地讲，计算机网络就是以实现远程通信和资源共享为目的的，大量分散但又互联的计算机的集合。其中，提供信息和服务的计算机是网络的资源，索取信息和请求服务的计算机是网络的用户。

6.1.2　计算机网络的组成

计算机网络系统由网络硬件和网络软件两部分组成。

1. 网络硬件

计算机网络硬件是计算机网络的物质基础，包括可独立工作的计算机、网络设备和传输介质等。

（1）可独立工作的计算机是计算机网络的核心，也是主要的网络资源。根据用途不同，可将其分为服务器和网络工作站。

① 服务器一般由功能强大的计算机担任，如小型计算机、专用 PC 服务器或高档微机。它向网络用户提供服务，并负责对网络资源进行管理。一个计算机网络系统有一台或多台服务器，根据服务器所担任的功能不同，又可将其分为文件服务器、通信服务器和打印服务器等。

② 网络工作站是一台供用户使用网络的本地计算机。工作站作为独立的计算机为用户服务，同时又可以按照被授予的一定权限访问服务器。各工作站之间可以相互通信，也可以共享网络资源。

（2）网络设备是构成计算机网络的部件，如网卡、调制解调器、中继器、网桥、交换机、路由器和网关等。独立工作的计算机可通过网络设备访问网络上的其他计算机。

① 网卡是计算机与传输介质的接口，一方面它负责接收网络上传过来的数据包，解包后将数据通过主板上的总线传输给本地计算机；另一方面它将本地计算机上的数据打包后送入网络。

② 调制解调器是利用调制解调技术实现数字信号与模拟信号在通信过程中相互转换的设备。确切地说，调制解调器的主要工作是，将数据设备送来的数字信号转换成能在模拟信道（如电话交换网）传输的模拟信号；反之，它也能将来自模拟信道的模拟信号转换为数字信号。

③ 中继器是最简单的局域网延伸设备，其主要作用是放大传输介质上传输的信号，以便在网络上传输得更远。不同类型的局域网采用不同的中继器。

④ 网桥用于连接使用相同通信协议、传输介质和寻址方式的网络。

⑤ 交换机有多个端口，每个端口都具有桥接功能，可连接一个局域网或一台计算机。交换机的所有端口由专用处理器控制，并由控制总线转发信息。

⑥ 路由器用于连接局域网和广域网，它有判断网络地址和选择路径的功能。其主要工作是为经过路由器的报文寻找一条最佳路径，并将数据传送到目的站点。

⑦ 网关不仅具有路由功能，而且还能实现不同网络协议之间的转换，并将数据重新分组后传送。

（3）传输介质是网络通信用的信号线路，它提供了数据信号传输的物理通道。传输介质按其特征可分为有线传输介质和无线传输介质两大类。有线传输介质包括双绞线、同轴电缆和光缆等；无线传输介质包括无线电、微波和卫星通信等。它们具有不同的传输速率和传输距离，分别支持不同的网络类型。

2. 网络软件

网络软件一般指网络操作系统、网络通信协议和提供网络服务功能的应用软件。

（1）网络操作系统是用于管理网络软、硬件资源，提供简单网络管理功能的系统软件。常见的网络操作系统有 UNIX，Windows，Linux 等。

（2）网络通信协议是网络中计算机交换信息时的约定，它规定了计算机在网络中互通信息的规则。

（3）提供网络服务功能的应用软件，是指在网络环境中能够为用户提供各种服务的软件。例如，浏览器软件 Internet Explorer，文件传输软件 CuteFTP，远程登录软件 Telnet，电子邮件管理软件 Foxmail，即时通信软件 QQ 和微信，下载工具软件迅雷，流媒体播放软件暴风影音等。

6.1.3 计算机网络的功能

计算机网络有很多用处，其中最重要的功能是数据通信、资源共享和分布处理等。

1. 数据通信

数据通信是计算机网络最基本的功能。使用它可以快速传送计算机与终端、计算机与计算机之间的各种信息，包括文字信件、咨询信息、图片资料等。

2. 资源共享

“资源”指的是网络中所有的软件、硬件和数据资源，“共享”指的是网络中的用户能够部分或全部地使用这些资源。例如，某些地区或单位的数据库（如机票信息、饭店客房信息等）可供全网使用；某些单位开发的软件可供需要的地方有偿使用或办理一定手续后使用；一些外部设备，如打印机，可供用户通过网络共享使用。

3. 分布处理

分布处理是指当某台计算机负担过重或该计算机正在处理某项工作时，网络可将新任务转交给空闲的计算机来完成，从而均衡各计算机的负载，提高处理问题的效率。对大型的综合性问题，可将问题的各部分交给不同的计算机分别处理，从而充分利用网络资源，提升计算机的处理能力。

6.2 计算机网络的分类

计算机网络按照不同的分类方法可以分为不同的类型。

6.2.1 按覆盖范围分类

按照网络覆盖的地理范围大小，可以把计算机网络分为局域网、城域网和广域网 3 种类型，它们的关系如图 6-1 所示。

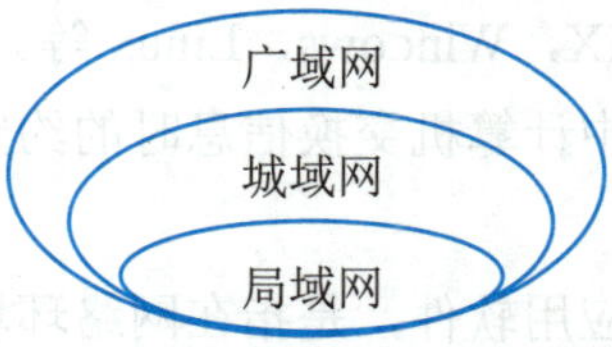

图 6-1 按覆盖范围分类

（1）局域网（Local Area Network，LAN）：局域网是局部范围内的网络。它是将较小地理区域内的计算机或数据终端设备连接在一起，实现资源共享和数据通信的网络。局域网覆盖的地理范围比较小，一般在几十米到几千米之间。它常用于组建一个办公室、一间机房、一栋楼、一个学校或一个企业的计算机网络。

（2）城域网（Metropolitan Area Network，MAN）：城域网是介于局域网和广域网之间的高速网络。最初的城域网是将城市的终端连接起来，因此城域网可以说是一种大型的局域网，它覆盖的地理范围一般为几千米到几十千米，范围通常在一个城市内。

（3）广域网（Wide Area Network，WAN）：广域网是覆盖广阔地理区域的网络。它的通信线路大多借用公用通信网络，数据传输速率相对较低。广域网能够实现远距离计算机之间的数据传输和信息共享。广域网可以覆盖一个国家、几个国家甚至于全球。常说的 Internet 就是世界上最大的广域网。

6.2.2　按服务模式分类

按照服务模式进行划分，可将计算机网络分为对等网模式和客户机/服务器模式。

（1）对等网模式：在计算机网络中，如果每台计算机的地位平等，都可以平等地使用其他计算机内部的资源，每台计算机磁盘上的空间和文件都成为公共资源，这种网络就称为对等局域网，简称对等网，如图 6-2 所示。

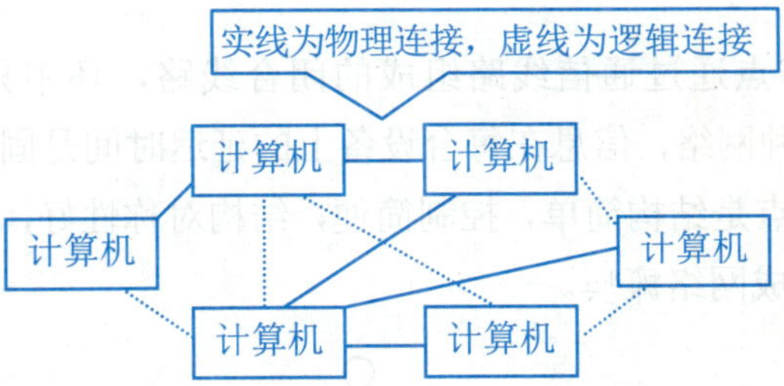

图 6-2　对等网模式

（2）客户机/服务器模式：如果网络所连接的计算机较多，且共享资源较多时，就需要考虑专门设立一台计算机来存储和管理共享的资源。这台计算机称为服务器，其他的计算机称为客户机。服务器与客户机之间是主从关系，是一种一对多的模式，如图 6-3 所示。

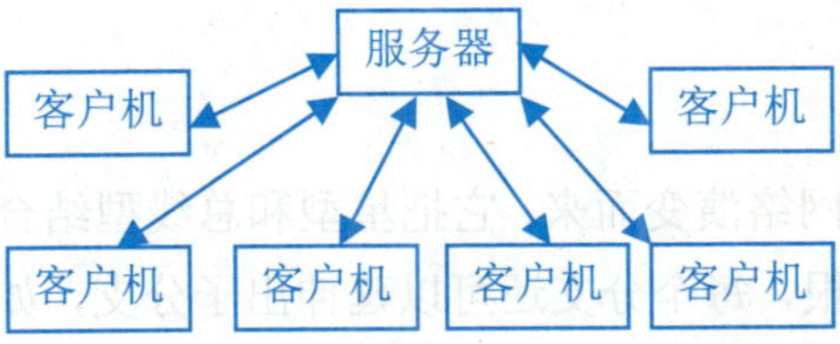

图 6-3　客户机/服务器模式

6.2.3 按拓扑结构分类

在计算机网络中，把主机、终端和交换机等网络单元抽象为“点”，把网络中的电缆等通信介质抽象为“线”，这样从拓扑学的观点看计算机网络系统，就形成了点和线组成的几何图形，从而抽象出了计算机的网络结构。这种采用拓扑学方法抽象出的网络结构称为计算机网络的拓扑结构。常见的网络拓扑结构主要有以下 5 大类。

1. 总线型网络

总线型网络采用单根传输线路作为公共传输线路，可以双向传输，如图 6-4 所示。优点是结构简单，布线容易，可靠性高，易于扩充，节点的故障不会殃及系统，是局域网常用的拓扑结构。缺点是出现故障后诊断困难，节点不宜过多。

2. 星型网络

星型网络是以中央节点为中心，把若干外围节点连接起来的辐射式互联结构，如图 6-5 所示。这种连接方式以双绞线或同轴电缆作为连接线路。其优点是结构简单，容易实现，便于管理，现在常以交换机作为中心节点，便于维护和管理。缺点是中心节点是全网络的可靠性瓶颈，中心节点出现故障会导致网络瘫痪。

3. 环型网络

环型网络是各个节点通过通信线路组成的闭合线路，环中只能沿一个方向传输数据，如图 6-6 所示。这种网络，信息在每台设备上的延迟时间是固定的，特别适合实时控制的局域网系统。其优点是结构简单，控制简便，结构对称性好，传输速率高。缺点是任意节点出现故障都会造成网络瘫痪。

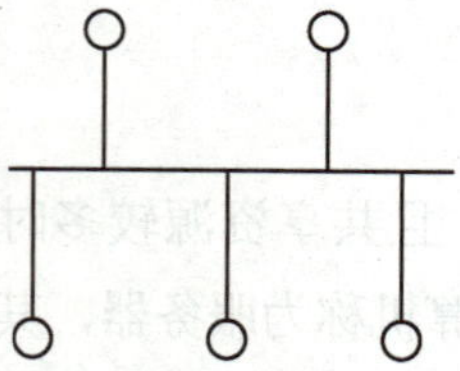
图 6-4 总线型网络

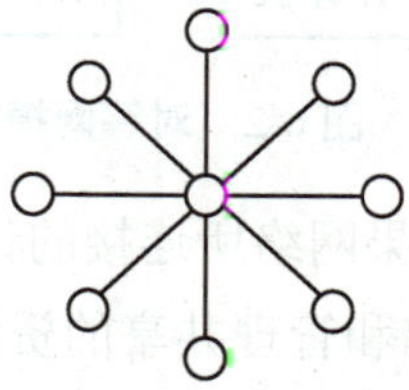
图 6-5 星型网络

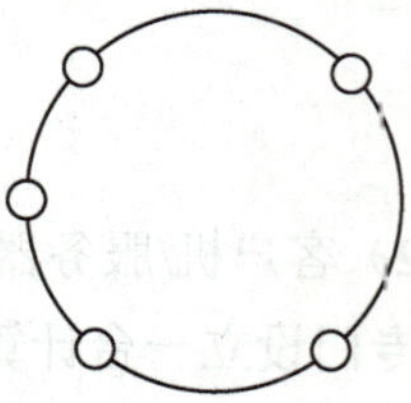
图 6-6 环型网络

4. 树型网络

树型网络是从总线型网络演变而来，它把星型和总线型结合起来，形状像一棵倒置的树，顶端有一个带分支的根，每个分支还可以延伸出子分支，如图 6-7 所示。其优点是分级结构易于扩展，易故障隔离，可靠性高。缺点是电缆成本高，根节点的依赖性大，一旦根节点出现故障会导致全网瘫痪。

5. 网状型网络

网状型网络是指将各网络节点与通信线路互连成不规则的形状，每个节点至少与其他两个节点相连，或者说每个节点至少有两条链路与其他节点相连，如图 6-8 所示。大型互联网一般都采用这种结构，如 Internet 的主干网就采用网状结构。其优点是几乎每个节点都有冗余链路，可靠性高；可以选择最佳路径，减少时延，改善流量分配，提高网络性能。缺点是线路成本高，结构复杂，不易管理和维护。

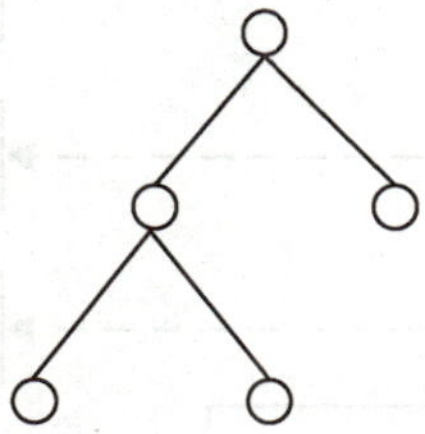

图 6-7　树型网络

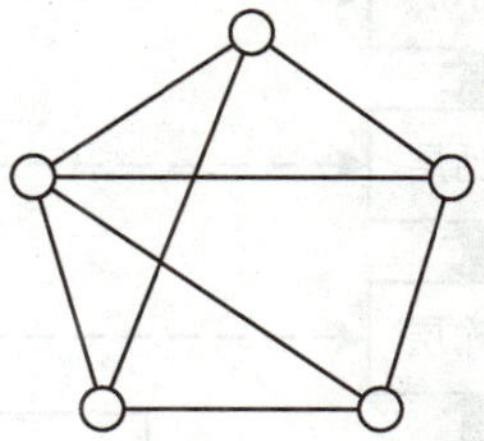

图 6-8　网状型网络

6.3 计算机网络体系结构

计算机网络体系结构就是指为了实现计算机间的通信合作，把计算机互联的功能划分成有明确定义的层次，并规定同层次实体通信的协议及相邻层之间的接口服务。

6.3.1 OSI/RM 参考模型

OSI/RM 参考模型是国际标准化组织（ISO）为网络通信制定的模型，根据网络通信的功能要求，它把通信过程分为 7 层，从低到高分别为物理层、数据链路层、网络层、传输层、会话层、表示层和应用层，每层都规定了完成的功能及相应的协议，如图 6-9 所示。

（1）物理层：提供机械、电气、功能和过程特性。例如，规定电缆和接头的类型，确定传送信号的电压等。在这一层，数据仅作为原始的位流或电气电压处理。

（2）数据链路层：接收物理层的原始数据位流，将其组成帧（位组），并在网络设备之间传输。帧含有源站点和目的站点的物理地址。

（3）网络层：允许分组通过路由从一个网络发送到另一个网络，而用户不必关心网络的拓扑结构和所使用的通信介质。也就是说，网络层可以用于为两个不同网络或网段之间的计算机建立通信。

（4）传输层：提供建立、维护和取消传输连接的功能，负责可靠地传输数据。

（5）会话层：向会话的应用进程之间提供会话组织和同步服务，对数据的传送提供控制和管理，以协调会话过程，为表示层实体提供更好的服务。

（6）表示层：提供格式化的表示和转换数据服务，如数据的压缩和解压缩，加密和解密等工作都由表示层负责。

（7）应用层：为网络用户和应用程序提供各种服务，也是用户应用程序访问网络服务的地方。

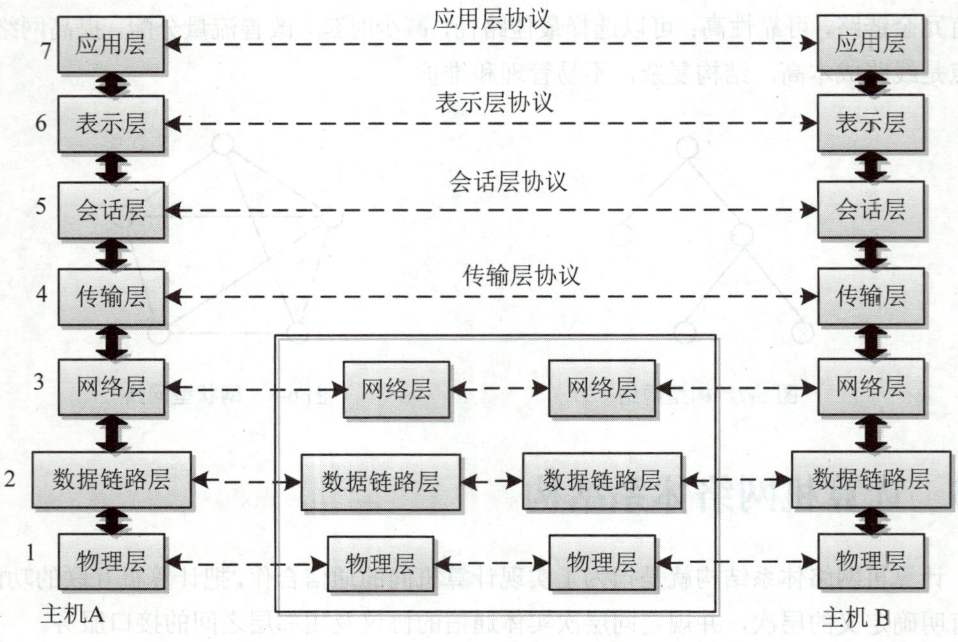

图 6-9　OSI/RM 参考模型

6.3.2　TCP/IP 参考模型

TCP/IP 参考模型是 Internet 使用的参考模型，它将计算机网络划分为 4 个层次，从低到高分别为网络接口层、网际互联层、传输层和应用层，如图 6-10 所示。

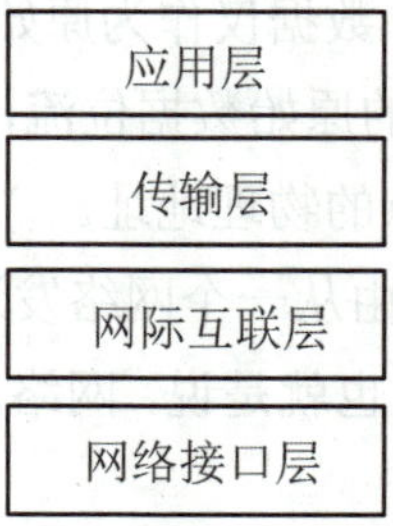

图 6-10　TCP/IP 参考模型

（1）网络接口层：TCP/IP 模型的最底层，面向硬件。

（2）网际互联层：处理来自传输层的分组，将分组装入数据包（IP 数据包），并为该数据包进行路径选择，最终将数据包从源主机发送到目的主机。在网际互联层中，最常用的协议是网际协议 IP，因此也被称为 IP 层。

（3）传输层：也被称为主机至主机层，与 OSI 的传输层类似，它主要负责主机到主机之间的通信。该层定义了两个主要的协议：传输控制协议（TCP）和用户数据报协议（UDP）。

（4）应用层：在 TCP/IP 模型中，应用层是最高层，它与 OSI 模型中的高 3 层的任务相同，都是用于提供网络服务，如文件传输、远程登录、域名服务和简单网络管理等。

提 示

在 Internet 所使用的各种协议中，最重要的协议有网际协议（IP）、传输控制协议（TCP）和用户数据报协议（UDP）。

IP 是 TCP/IP 协议族中最核心的协议，用于提供无连接（通信双方事先不建立会话）、不可靠（不负责数据包的完整，可靠性由上层协议 TCP 负责）的数据包传输服务。

TCP 是面向连接的、可靠的传输协议。在传送数据之前必须先建立连接，数据传送结束后释放连接。它能把报文分解成段，在目的端再重新装配这些段，重新发送没有被收到的段。

UDP 是一种无连接的协议，它提供高效但低可靠性的服务。

6.4 Internet 基础知识

Internet 本意是互联网，全国科学技术名词审定委员会推荐的译名是“因特网”。它是一个建立在网络互联基础上的最大的、开放的全球性网络。所有采用 TCP/IP 协议的计算机都可以加入 Internet，实现信息共享和互相通信。

6.4.1 认识 IP 地址

1. IP 地址

当网络中的两台主机进行通信时，必须知道通信双方各自的地址，这就是 Internet 地址，即 IP 地址。IP 地址实际上是一种标识符，是 Internet 上主机的唯一标识。

根据 TCP/IP 协议规定，IP 地址由 32 位二进制数表示，如 IP 地址为 11000001 00100000 11011000 00001001。为了方便记忆，可以将 IP 地址的 32 位二进制数进行分段，每段 8 位，共 4 段，然后将每段 8 位二进制数转换为相应的十进制数，中间用“ . ”号间隔，这种表达方式称为“点分十进制”。也就是说，上述的 IP 地址可以表示成 193.32.216.9。

IP 地址由网络地址和主机地址构成，用于表示该地址所属的网络及主机在本网络中所处的位置。因网络规模有所不同，为了方便网络的管理，IP 地址被分为 A，B，C，D，E 五类，如图 6-11 所示。

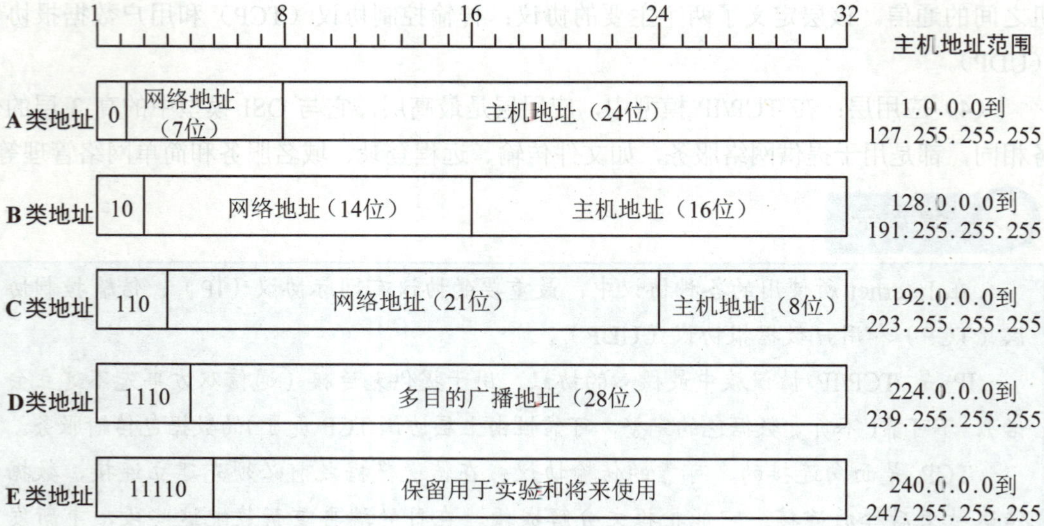

图 6-11　IP 地址的分类

2. 子网掩码

子网掩码又称网络掩码、地址掩码，用来指明一个 IP 地址的哪些位标识的是主机所在的子网地址，哪些位标识的是主机地址。子网掩码不能单独存在，它必须结合 IP 地址一起使用。

子网掩码与 IP 地址相同，也是一个 32 位的二进制数。对于子网掩码的取值，通常是将对应于 IP 地址中网络地址的所有位设置为“1”，主机地址的所有位设置为“0”。

6.4.2　域名解析与域名

由于 IP 地址在使用过程中难于记忆，人们又发明了一种与 IP 地址对应的字符来表示计算机在网络上的地址，这就是域名。Internet 上每一个网站都有自己的域名，并且域名是独一无二的。域名信息存放于域名服务器（DNS）中，由 DNS 提供 IP 地址与域名的转换，这个转换过程被称为域名解析。当用户在浏览器中输入域名后，该域名被传送给 DNS 服务器，由 DNS 服务器负责将域名转换为对应的 IP 地址，然后找到相应的服务器，打开相应的网页。

DNS 系统是分层次的，一般由主机名、机构名、机构类别与高层域名组成。即域名从左到右构造，表示的区域范围从小到大，也就是后面的名字所表示的区域包含前面的名字所表示的区域。例如，“software.fudan.edu.cn”域名中的每个单词依次表示软件学院、复旦大学、教育机构与中国，完整表示就是中国复旦大学软件学院的主机。

互联网上的顶级域分为两大类：一类是国家和特殊地区类，另一类是基本类。常见的国家和特殊地区类及基本类域名如表 6-1 所示。

表 6-1　常见互联网顶级域名

	域　类	顶级域名	域　类	顶级域名
国家和特殊地区类	中国	.cn	法国	.fr
	俄罗斯	.ru	日本	.jp
	澳大利亚	.au	朝鲜	.kp
	韩国	.kr	中国台湾地区	.tw
	中国香港地区	.hk	中国澳门地区	.mo
基本类	商业机构	.com	教育机构	.edu
	政府部门	.gov	国际组织	.int
	美国军事部门	.mil	网络组织	.net
	非盈利组织	.org	商业	.biz
	网络信息服务组织	.info	会计、律师和医生	.pro

6.4.3　Internet 提供的服务

Internet 提供的主要服务包括 WWW 信息服务、文件传输服务、远程登录服务及电子邮件服务等。

1. WWW 信息服务

WWW（World Wide Web）称为“万维网”，又称全球信息网，它将世界各地信息资源以超文本或超媒体的形式组织成一个巨大的信息网络，是一个全球性的分布式信息系统，用户只要使用 Web 浏览器，就可以随心所欲地在万维网中漫游，获取感兴趣的信息。WWW 信息服务是目前使用最普遍、最受欢迎的服务形式。

2. 文件传输服务

文件传输是指在两台主机之间以文件为单位传输信息，从而实现资源共享的服务方式。最常用的文件传输协议是 FTP（File Transfer Protocol），所以文件传输常常被直接称为 FTP。

目前，常见的 FTP 下载工具有 CuteFTP，LeapFTP，AceFTP 等。这些下载工具既可用于文件的下载，也可用于文件的上传。许多 FTP 下载工具具有断点续传功能，即当网络连接意外中断时，正在传输的文件的中断点会被保留起来，再次连接后可从文件的断点处继续传输。许多 FTP 下载工具还可以同时建立多个数据连接，同时传输多个文件，或把一个文件分成几部分同时传输，从而提高传输效率。

3. 远程登录服务

远程登录服务又称为 Telnet 服务，是指用户使用 Telnet 命令，使自己的计算机暂时成为远程计算机的一个仿真终端，一旦成功登录，用户便可以像操作本地计算机一样操作远程计算机了。

4. 电子邮件服务

电子邮件也称为 E-mail，是指通过 Internet 传递的邮件。与传统邮件相比，电子邮件具有速度快、成本低、使用方便等优点，利用它可以发送文本信件、图片和动画等。

电子邮箱就像现实生活中的邮箱一样，用于收发电子邮件。目前，提供免费电子邮箱的网站有很多，如新浪、搜狐、网易、腾讯等。

电子邮件地址的格式是“用户名@域名”，其中“用户名”是收件人的账号，“域名”是电子邮件服务器名，@是一个功能分隔符号，用于连接前后两部分。例如，“li_93@163.com”就是一个电子邮件地址。

6.5 Internet 应用

6.5.1 浏览网页与查询信息

1. 浏览网页

在网页中可以浏览自己需要的信息或进行其他操作。对于一些重要的网站或网页内容，还可以将其收藏或保存下来。使用浏览器浏览网页的具体操作步骤如下。

步骤 1▶ 使用下面方法之一启动 IE 浏览器。

（1）单击“开始”按钮，选择“所有程序”→“Internet Explorer”菜单项。

（2）双击桌面上的 IE 图标。

（3）单击任务栏左侧的 IE 快速启动图标。

步骤 2▶ 在 IE 浏览器的地址栏中输入网址。例如，输入网址“www.sina.com.cn”，然后按“Enter”键，便可打开新浪网的主页，如图 6-12 所示。

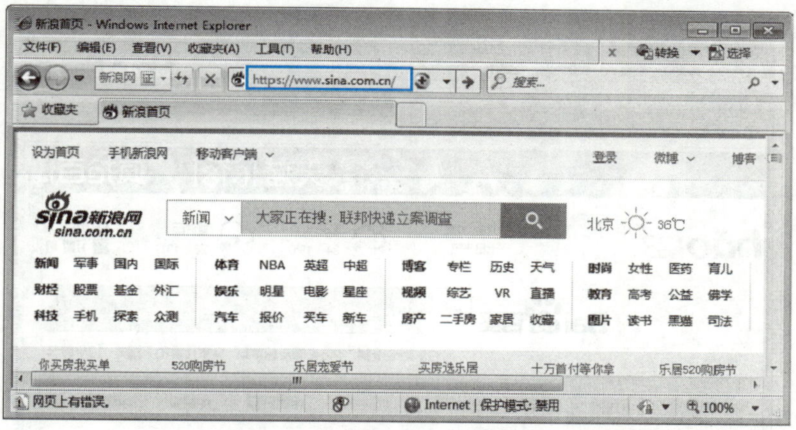

图 6-12　打开新浪网的主页

步骤 3▶　在网页中单击感兴趣的标题或栏目，再在打开的新窗口中单击希望浏览的文章标题，即可在打开的页面中阅读具体的文章内容。

提　示

浏览网页实质上是通过单击感兴趣的超链接，访问超链接指向的页面的过程。网页中的超链接可以是文本、图片或动画等，将鼠标指针放在网页中的对象上，若鼠标指针变为手形，则说明该对象是超链接，单击即可打开相关页面。

2. 查询信息

Internet 可以说是一个巨大的信息资源宝库。要想从中快速找到自己需要的信息，可使用搜索引擎和网址导航。

（1）使用搜索引擎：在 Internet 上有一类专门用来帮助用户查找信息的网站，称为搜索引擎，它可以帮助用户在浩瀚的 Internet 信息海洋中快速找到所需要的信息。目前国内比较好的搜索引擎有百度（www.baidu.com）和 360 搜索（www.so.com）等。使用搜索引擎的具体操作步骤如下。

步骤 1▶　在 IE 地址栏中输入搜索引擎的网址，如“www.baidu.com”，打开其主页。

步骤 2▶　在搜索编辑框中输入关键词，单击相应的按钮，即可搜索出与关键词相关的网页信息。

（2）使用网址导航：网址导航是一个集合较多网址，并按照一定条件进行分类的网址站点。提供网址导航的网站有很多，如“hao123”（www.hao123.com）、“360 导航”（hao.360.com）等。图 6-13 为“hao123”网站的主页，在页面中单击要访问的网站超链接，即可打开该网站的主页。

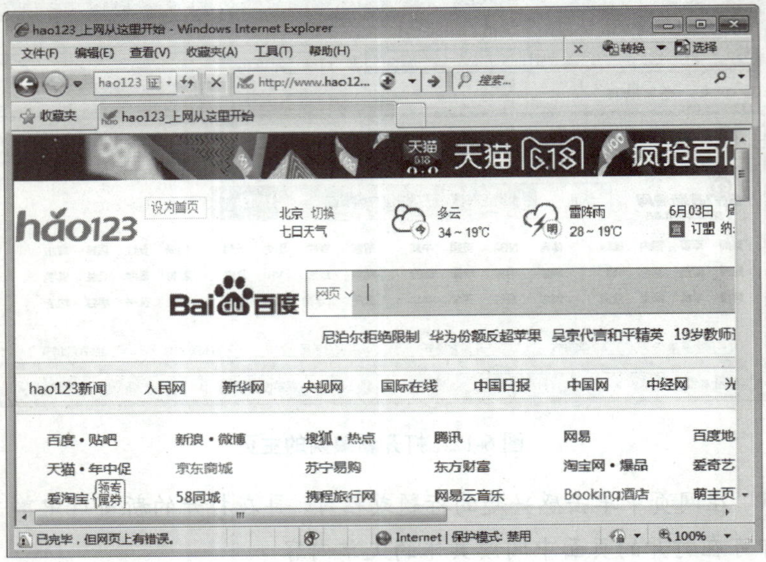

图 6-13 “hao123”网站的主页

6.5.2 使用电子邮箱

1. 申请电子邮箱

在 Internet 上有很多网站提供免费使用 E-mail 的服务。用户只要登录这些网站，申请一个免费的电子邮箱，即可使用它收发电子邮件。电子邮箱的申请一般包括 5 个步骤：登录网站、注册新用户、阅读服务条款、注册邮箱、注册成功。

2. 发送电子邮件

大多数网站的电子邮箱页面左侧为功能导航区，包括“写信”“收信”等超链接，以及“收件箱”“草稿箱”“已发送”“已删除”等文件夹超链接，单击某个超链接，即可在电子邮箱页面右侧进行相关操作。电子邮箱页面中几个重要文件夹的作用如下。

（1）“收件箱”用于保存接收到的电子邮件。

（2）“草稿箱”用于保存还未写完或写完后没有发送的电子邮件。

（3）“已发送”用于保存已发送的电子邮件。

（4）“已删除”用于保存从收件箱、草稿箱等文件夹中删除的电子邮件。

写信和发送电子邮件的操作步骤如下。

步骤 1▶ 登录电子邮箱。

步骤 2▶ 在电子邮箱页面中单击左侧的“写信”超链接，打开写信页面，分别在“收件人”“主题”“正文”编辑框中输入收件人的电子邮件地址、主题和具体内容，然后单击

"发送"按钮，如图 6-14 所示。

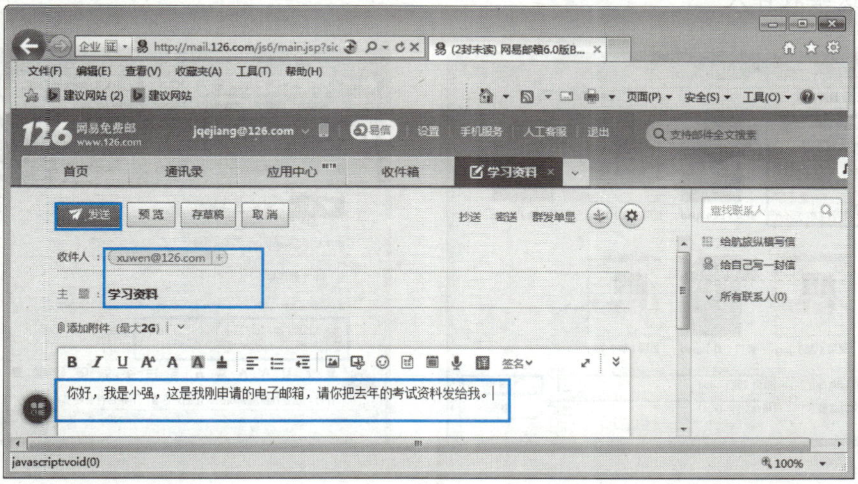

图 6-14 写信并发送电子邮件

收件人：一般是指收件人的电子邮件地址。如果需要将一封信同时发送给多人，可输入多个收件人的电子邮件地址，中间用英文逗号","隔开。

主题：是对电子邮件内容的概括，合适的主题能让收信方一看便知电子邮件的作用和主要内容，方便对电子邮件进行分类和管理。

正文：电子邮件的正文一般不像现实中的信件一样正式，甚至可以是一两句简单的话。可以通过使用"正文"编辑框上方的相应工具设置正文格式，或在邮件中插入一个表情、一幅图片，还可以使用漂亮的信纸。

提　示

当编写的电子邮件正文内容较多时，为避免内容丢失，应及时单击"存草稿"按钮，将电子邮件保存在草稿箱中。要编辑和发送草稿箱中的电子邮件，可单击窗口左侧的"草稿箱"文件夹超链接，然后单击电子邮件，在打开的电子邮件内容页面中进行编辑后发送。

如果想通过电子邮件将图片、文档等文件发送给对方，可执行如下操作。

步骤 1▶ 在写信页面中输入收件人的电子邮件地址、主题和具体内容。

步骤 2▶ 单击"添加附件"超链接，打开"选择要上载的文件"对话框，选择要发送的文件，单击"打开"按钮，如图 6-15 所示。

步骤 3▶ 返回写信页面，显示文件的上传进度，如图 6-16 所示。如果有多个文件需要发送给对方，可继续单击"添加附件"超链接上传文件；如果发现上传的文件有误，可单击文件名称右侧的"删除"超链接将其删除。

步骤 4▶ 文件上传完毕后进度条消失，此时即可单击“发送”按钮，将带附件的电子邮件发送给收件人。

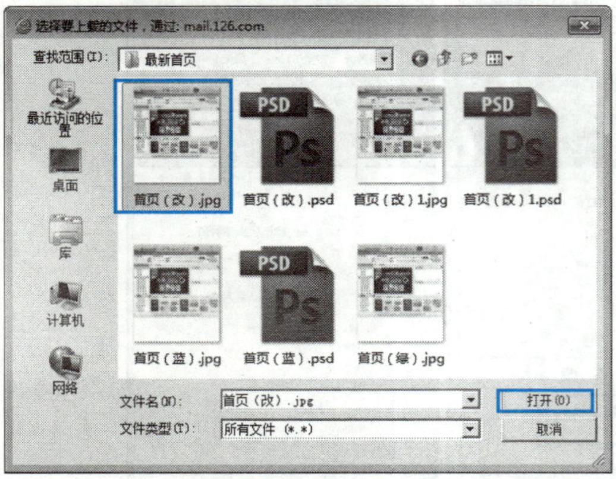

图 6-15 选择要发送给对方的文件

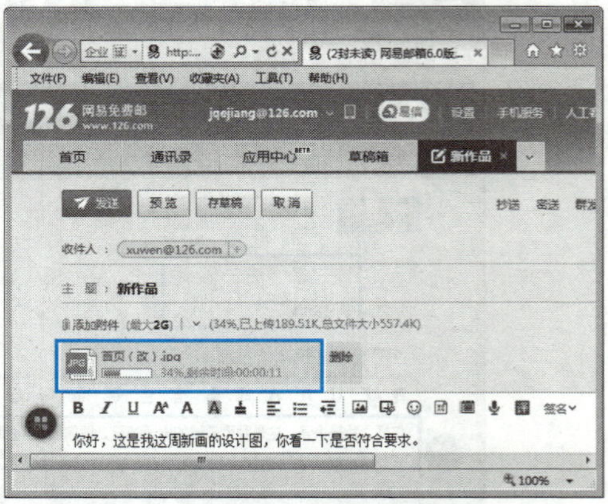

图 6-16 查看上传的文件

3. 阅读、回复和转发电子邮件

要阅读收到的电子邮件，可执行如下操作。

步骤 1▶ 在电子邮箱页面左侧单击“收信”超链接，显示收信页面。

步骤 2▶ 查看电子邮件列表，然后单击要阅读的电子邮件主题，此时电子邮件正文内容就会显示出来，如图 6-17 所示。

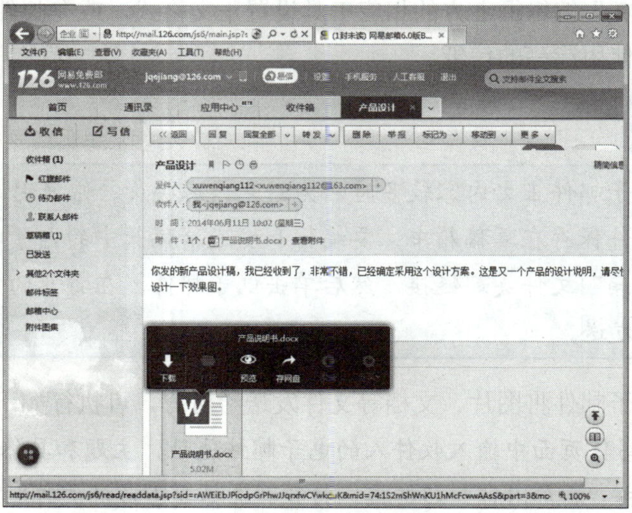

图 6-17 阅读电子邮件内容

步骤 3▶ 如果电子邮件包含附件，在电子邮件中将显示附件的名称、大小，将光标移至附件上方会显示下载、预览、存网盘等操作按钮，用户可单击“下载”按钮将附件下载到计算机中，其方法与下载普通文件相同。

阅读完电子邮件后，可单击电子邮件上方的“回复”按钮，给发件人回信；单击“转发”按钮，将电子邮件转发给别人；单击“删除”按钮，将电子邮件删除。

4. 管理电子邮件

为了有效管理电子邮件，可以分类存放电子邮件，或将不需要的电子邮件删除。例如，新建“私函”“公函”“重要邮件”几个文件夹，然后根据电子邮件的性质将它们分类存放到这些文件夹中。分类存放电子邮件的操作步骤如下。

步骤 1▶ 单击电子邮箱页面左侧的“收件箱”文件夹超链接，单击电子邮件列表上方的“移动到”按钮，在展开的下拉列表中选择“新建文件夹并移动”选项，如图 6-18 所示。

步骤 2▶ 打开“新建文件夹”对话框，输入文件夹名称，如“公函”，单击“确定”按钮，如图 6-19 所示。此时，在电子邮箱页面左侧会显示新建的文件夹。

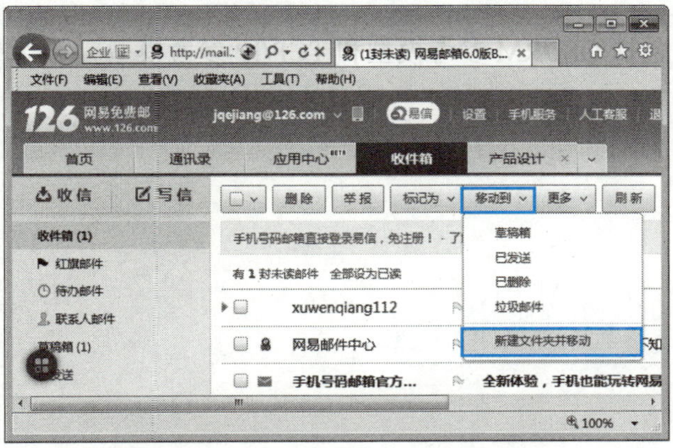

图 6-18 选择“新建文件夹并移动”选项

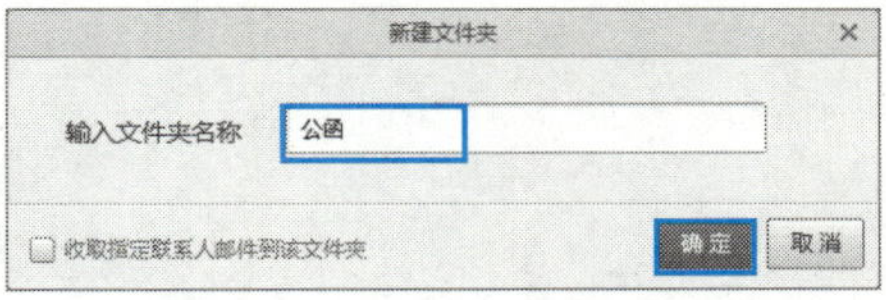

图 6-19 输入新文件夹名称

步骤 3▶ 在收件箱或其他文件夹中勾选要移动到“公函”文件夹中的电子邮件，单击电子邮件列表上方的“移动到”按钮，在展开的下拉列表中选择“公函”选项，将电子邮件移动到公函文件夹中，如图 6-20 所示。

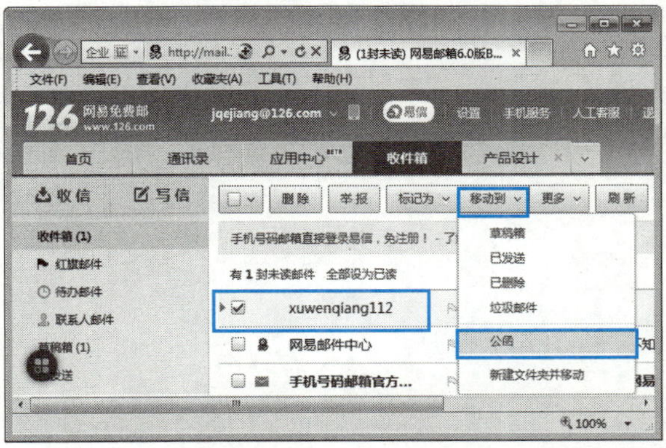

图 6-20 将电子邮件移动到指定的文件夹中

若想删除不需要的电子邮件，可在“收件箱”“草稿箱”“已发送”等文件夹中勾选要删除的电子邮件，然后单击“删除”按钮即可。

执行以上删除操作后，电子邮件被转移到“已删除”文件夹中，依然占据着电子邮箱空间。要将电子邮件彻底删除，可在“已删除”文件夹中勾选电子邮件，然后单击“彻底删除”按钮。

本章小结

本章主要介绍了计算机网络与因特网的基本知识。通过本章的学习，读者应重点掌握以下内容。

（1）理解计算机网络的概念，了解计算机网络的组成和功能。

（2）熟悉计算机网络的分类。

（3）理解计算机网络体系结构，包括 OSI/RM 参考模型和 TCP/IP 参考模型。

（4）掌握 Internet 基础知识。

（5）掌握 Internet 的基本应用。

第 7 章　VBA 程序设计基础

VBA 是 Visual Basic For Applications 的缩写，是 Visual Basic 的一种宏语言，是微软开发出来在其桌面应用程序中执行通用的自动化任务的编程语言。对于 Office 系列办公软件，又分为 Word VBA，Excel VBA，PowerPoint VBA 等。本章以 Excel 2010 VBA 为例，介绍程序设计的基础知识，达到提高 Excel 办公效率的目的。

7.1　VBA 入门

7.1.1　添加 Excel 2010“开发工具”选项卡

使用 Excel 2010 VBA，就要用到 Excel 2010 的“开发工具”选项卡。添加“开发工具”选项卡的具体操作步骤如下。

步骤 1▶　打开 Excel 2010，单击“文件”选项卡，在展开的列表中选择“选项”选项，打开“Excel 选项”对话框。

步骤 2▶　选择左侧的“自定义功能区”选项，右侧出现“自定义功能区”页面，勾选右侧的“开发二具”复选框，单击“确定”按钮，如图 7-1 所示。

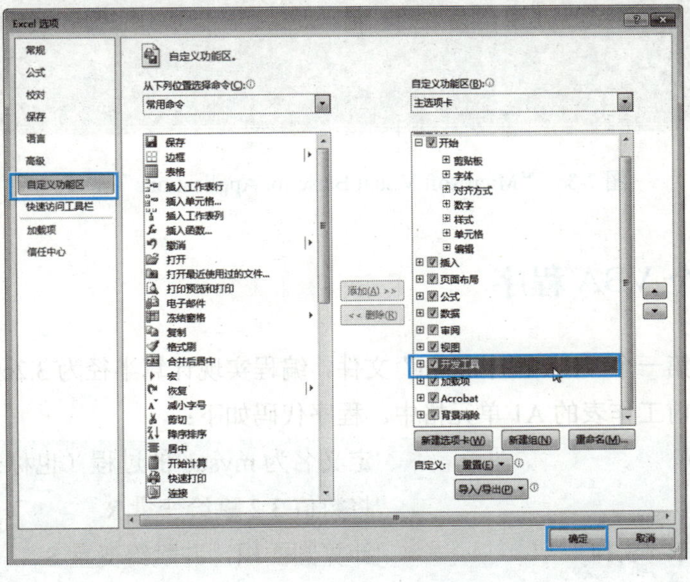

图 7-1　“Excel 选项”对话框

步骤 3▶ Excel 2010 中出现“开发工具”选项卡，如图 7-2 所示。

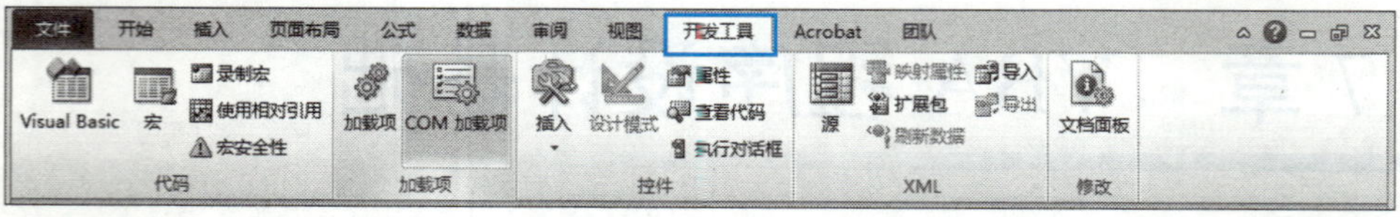

图 7-2 “开发工具”选项卡

Excel 2010“开发工具”选项卡由“代码”“加载项”“控件”“XML”“修改”等功能组构成，单击“代码”组中的“Visual Basic”按钮，打开“Microsoft Visual Basic for Applications”窗口（见图 7-3），即可编写 VBA 代码了。

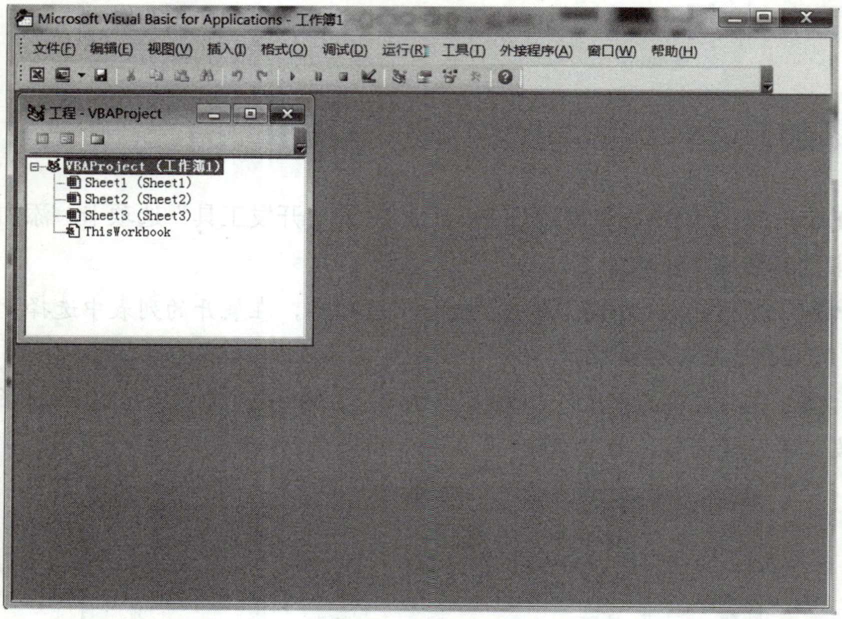

图 7-3 “Microsoft Visual Basic for Applications”窗口

7.1.2 第一个 VBA 程序

创建名为“第一个 VBA 程序.xlsm”文件，编程实现计算半径为 3.2cm 的圆面积，计算结果显示在当前工作表的 A1 单元格中。程序代码如下：

```
Sub mysub()                       '定义名为 mysub 的过程（也称宏）
    R = 3.2                       '将数值 3.2 赋给变量 R
    S = R * R * 3.14              '计算圆面积，并赋给变量 S
    Range("A1").Value = S         '在 A1 单元格输出变量 S 的值
End Sub                           '过程结束
```

创建与运行程序的步骤如下。

步骤 1▶ 新建 Excel 工作簿，单击“开发工具”选项卡“代码”组中的“Visual Basic”按钮，打开“Microsoft Visual Basic for Applications”窗口。

步骤 2▶ 在“Microsoft Visual Basic for Applications”窗口中，依次选择“插入”→“模块”选项，创建一个新模块，在模块中输入程序代码，如图 7-4 所示。

步骤 3▶ 单击工具栏中的▶按钮，运行程序，在当前工作表的 A1 单元格中显示运算结果，如图 7-5 所示。

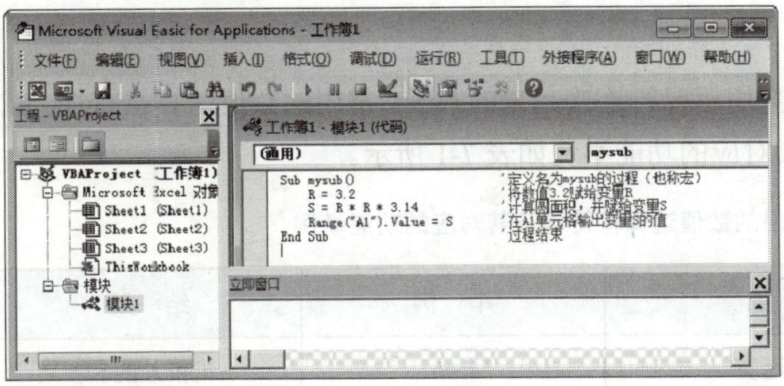

图 7-4　模块窗口

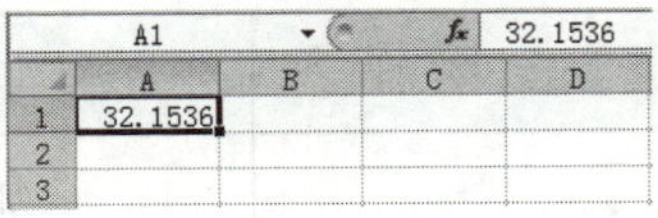

图 7-5　显示运行结果

步骤 4▶ 单击工具栏中的“保存”按钮，将文件保存为“第一个 VBA 程序.xlsm”。

> **提　示**
>
> 模块中的过程也称宏，单击工具栏中的▶按钮，默认运行焦点所在的宏，如果宏没有得到焦点（或没有打开），则打开“宏”对话框，选择要运行的宏。
>
> 如果“Microsoft Visual Basic for Applications”窗口中没有显示工程资源管理器，可依次选择“视图”→“工程资源管理器”选项打开工程资源管理器。工程资源管理器中包含 VBA 工程的所有资源，其中第 1 个新插入模块的名称默认为“模块 1”。

7.2　VBA 基础知识

7.2.1　常量、变量、表达式、赋值语句

1. 常量

常量是在程序运行过程中其值不变的量。VBA 最常用的常量类型有数值型和字符型，数值型常量用于数值计算，如 1，2.3，−100 等；字符型常量（也称字符串）用双引号引起来，用于表示文本信息，如“河北”“唐山”等。

2. 变量

变量是指程序运行过程中其值可以改变的量。VBA 最常用的变量类型有数值型和字符型。变量名可以包含字母和数字，但是必须以字母开头。

提 示

Excel 2010 VBA 不区分字母大小写且支持汉字。

3. 表达式

表达式是将常量、变量、函数用运算符连接起来的式子。常用的数值运算符有加、减、乘、除和乘方等，具体符号及其对应的功能举例如表 7-1 所示。

表 7-1 常用的数值运算符符号及其对应的功能举例

运算符	功 能	举 例	结 果
+	加法运算	*a*+*b*	*a* 和 *b* 的和
−	减法运算	*a*−*b*	*a* 和 *b* 的差
*	乘法运算	*a***b*	*a* 和 *b* 的积
/	除法运算	*a*/*b*	*a* 除以 *b* 的商
^	乘方	*a*^*b*	*a* 的 *b* 次方

表达式的计算根据运算符的优先级从高到低依次执行。算术运算符的优先级和基本四则运算法则一致，先乘除后加减。

对于一个运算量两侧同优先级的运算符，按结合律方向进行。算术运算符的结合律皆为“左结合性”，即同优先级算术运算符按“自左向右”方向进行计算。

4. 赋值语句

给变量赋值，可以采用赋值号“=”，其一般形式如下：

```
变量=常量
变量=另外一个变量
变量=表达式
```

例如：

```
A1=100      '将 100 赋给变量 A1，变量 A1 的值是 100
A2=A1       '将变量 A1 的值赋给变量 A2，变量 A2 的值是 100
A3=A1+5     '先计算 A1+5，结果是 105，然后将 105 赋给变量 A3，变量 A3 的值是 105
```

```
A3=A3+10     '先计算A3+10，结果是115，然后将115再赋给变量A3，变量A3的值是115
```

提　示

赋值号与数学上的等号是不同的概念。例如，A3=A3+10，称为辗转赋值，用于累加操作。

7.2.2 输入与输出

通常情况下，一个程序包括输入、计算和输出 3 个部分。VBA 的输入和输出可使用输入函数与输出函数完成。

输入函数 Inputbox()的格式为：

```
Inputbox([提示],[标题],[初始值])
```

其中，第 3 个参数可以省略。该函数的功能为打开对话框，用于输入数据。

输出函数 Msgbox()的格式为：

```
Msgbox(参数)
```

其中，参数可以是常量、变量或表达式。该函数的功能为打开对话框，显示结果。

【例 7-1】 编写程序计算圆的面积，实现输入半径，计算并显示面积。

程序代码如下：

```
Sub mysub()
    R = InputBox("半径", "输入", 1)        '输入半径，赋给 R
    S = R * R * 3.14                       '计算面积，赋给 S
    MsgBox (S)                             '显示 S 的值
End Sub
```

运行程序，打开“输入”对话框，编辑框中默认值为 1，如图 7-6 所示。输入半径（如 5），单击“确定”按钮，打开输出对话框，显示圆面积，如图 7-7 所示。

图 7-6 “输入”对话框

图 7-7 输出对话框

VBA 可以使用 Range()函数将计算结果输出到单元格中，其一般形式为：

```
Range(单元格名称).Value=表达式
```

其中，“Range(单元格名称)”表示当前工作表的指定单元格对象，“Range(单元格名称).Value”表示指定单元格的值。例如，将运算结果 S 的值输出到 A1 单元格，可用以下代码实现：

```
Range("A1").Value = S
```

提 示

Range()可以表示一个单元格对象，也可以表示一个区域对象。例如，Range(“A1”)表示 A1 单元格，Range(“A1:A10”)表示 A1:A10 单元格区域，Range(“A:A”)表示 A 列。

7.2.3 注释

注释是用来说明程序中某些语句的功能和作用，增加程序的可读性。在编写程序时要养成添加注释的习惯，以方便人们阅读和修改程序。

VBA 的注释以单引号“'”开始，这种注释可以单独占一行，也可以出现在一行中其他内容的右侧。例如：

```
S = R * R * 3.14                    '计算面积，赋给 S
```

提 示

程序运行时不执行注释语句。

7.3 VBA 条件与循环语句

7.3.1 条件语句

条件语句是通过判断条件是否成立而选择是否执行指定的语句。条件语句中使用关系运算符和逻辑运算符来判断条件。

1. 关系运算符

关系运算符又称比较运算符，用于比较运算符两侧的值，比较的结果是一个布尔值，即 True 或 False。VBA 提供的关系运算符如表 7-2 所示。

表 7-2 关系运算符

运算符	名 称	说 明
=	等于	判断运算符两侧操作数的值是否相等，如果相等则结果为真，否则为假

（续表）

运算符	名　称	说　明
<>	不等于	判断运算符两侧操作数的值是否不相等，如果不相等则结果为真，否则为假
>	大于	判断左侧操作数的值是否大于右侧操作数的值，如果是则结果为真，否则为假
<	小于	判断左侧操作数的值是否小于右侧操作数的值，如果是则结果为真，否则为假
>=	大于等于	判断左侧操作数的值是否大于等于右侧操作数的值，如果是则结果为真，否则为假
<=	小于等于	判断左侧操作数的值是否小于等于右侧操作数的值，如果是则结果为真，否则为假

提　示

如果要判断 *a* 的值是否在 c 和 *b* 之间，不能直接用条件表达式进行描述，而是需要借助于逻辑运算符。

2. 逻辑运算符

逻辑运算符包括 And（与）、Or（或）、Not（非）3 种，逻辑运算符及其对应的功能与说明如表 7-3 所示。

表 7-3　逻辑运算符

运算符	含　义	举　例	说　明
And	逻辑与	*a* And *b*	如果 *a* 和 *b* 都为 True，则结果为 True，否则为 False
Or	逻辑或	*a* Or *b*	如果 *a* 和 *b* 都为 False，则结果为 False，否则为 True
Not	逻辑非	Not *a*	如果 *a* 为 False，则结果为 True；如果 *a* 为 True，则结果为 False

例如，判断 *a* 的值是否在 *c* 和 *b* 之间，可用表达式 *a*>*c* And *a*<*b* 表示。

3. 条件语句

VBA 中的条件语句主要有 If 语句和 Select Case 语句两种。下面主要介绍 If 语句。

If 语句的最简单形式如下：

```
If 判断条件 Then
    语句块
End If
```

If 语句的执行过程是：如果判断条件为真，执行语句块，否则直接执行 If 语句下面的语句。

【例 7-2】 编写程序计算商品销售额，要求输入销售数量 x，输出销售额 y，计算公式如下：

$$y=\begin{cases}10x & x\leqslant 100\\ 10\times 100+8(x-100) & x>100\end{cases}$$

程序代码如下：

```
Sub 计算销售额()
    x = InputBox("销售数量", "输入")          '输入销售数量，赋给 x
    If x <= 100 Then                          '计算 x 小于等于 100 时 y 的值
        y = 10 * x
    End If
    If x > 100 Then                           '计算 x 大于 100 时 y 的值
        y = 10 * 100 + 8 * (x - 100)
    End If
    MsgBox (y)                                '输出 y 的值
End Sub
```

程序运行结果如图 7-8 所示。例如，输入销售数量 20，输出销售额 200。

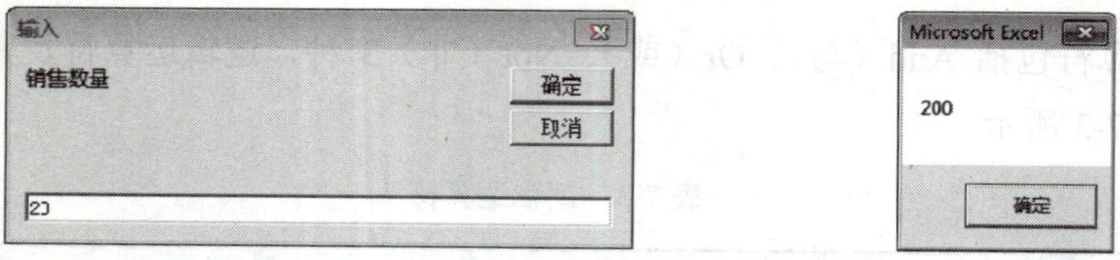

图 7-8 例 7-2 程序运行结果

VBA 还提供了 If…Then…Else 语句，其一般形式如下：

```
If 判断条件 Then
    语句块 1
Else
    语句块 2
End If
```

上述语句的执行过程是：当判断条件为真时，执行语句块 1，否则执行语句块 2。

【例 7-3】 用 If…Then…Else 语句改写例 7-2 中的代码。

程序代码如下：

```
Sub 计算销售额()
    x = InputBox("销售数量", "输入")          '输入销售数量，赋给 x
    If x <= 100 Then                          '当 x 小于等于 100 成立时，计算 y 的值
```

```
        y = 10 * x
    Else                                    '否则，即 x 大于 100 成立
        y = 10 * 100 + 8 * (x - 100)        '计算 y 的值
    End If
    MsgBox (y)                              '输出 y 的值
End Sub
```

7.3.2 循环语句

程序中遇到需要反复执行的语句或语句组，可以使用循环语句。VBA 提供了多种循环语句，常用的有 DO While…Loop 语句和 For…Next 语句。

1. DO While…Loop 语句

DO While…Loop 语句的一般形式如下：

```
DO While 判断条件
    语句块              '循环体
Loop
```

上述语句的作用是：当判断条件为真时，执行循环体；接着再次判断条件，如果为真，继续执行循环体；如此反复，直到判断条件为假时结束循环，执行 Loop 后面的语句，具体执行流程如图 7-9 所示。

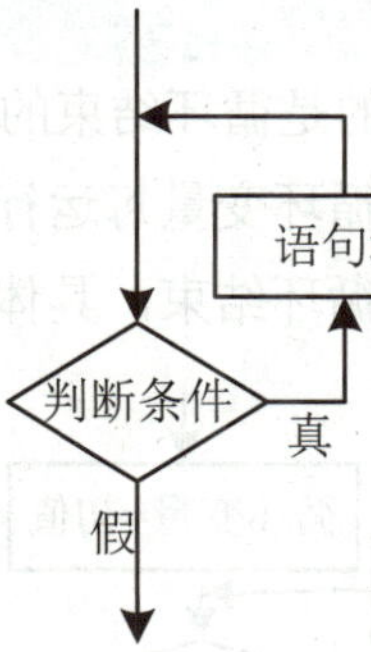

图 7-9　DO While…Loop 语句执行流程

【例 7-4】　编写程序，求 S=1+2+3+…+100 的值。

这是一个累加的问题，需要先后将 100 个数相加。要重复进行 100 次加法运算，因此，可以用循环语句来实现。重复执行循环体 100 次，每次加一个数。继续分析发现每次累加的数是有规律的，后一个数是前一个数加 1。因此，只需在加完上一个数 N 后，使 N 加 1 就可得到下一个数。程序代码如下：

```
Sub Sum()
```

```
    N = 1                    '定义变量 N
    S = 0                    '定义变量 S，用于累加求和
    Do While N <= 100        '如果 N<=100，进入循环体，否则跳转到 Loop 后面
        S = S + N            '累加器，把 N 值累加到 S 中
        N = N + 1            '累加器，N 的值增 1
    Loop
    MsgBox (S)               '输出 S 的值
End Sub
```

程序运行结果如图 7-10 所示。

图 7-10　例 7-4 程序运行结果

2. For…Next 语句

当知道需要重复运行多少次语句块时，可以使用 For…Next 语句，其一般形式如下：

```
For 循环变量 = 初值 To 终值
    语句块                        '循环体
Next
```

初值指的是循环开始的值，终值指的是循环结束的值；判断循环变量的值，如果在初值和终值之间，那么执行循环体；然后循环变量每运行到 Next 语句后会自动加 1，直至循环变量超出了初值到终值这个范围，循环结束，具体执行流程如图 7-11 所示。

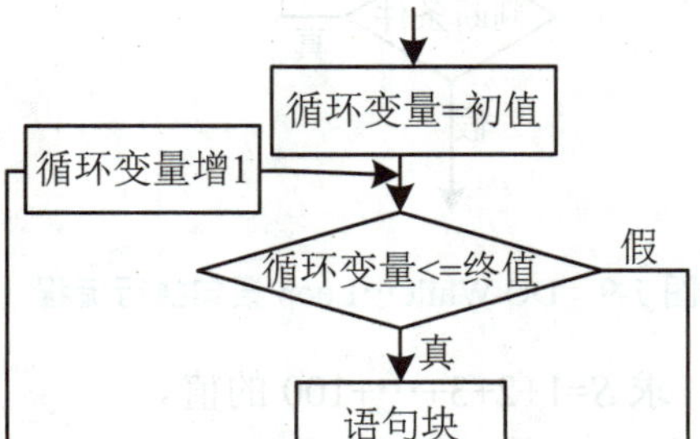

图 7-11　For…Next 语句执行流程

> **提　示**
>
> 上述 For 循环的步长为 1，关于步长非 1 的形式请参考相关帮助文件。

【例 7-5】　用 For…Next 语句改写例 7-4 中的代码。

程序代码如下：

```
Sub Sum()
    S = 0                   '定义变量 S，用于累加求和
    For N = 1 To 100        'N 为循环变量，每次循环 N 值增 1，共循环 100 次
        S = S + N           '累加器，把 N 值累加到 S 中
    Next
    MsgBox (S)              '输出 S 的值
End Sub
```

> **提　示**
>
> 使用条件语句和循环语句时，建议使用缩进形式，方便阅读。
>
> 循环中还可以包含循环，即循环嵌套，还可以包含跳出循环的语句，详细内容请参考相关帮助文件。

7.4　VBA 过程与函数

VBA 代码有两种组织形式，一种是 Sub 过程（前面的示例中都有使用），另一种是 Function 函数。

7.4.1　Sub 过程

Sub 过程是构成程序的一个模块，用来完成一个相对独立的功能。可以将 Sub 过程分为不带参数的和带参数的两种，下面分别进行介绍。

> **提　示**
>
> Sub 过程执行操作但不返回值。

1. 不带参数的 Sub 过程

不带参数的 Sub 过程，其一般形式如下：

```
Sub 过程名()
```

```
    代码块              '需要在过程中执行的代码
End Sub
```

过程的调用形式如下：

```
Call 过程名
```

2. 带参数的 Sub 过程

带参数的 Sub 过程，其一般形式如下：

```
Sub 过程名(形参 1,形参 2,形参 3,…)
    代码块              '需要在过程中执行的代码
End Sub
```

过程的调用形式如下：

```
Call 过程名(实参 1,实参 2,实参 3,…)
```

形参即形式参数，用于调用过程和被调过程之间的数据传递，故使用变量；实参即实际参数，可以使用常量、变量或表达式。

带参数的过程，在调用时把实参传递给形参。在形参前面可带修饰符，其中，ByVal 表示值传递，ByRef 表示引用传递；值传递，将实参的值传递给形参，是单向传递；引用传递，实参必须是变量，将实参的值传递给形参，过程调用结束后，又将形参的值反向传递给实参变量。

提 示

> 如果形参前面不带修饰符，实参为常量或表达式时采用值传递，实参为变量时采用引用传递。

【例 7-6】 计算圆的面积，要求编写两个 Sub 过程，其中一个用于计算圆的面积，另一个用于显示结果。

程序代码如下：

```
Sub 计算圆面积(ByVal R, ByRef S)     '参数 R 采用值传递，参数 S 采用引用传递
    S = R * R * 3.14                 '计算圆的面积
End Sub
Sub 显示结果()
    B = 10
    M = 0
    Call 计算圆面积(B, M)             '调用“计算圆面积”过程，将 B 的值传给 R，
M 的值传给 S，调用结束，将计算结果 S 值传给 M
    MsgBox (M)
```

```
End Sub
```

程序运行结果如图 7-12 所示。

图 7-12　例 7-6 程序运行结果

7.4.2　Function 函数

Function 函数（也称自定义函数）与 Sub 过程类似，其一般形式如下：

```
Function  函数名(形参 1,形参 2,形参 3,…)
    代码块                        '需要在函数中执行的代码
    函数名 = 函数执行后的结果
End Function
```

需要说明以下几点：

（1）Function 函数可以不带参数。

（2）如果想强制退出函数，可以在需要的位置加上“Exit Function”语句。

（3）必须把计算结果赋给函数名，作为函数的返回值。

函数的调用形式如下：

```
变量 = 函数名(实参 1,实参 2,实参 3,…)
```

【例 7-7】　用 Function 函数改写例 7-6 中的代码。

程序代码如下：

```
Function  计算圆面积(ByVal R)          '参数 R 采用值传递
    S = R * R * 3.14
    计算圆面积 = S                     '函数返回值
End Function
Sub  显示结果()
    B = 10
    M = 计算圆面积(B)                  '调用“计算圆面积”函数，将 B 的值传给 R，
调用结束，得到函数值赋给 M
    MsgBox (M)
End Sub
```

Function 函数也可以作为 Excel 函数使用。例如，在当前工作表的 A1 单元格中输入“=计算圆面积(5)”，Excel 会自动调用“计算圆面积(ByVal R)”函数，此时，该单元格显示“78.5”，如图 7-13 所示。

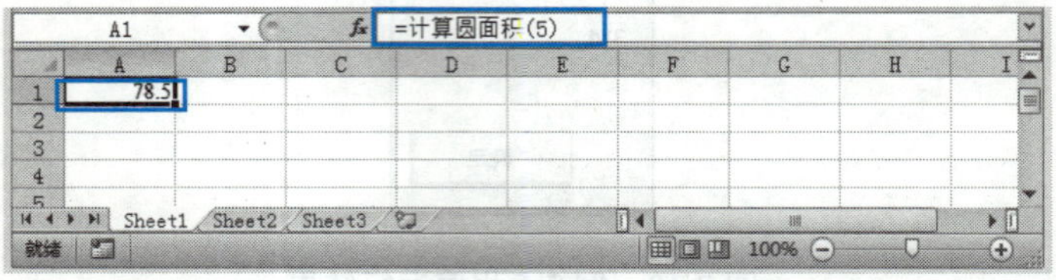

图 7-13　在工作表 A1 单元格中输入“=计算圆面积(5)”

提　示

VBA 除了可以自定义函数外，自身的函数库也提供了丰富的函数集。例如，平方根函数 sqrt()，绝对值函数 abs()等，详情请参考相关书籍。

7.4.3　录制宏

保存在模块中的 Sub 过程也称为宏，录制宏就是把一组 Excel 操作转换为代码的过程。录制宏的操作步骤如下。

步骤 1▶　新建文件，名为“录制宏.xlsm”，单击“开发工具”选项卡“代码”组中的“录制宏”按钮，打开“录制新宏”对话框。

步骤 2▶　在“录制新宏”对话框中输入宏名，如“输入数据”，单击“确定”按钮开始录制，如图 7-14 所示。

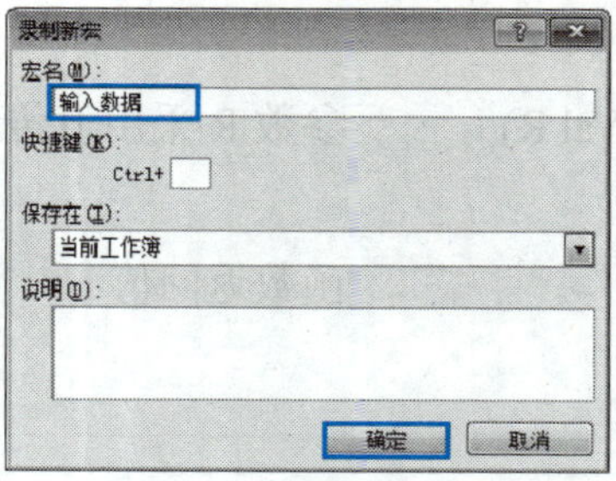

图 7-14　“录制新宏”对话框

步骤 3▶　在 Excel 工作表中进行一系列操作。例如，在 A1～A3 单元格中分别输入 10，11 和 12。

步骤 4▶　单击“开发工具”选项卡“代码”组中的“停止录制”按钮，结束宏的录制。

步骤 5▶ 单击"开发工具"选项卡"代码"组中的"Visual Basic"按钮，打开"Microsoft Visual Basic for Applications"窗口。

步骤 6▶ 在"Microsoft Visual Basic for Applications"窗口的工程资源管理器中，双击"模块 1"即可查看所生成的代码，如图 7-15 所示。

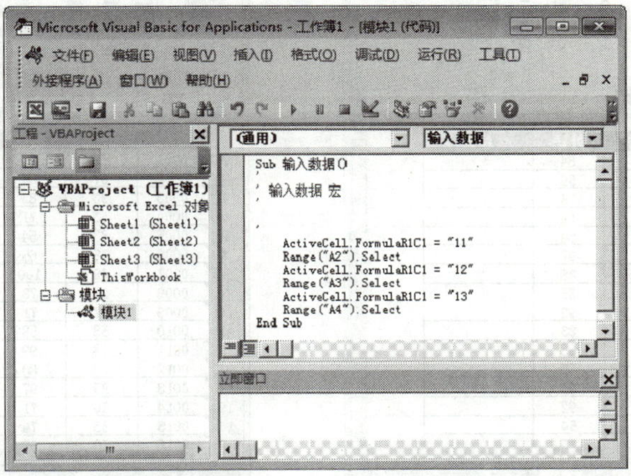

图 7-15 查看代码

从图 7-15 中可以看出，结束宏的录制后，在模块中新建了一个 Sub 过程，过程中包含一组 Excel 操作命令，运行该过程（宏）相当于执行一组 Excel 操作命令。

7.5 Excel 2010 VBA 综合应用实例

【例 7-8】 打开本书配套素材"素材与实例"→"第 7 章"→"各科成绩单.xlsx"文件，计算 Sheet1 工作表的"总评"列（计算方法：如果语文、数学和外语都大于或等于 60，值为"合格"；否则值为"不合格"），Sheet1 工作表数据如图 7-16 所示。操作步骤如下。

步骤 1▶ 单击"开发工具"选项卡"代码"组中的"Visual Basic"按钮，打开"Microsoft Visual Basic for Applications"窗口。

步骤 2▶ 在"Microsoft Visual Basic for Applications"窗口中，依次选择"插入"→"模块"选项，创建一个新模块，在模块中输入如下程序代码。

```
Function 总评(语文, 数学, 外语)
    If 语文 >= 60 And 数学 >= 60 And 外语 >= 60 Then
        总评 = "合格"
    Else
        总评 = "不合格"
    End If
End Function
```

步骤 3▶ 在 E2 单元格中输入“=总评(B2,C2,D2)”，然后利用填充柄填充 E3～E51 单元格，完成“总评”列的计算。计算结果如图 7-17 所示。

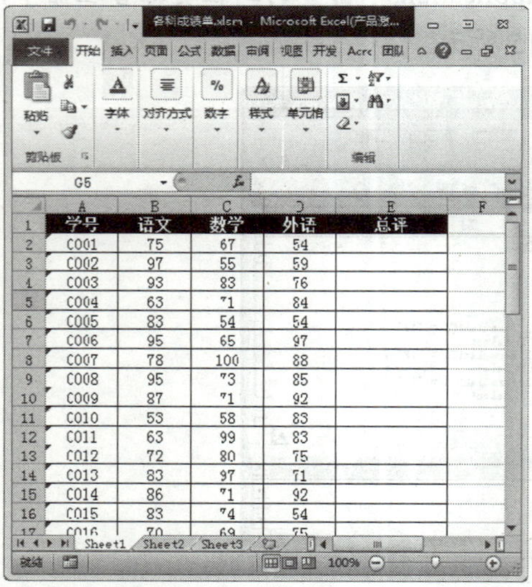

图 7-16　Sheet1 工作表数据

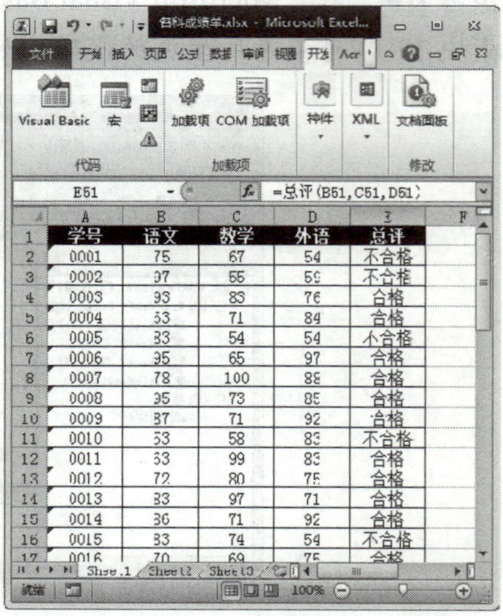

图 7-17　计算结果

步骤 4▶ 将文件另存为“各科成绩单.xlsm”。

【例 7-9】　新建名为“成绩分析.xlsm”的文件，设计效果如图 7-18 所示。实现如下功能：在 A 列中输入成绩，单击“成绩分析”按钮，在相关单元格中显示各个成绩分组的人数和百分率、最高分、最低分和平均分。操作步骤如下。

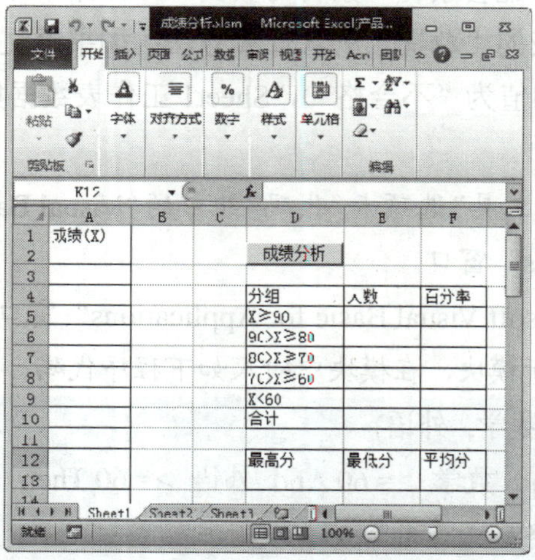

图 7-18　设计效果

步骤 1▶ 新建名为“成绩分析.xlsm”的文件，在 Sheet1 工作表中输入相关文字并设置边框；将 F5:F10 单元格区域格式设置为“百分比”类型，并保留两位小数；将 D13:F13

单元格区域格式设置为“数值”类型，并保留两位小数。

步骤 2▶ 单击“开发工具”选项卡“控件”组中的“插入”按钮，在展开的列表中选择“按钮”选项，如图 7-19 所示。

步骤 3▶ 在 D2 单元格中画置一个命令按钮，打开“指定宏”对话框，在“宏名”编辑框中输入“成绩分析”，单击“新建”按钮（见图 7-20），创建“成绩分析”过程，并打开“Microsoft Visual Basic for Applications”窗口及其模块子窗口。

图 7-19　选择“按钮”选项

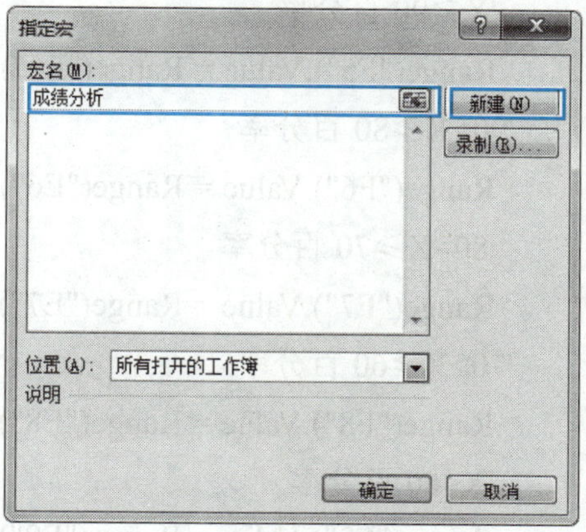

图 7-20　“指定宏”对话框

步骤 4▶ 在“Microsoft Visual Basic for Applications”窗口下的模块子窗口中编写“成绩分析”过程代码。程序代码如下：

```
Sub 成绩分析()
    N = WorksheetFunction.Count(Range("A:A"))                    '人数
    If N > 0 Then                                                '有成绩
        Range("D13").Value = WorksheetFunction.Max(Range("A:A"))     '最高分
        Range("E13").Value = WorksheetFunction.Min(Range("A:A"))     '最低分
        Range("F13").Value = WorksheetFunction.Average(Range("A:A")) '平均分
        'X≥90 人数
        Range("E5").Value = WorksheetFunction.CountIfs(Range("A:A"), ">=90")
        '90>X≥80 人数
        Range("E6").Value= WorksheetFunction.CountIfs(Range("A:A"), "<90",
Range("A:A"),">=80")
        '80>X≥70 人数
        Range("E7").Value = WorksheetFunction.CountIfs(Range("A:A"),
"<80",Range("A:A"), ">=70")
        '70>X≥60 人数
```

```
            Range("E8").Value = WorksheetFunction.CountIfs(Range("A:A"),
"<70",Range("A:A"), ">=60")
            'X<60 人数
            Range("E9").Value = WorksheetFunction.CountIfs(Range("A:A"), "<60")
            '合计人数
            Range("E10").Value = WorksheetFunction.Count(Range("A:A"))
            'X≥90 百分率
            Range("F5").Value = Range("E5").Value / Range("E10").Value
           '90>X≥80 百分率
            Range("F6").Value = Range("E6").Value / Range("E10").Value
            '80>X≥70 百分率
            Range("F7").Value = Range("E7").Value / Range("E10").Value
           '70>X≥60 百分率
            Range("F8").Value = Range("E8").Value / Range("E10").Value
            'X<60 百分率
            Range("F9").Value = Range("E9").Value / Range("E10").Value
            '合计百分率
            Range("F10").Value = 1
        Else
            MsgBox "请在 A 列输入成绩"
        End If
    End Sub
```

提 示

WorksheetFunction 表示 Excel 函数对象，用于引用 Excel 函数。例如，WorksheetFunction.Sum(Range(“A1:A10”))表示引用 Excel 求和函数 Sum()，求 A1～A10 单元格区域中数据的和。CountIfs()函数是 Excel 多条件计数函数，详细使用方法请参考 Excel 帮助文件。

步骤 5▶ 在 Sheet1 工作表中，右击新建的按钮，在弹出的快捷菜单中，选择“编辑文字”选项，将按钮上的文字修改为“成绩分析”。

步骤 6▶ 为 A 列录入成绩，单击“成绩分析”按钮，计算并显示成绩分析结果，如图 7-21 所示。

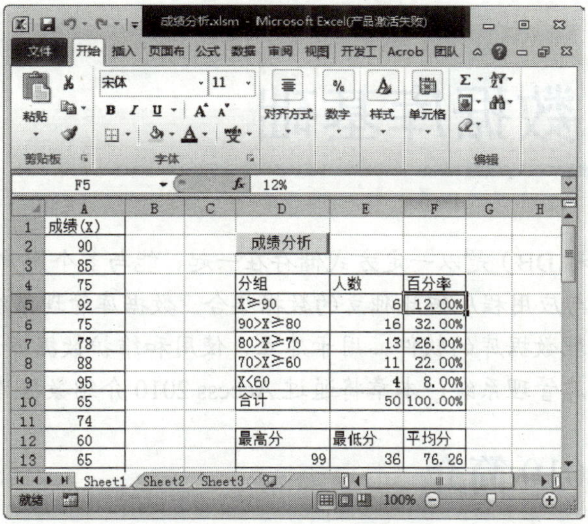

图 7-21　成绩分析结果

本章小结

本章主要以 Excel 2010 VBA 为例介绍了程序设计的基础知识。通过本章的学习，读者应重点掌握以下内容。

（1）掌握常量、变量、表达式、赋值语句等基础知识。

（2）掌握输入与输出语句的用法。

（3）掌握条件语句和循环语句的用法。

（4）掌握 Sub 过程和 Function 函数的用法。

（5）了解 VBA 在 Excel 中的应用。

第 8 章　数据库基础

数据库（简称 DB）是以一定方式储存在一起、能与多个用户共享、具有尽可能小的冗余度、与应用程序彼此独立的数据集合。数据库管理系统（简称 DBMS）是一种操纵和管理数据库的软件，用于建立、使用和维护数据库。Access 是目前流行的桌面数据库管理系统，本章将通过 Access 2010 介绍数据库的基础知识。

8.1　Access 2010 简介

Access 2010 是微软公司推出的 Office 2010 的一个组件，它是基于 Windows 的桌面关系数据库管理系统。

8.1.1　Access 2010 数据库的组成对象

Access 2010 数据库是一个独立的文件，其扩展名为“.accdb”。Access 2010 数据库由表、查询、窗体和报表等几个对象组成，每个对象实现不同的数据库功能。对象的具体功能如下。

（1）表用来保存数据库中的数据，是数据库的核心。

（2）查询是从表中筛选出符合条件的数据，形成一个新的数据集合。

（3）窗体应用范围较广，最常用的是作为数据的输入和输出界面，以便对表进行维护，如添加、修改、删除表中的记录。窗体显示数据的方式比表更直观，有助于表示数据的结构。

（4）报表用于将查询出的记录以表格的形式显示或打印出来，其数据的来源可以是表或查询。

8.1.2　创建数据库

使用 Access 2010 的第一项任务是建立数据库，并把它作为文件存放在磁盘上。一旦完成数据库的建立，所有的对象都将自动地被放置在这个数据库文件中。创建数据库步骤如下。

步骤 1▶　启动 Access 2010，在“文件”选项卡中选择“新建”选项。

步骤 2▶　在中间窗格的“可用模板”区域选择“空数据库”选项，在右侧窗格的“文件名”编辑框中输入文件名“工资管理.accdb”，选择保存的文件夹路径，单击“创建”按钮（见图 8-1），完成新建数据库并打开该数据库。

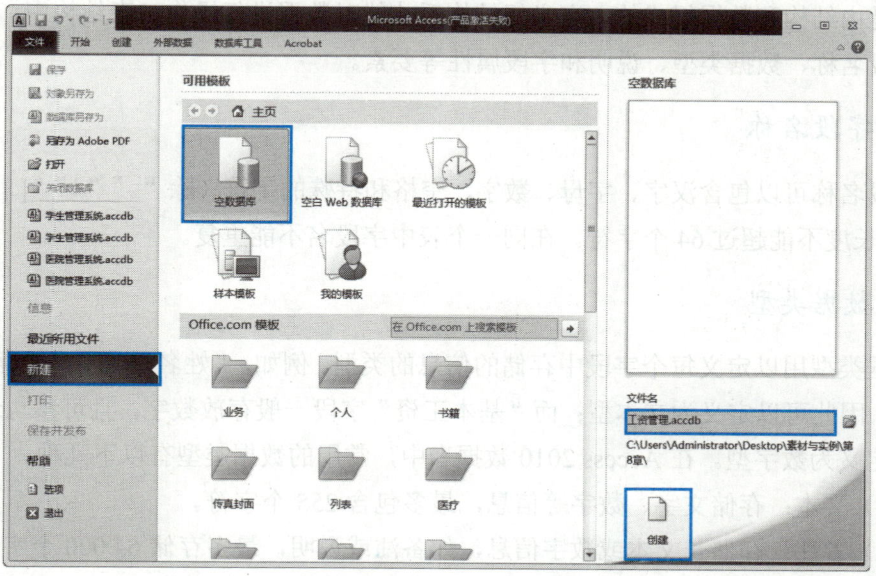

图 8-1　新建数据库

8.2　表的基本操作

8.2.1　认识表

表 8-1 是一张工资表，第 1 行中的“工号”“姓名”“性别”“部门”“基本工资”“奖金”为字段名称（也称为列名）；从第 2 行开始的数据，在数据库中称为记录。

表 8-1　工资表

工　号	姓　名	性　别	部　门	基本工资	奖　金
1001	杜红玉	女	生产科	6 000	1 000
1002	李海生	男	生产科	5 800	1 500
1003	吴梦飞	女	技术科	7 900	1 000
1004	张鸿铭	男	生产科	6 000	2 000
1005	林翠萍	女	技术科	5 500	1 000
1006	孟海涛	男	销售科	3 800	2 000
1007	王宏刚	男	销售科	4 000	2 000

8.2.2 确定表结构

表是由结构和数据组成的，定义好结构后才能对数据进行操作。表结构中，“字段”包括字段名称、数据类型、说明和字段属性等要素。

1. 字段名称

字段名称可以包含汉字、字母、数字、空格和特殊的字符（除“。”“!”“[ ]”“`”之外），且长度不能超过 64 个字符。在同一个表中字段名不能重复。

2. 数据类型

数据类型用以定义每个字段中存储的信息的类型。例如，“姓名”字段一般存放汉字、字母等，因此可以定义为文本型；而“基本工资”字段一般存放数字，且可参与运算，因此可以定义为数字型。在 Access 2010 数据表中，常用的数据类型有以下几种。

（1）文本：存储文字、数字等信息，最多包含 255 个字符。

（2）备注：存储长文本或数字信息，如备注或说明，最多存储 64 000 个字符。

（3）数字：表示数值信息，用户可设置数字型字段的“字段大小”属性来定义一个特定的数字类型，包括“字节”“整型”“长整型”“单精度型”“双精度型”“同步复制 ID”“小数”7 种类型。

（4）货币：表示货币值，是一种特殊的数字类型。

（5）日期/时间：表示日期和时间。

（6）是/否：表示逻辑数据，如“真”“假”“是”“否”等。

3. 说明

说明中存储对本字段的简要说明信息，为表的维护提供有关字段用途的说明。

4. 字段属性

表中每个字段都有自己的属性，这些属性对该字段进行进一步定义，甚至规定了在数据库中如何使用该字段。字段的属性与字段类型有关，当选择不同的数据类型时，窗口下方的“常规”标签中显示的内容有所不同。属性的内容很多，下面只介绍两个最常用的属性。

（1）“字段大小”属性对于文本和数字类型的字段有效。对于文本型字段，该属性定义了该字段可以存储的最大字符个数。

（2）“默认值”属性定义了向表中输入记录时，如果用户没有向该字段输入数据，该字段所取的默认数据。

根据表 8-1 工资表内容，确定“工资”表结构，如表 8-2 所示。

表 8-2　“工资”表结构

字段名称	数据类型	字段大小	说　明
工号	文本	4	也可以用整型
姓名	文本	4	
性别	文本	1	
部门	文本	10	
基本工资	货币		使用系统默认设置
奖金	货币		使用系统默认设置

提　示

字段大小可根据需要，适当留有余地。Access 字段属性除了包括字段大小，还有许多其他的属性，详情请参考相关书籍。

8.2.3　创建表

下面以在“工资管理.accdb”数据库中创建“工资”表为例，介绍创建表的方法，具体操作步骤如下。

步骤 1▶ 打开“工资管理.accdb”数据库，单击“创建”选项卡“表格”组中的“表设计”按钮，创建一个空白表并进入该表的设计视图，如图 8-2 所示。

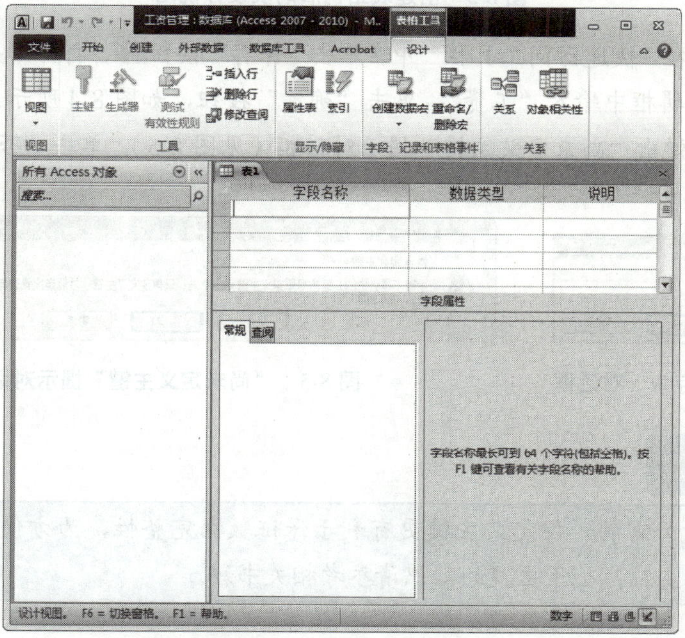

图 8-2　表的设计视图

步骤 2▶ 按照表 8-2 所示的结构，在“字段名称”列输入字段名称，在“数据类型”列中选择相应的数据类型选项，在“说明”列中输入说明文字，在“常规”选项卡中设置字段大小，如图 8-3 所示。

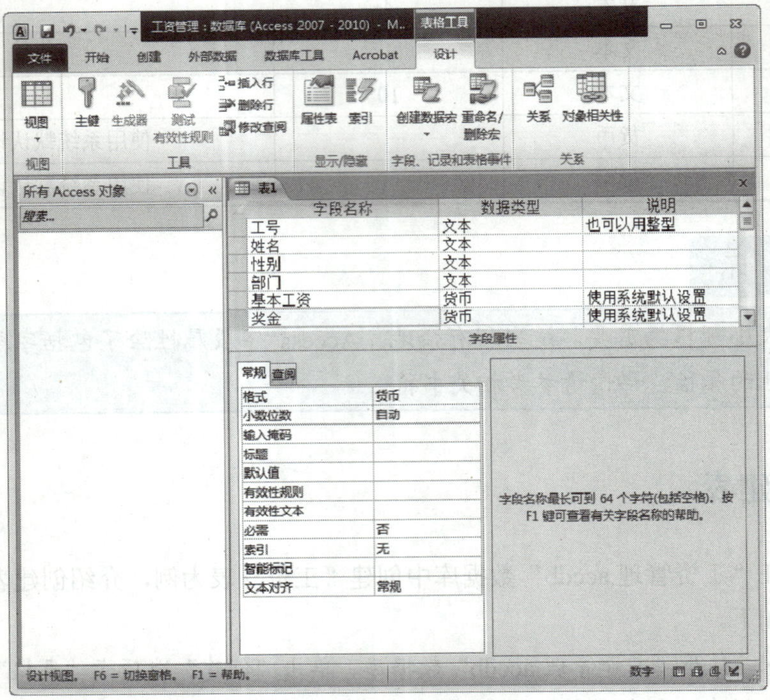

图 8-3 创建表结构后的表设计视图

步骤 3▶ 在“快速访问工具栏”中，单击“保存”按钮，打开“另存为”对话框，在“表名称”编辑框中输入“工资”，单击“确定”按钮，如图 8-4 所示。

步骤 4▶ 弹出“尚未定义主键”提示对话框（见图 8-5），单击“否”按钮完成表的创建。

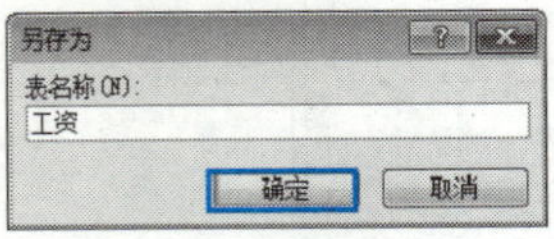

图 8-4 “另存为”对话框

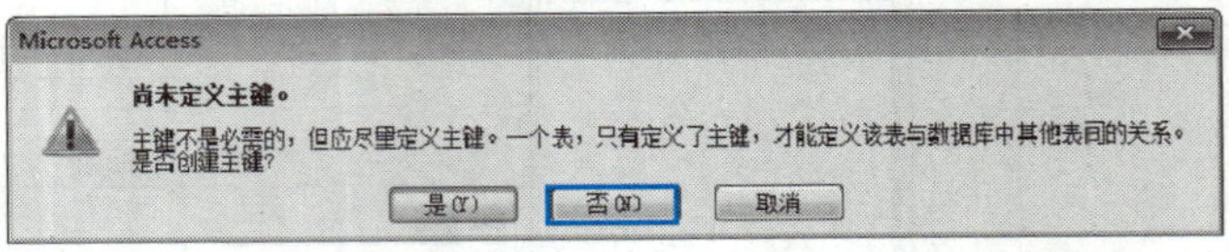

图 8-5 “尚未定义主键”提示对话框

提 示

主键不是必需的，但定义主键更有利于保证数据完整性，为方便初学者入门，本教材不使用主键。关于主键的知识请参考相关书籍。

8.2.4 向表中输入数据

下面以向“工资管理.accdb”数据库中“工资”表输入数据（见表 8-1）为例，介绍向表中输入数据的方法，具体操作步骤如下。

步骤 1▶ 打开“工资管理.accdb”数据库，在左侧的导航窗格中双击“工资”表，打开该表的数据表视图。

步骤 2▶ 从第 1 条空记录的第 1 个字段开始分别输入“工号”“姓名”“性别”“部门”“基本工资”“奖金”字段的值，每输入完一个字段值，按“Enter”键或“Tab”键转至下一个字段。

步骤 3▶ 输入完一条记录后，按“Enter”键或“Tab”键转至下一条记录，继续输入下一条记录。

步骤 4▶ 输入完全部记录后，单击快速工具栏上的“保存”按钮，保存表中的数据。输入数据后的“工资”表如图 8-6 所示。

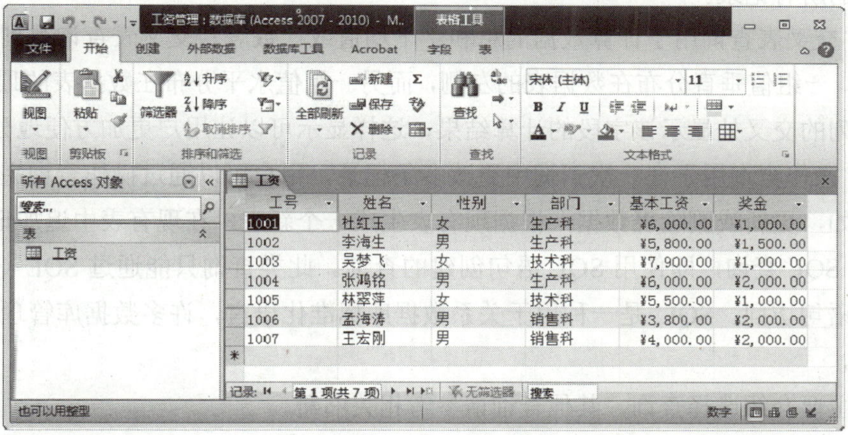

图 8-6 输入数据后的“工资”表

提 示

输入货币型数据时，可直接输入具体数值，表中自动显示带货币格式的数据。

要删除记录，可在数据表视图中，选中要删除的记录（行），右击，在弹出的快捷菜单选择“删除记录”选项。

要修改表结构，可打开表后，单击“开始”选项卡“视图”组中的“视图”按钮下方的三角按钮，在展开的列表中选择“设计视图”选项，进入表的设计视图，在其中进行修改。

8.3 查询的基本操作

8.3.1 查询的分类

在 Access 2010 中，根据对数据源操作方式及结果的不同，可以将查询分为以下 5 种类型。

（1）选择查询是从数据库的一个或多个表中检索特定的信息，将查询的结果显示在一个数据表中供用户查看或编辑。选择查询是最常见的查询类型，是窗体或报表的基础。使用选择查询，用户还能对记录进行分组，并进行汇总、统计，求平均值、最小值、最大值或其他类型的计算。

（2）参数查询在执行时会显示参数输入对话框，提示用户输入参数，然后检索出符合参数要求的记录或值。例如，可以设计参数查询来提示输入两个日期，然后检索这两个日期之间的所有记录。

（3）交叉表查询用于计算数据的总和、平均值或计数等。交叉表查询得到的数据被分为两组，一组值垂直分布在数据表的左侧，而另一组值水平分布在数据表的顶端，两组数据行和列的交叉处显示该字段的计算结果，这样显示可以让用户更加方便地分析数据。

（4）操作查询用于在一次查询中更改多条记录，用户可以通过操作查询完成一些表操作。例如，更新或删除表数据，根据现有表生成一个新表，在现有表中追加记录等。

（5）SQL 查询，即使用 SQL 语句创建的查询。此类查询只能通过 SQL（结构化查询语言）语句访问。SQL 是一种用于关系数据库标准化语言，许多数据库管理系统都支持该语言。

本节主要介绍选择查询，其他查询请参考相关书籍。

8.3.2 创建选择查询

下面以在“工资管理.accdb”数据库中创建选择查询为例进行介绍。要求从“工资”表中查询“部门”为“生产科”的职工的“工号”“姓名”“基本工资”“奖金”“实发工资”（实发工资=基本工资+奖金）信息，查询结果按“实发工资”降序排列，创建的查询名称为“生产科工资”。

分析：查询的数据源是“工资”表，查询的目标列是“工号”“姓名”“基本工资”“奖金”“实发工资”，查询的条件是“部门是生产科”，排序方式是按“实发工资”降序排列。具体操作步骤如下。

步骤 1▶ 打开“工资管理.accdb”数据库，单击“创建”选项卡“查询”组中的“查询设计”按钮，打开默认名称为“查询 1”的查询设计视图，同时打开“显示表”对话框，如图 8-7 所示。

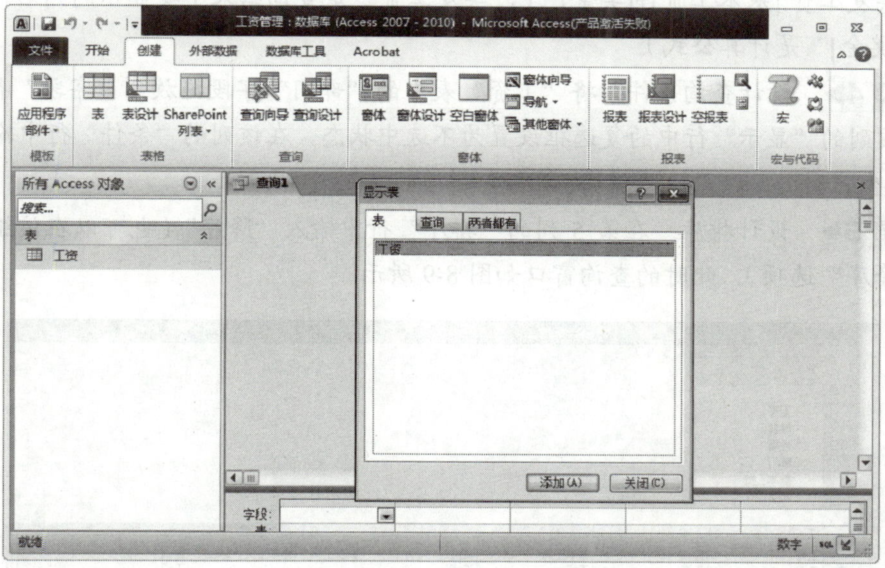

图 8-7　查询设计视图和“显示表”对话框

步骤 2▶　添加数据源。在“显示表”对话框的“表”选项卡中，选中“工资”然后单击“添加”按钮，即可将“工资”表添加到查询设计视图中，然后关闭“显示表”对话框，此时的查询窗口如图 8-8 所示。

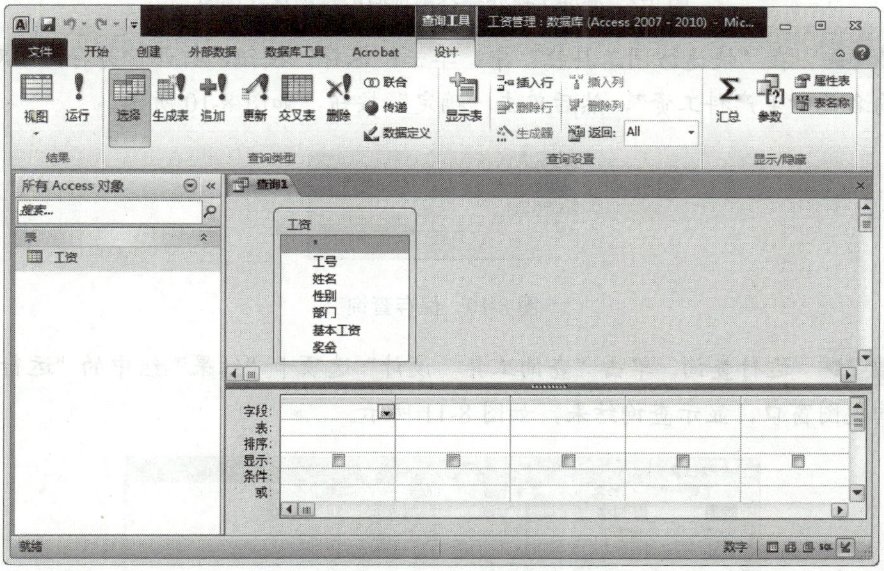

图 8-8　添加表后的查询窗口

步骤 3▶　设计目标列。在“工资”表中选择“工号”“姓名”“基本工资”“奖金”字段，然后将其拖放到设计网格“字段”行的第1列至第4列中。在“字段”行的第5列中输入“实发工资:[基本工资]+[奖金]”（“实发工资”是查询结果中要显示的列名，“[基本工资]+[奖金]”是计算公式）。

步骤 4▶ 设计查询条件。将“工资”表中的“部门”字段拖放到“字段”行的第6列，将该列的“显示”行中的复选框设置为不选中状态，在该列的“条件”行中输入查询条件“=生产科”。

步骤 5▶ 设计排序。在第5列的“排序”行中输入“降序”（也可以在该组合框中选择“降序”选项）。此时的查询窗口如图8-9所示。

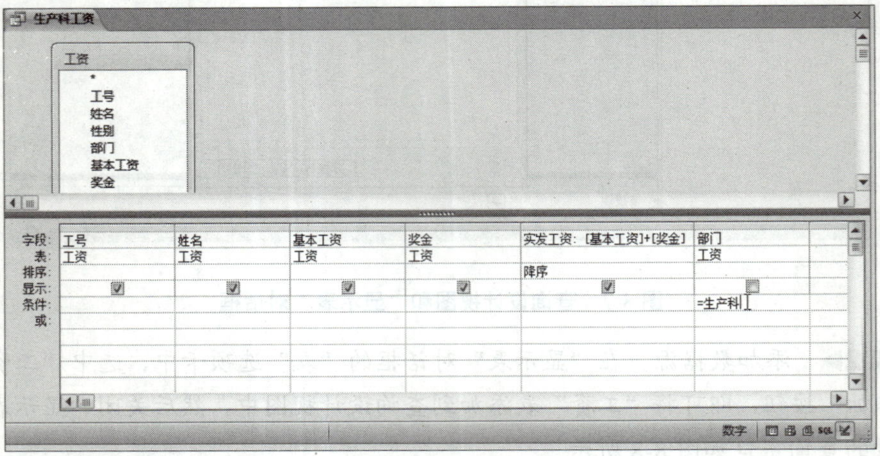

图 8-9　添加字段和输入条件后的查询设计视图

步骤 6▶ 在“快速访问工具栏”中，单击“保存”按钮，打开“另存为”对话框，输入查询名称“生产科工资”，然后单击“确定”按钮，如图8-10所示。

图 8-10　保存查询

步骤 7▶ 运行查询。单击“查询工具　设计”选项卡“结果”组中的“运行”按钮，打开查询视图窗口，显示查询结果，如图8-11所示。

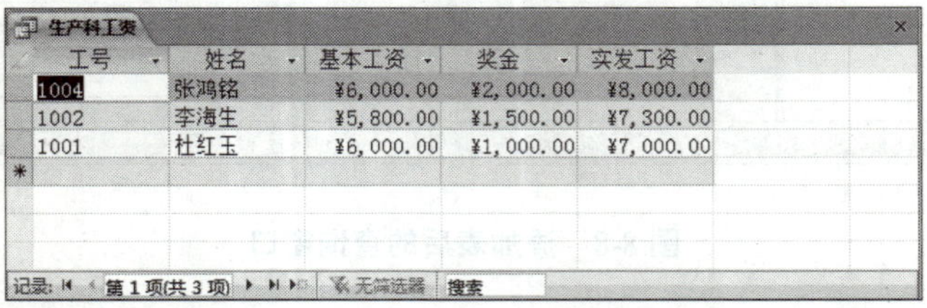

图 8-11　查询结果

提 示

若需要修改查询，可在左侧的导航窗格中右击“生产科工资”查询，在弹出的快捷菜单中选择“设计视图”选项，打开查询设计视图修改查询。

再为“工资管理.accdb”数据库设计一个名为“奖金汇总”的查询，要求从“工资”表中查询各部门的奖金总和。

分析：这是汇总查询，查询的数据源是“工资”表，查询的目标列是“部门”和“奖金总和”，分组字段是部门。具体操作步骤如下。

步骤 1▶ 打开“工资管理.accdb”数据库，单击“创建”选项卡“查询”组中的“查询设计”按钮，打开查询设计视图，添加“工资”表数据源。

步骤 2▶ 单击“查询工具 设计”选项卡“显示/隐藏”组中的“汇总”按钮，在设计网格中添加“总计”行。

步骤 3▶ 分别双击“工资”表中的“部门”和“奖金”字段，将其添加到设计视图的查询设计区中。

步骤 4▶ 在“部门”字段的“总计”行中选择“Group By”选项，“奖金”字段的“总计”行中选择“合计”选项，并将该列的字段名改为“奖金总和:奖金”，如图 8-12 所示。

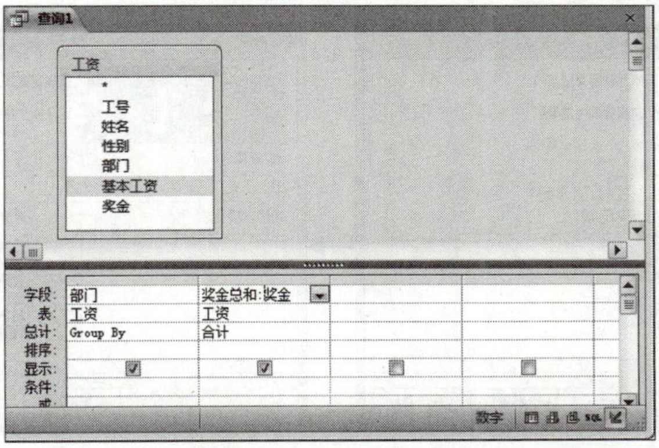

图 8-12 汇总查询设计视图

步骤 5▶ 保存查询，查询名称为“奖金汇总”。

步骤 6▶ 运行查询，查询结果如图 8-13 所示。

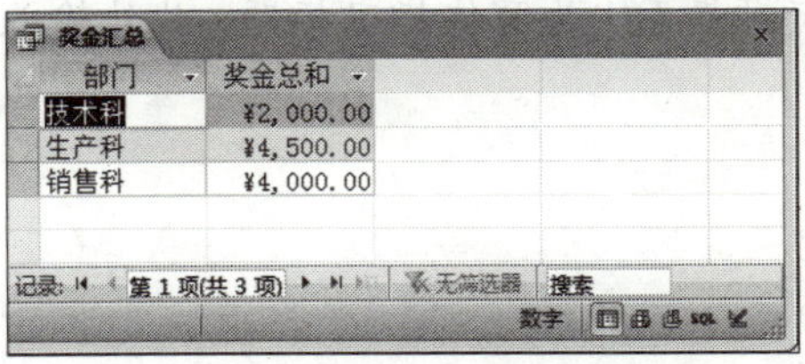

图 8-13 汇总查询结果

8.4 窗体的基本操作

Access 2010 数据库中，窗体是人机交互的界面，方便用户输入和输出数据。创建窗体有多种方法，本章从初学者入门角度，介绍使用窗体向导创建窗体的方法。

8.4.1 创建窗体

使用窗体向导可以创建基于单表或单个查询的窗体，也可以创建基于多表或多个查询的窗体。下面以“工资管理.accdb”数据库中的“工资”表为数据源，创建一个基于单表的窗体，具体操作步骤如下。

步骤 1▶ 打开“工资管理.accdb”数据库，单击“创建”选项卡“窗体”组中的“窗体向导”按钮。

步骤 2▶ 打开“窗体向导”对话框，在“表/查询”下拉列表框中选择“表:工资”作为该窗体的数据源，在左侧的“可用字段”列表框中选择需要的字段，然后单击“添加字段”按钮 > ，将所需字段添加至“选定字段”列表框中，然后单击“下一步”按钮，如图 8-14 所示。

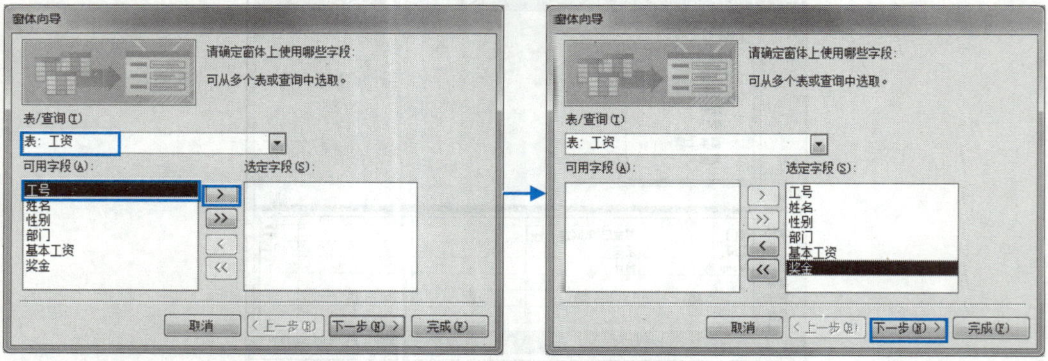

图 8-14　添加字段

步骤 3▶ 打开选择布局界面，此处选择“纵栏表”单选钮，单击“下一步”按钮，如图 8-15 所示。

步骤 4▶ 打开设置标题界面，为窗体指定标题，此处输入“工资表窗体”，单击“完成”按钮，如图 8-16 所示。

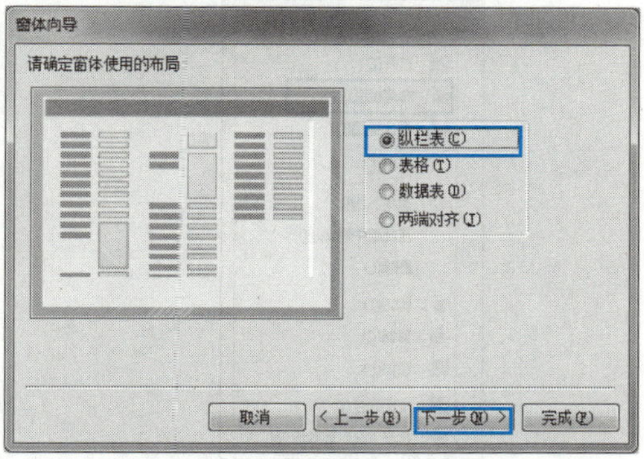

图 8-15 选择窗体布局

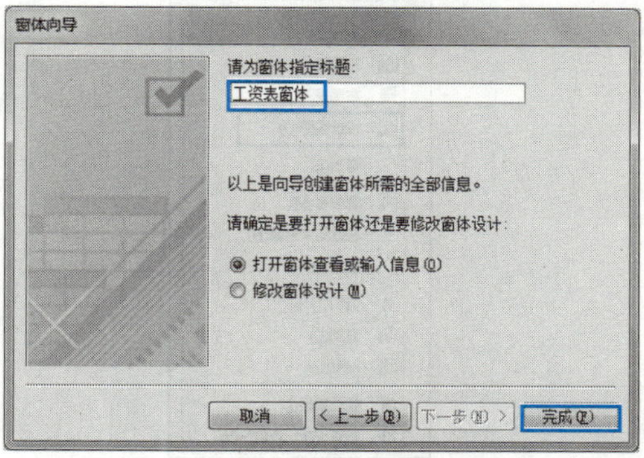

图 8-16 输入窗体标题

步骤 5▶ 至此完成窗体的创建，效果如图 8-17 所示。窗体的名称默认同窗体标题。

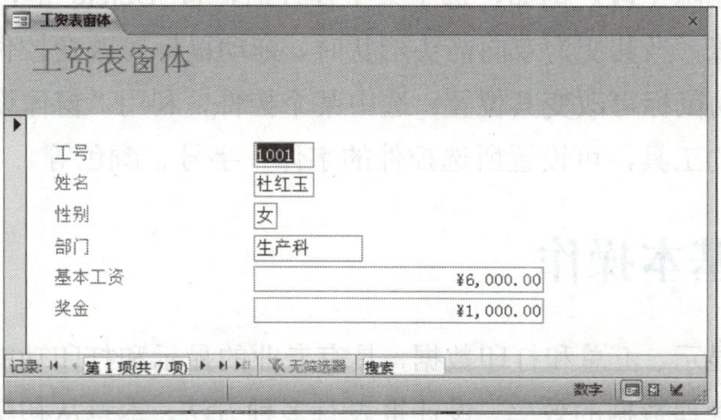

图 8-17 “工资表窗体”效果

提 示

在新建的窗体上可以修改记录，也可以追加记录。

8.4.2 修改窗体

在创建完窗体后，还可以利用窗体的设计视图和布局视图对窗体进行修改。

要打开窗体的设计视图，可在导航窗格中右击指定窗体，在弹出的快捷菜单中选择“设计视图”选项（见图 8-18），即可进入窗体的设计视图。

要打开窗体布局视图，只需在上述的快捷菜单中选择“布局视图”选项（见图 8-19），即可进入窗体的布局视图。

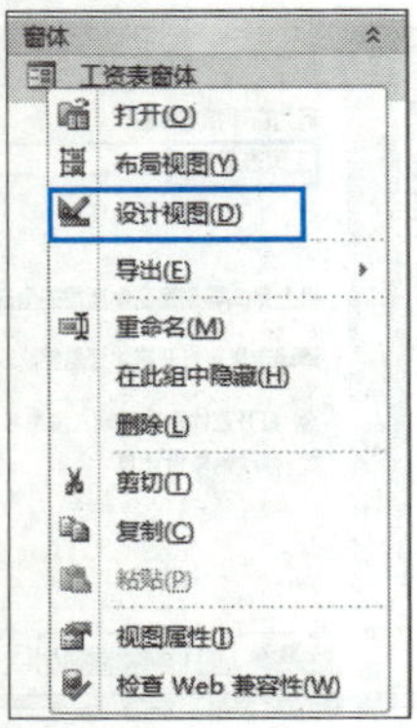

图 8-18　选择“设计视图”选项

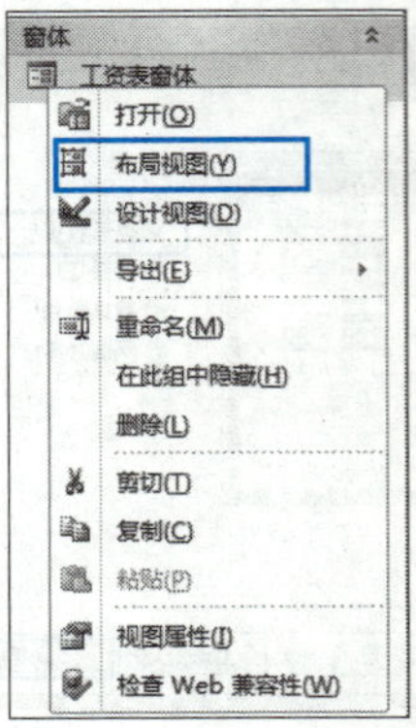

图 8-19　选择“布局视图”选项

在设计视图或布局视图中，可以对各个控件进行重新布局、设定位置、调整大小等操作，也可以添加和删除字段。例如，选中某个控件后，按 Delete 键，可将其删除；将鼠标指针指向控件边缘，当其变为双向箭头形状时，拖动鼠标可改变控件大小，当其变为十字箭头形状时，拖动鼠标可改变其位置；选中某个控件，利用“窗体设计工具　格式”选项卡“字体”组中的工具，可设置所选控件的字体、字号、颜色等。

8.5　报表的基本操作

报表专门用于显示、汇总和打印数据，具有专业的显示和打印功能。设计合理的报表可以大大提高用户管理数据的效率。设计报表有多种方法，本章从初学者入门角度，介绍使用报表向导创建报表的方法。

使用报表向导可以创建基于单表或单个查询的报表，也可以创建基于多表或多个查询的报表。下面以“工资管理.accdb”数据库中的“工资”表为数据源，创建一个基于单表的报表，具体操作步骤如下。

步骤 1▶　打开“工资管理.accdb”数据库，单击“创建”选项卡“报表”组中的“报表向导”按钮。

步骤 2▶　打开“报表向导”对话框，在“表/查询”下拉列表框中选择“表:工资”作为该报表的数据源，在左侧的“可用字段”列表框中选择需要的字段，然后单击“添加字段”按钮 > ，将所需字段添加至“选定字段”列表框中，然后单击“下一步”按钮，如图 8-20 所示。

步骤 3▶　打开添加分组级别界面，直接单击“下一步”按钮。

步骤 4▶　打开设置排序字段界面，确定记录所用的排序次序，本例选择按“工号”升序排序，单击“下一步”按钮，如图 8-21 所示。

步骤 5▶　打开选择布局界面，此处选择“表格”单按钮，单击“下一步”按钮，如图 8-22 所示。

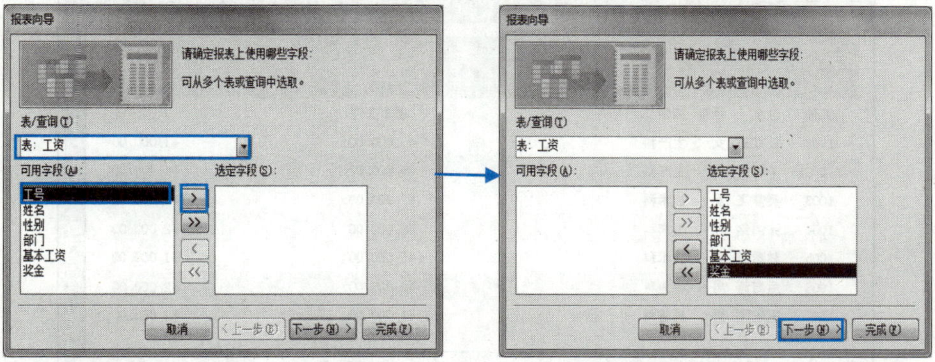

图 8-20　添加字段

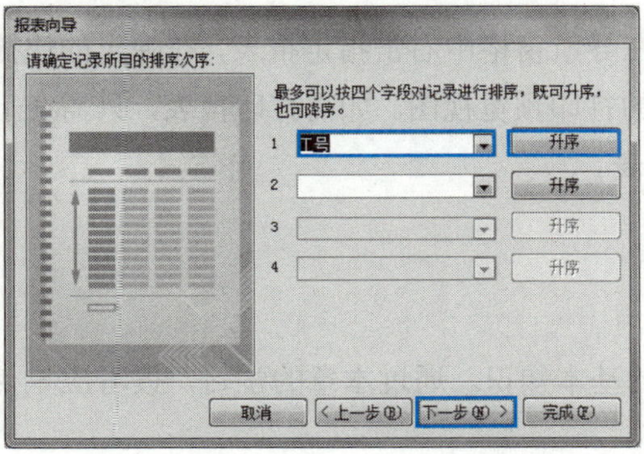

图 8-21　设置排序字段

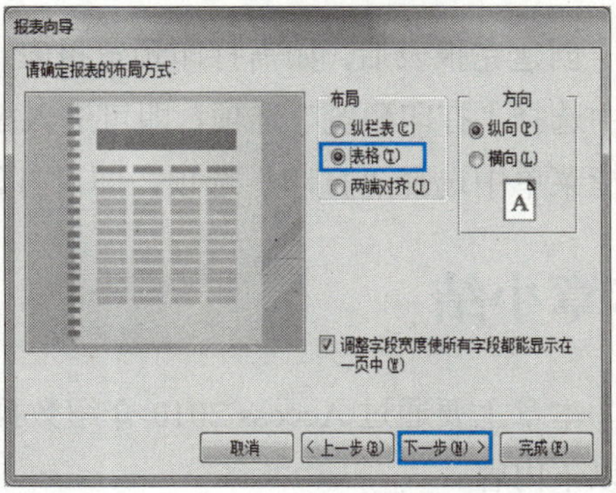

图 8-22　选择报表布局

步骤 6▶　打开设置标题界面，为报表指定标题，此处输入“工资表报表”，单击“完成”按钮，如图 8-23 所示。

步骤 7▶　至此完成报表的创建，效果如图 8-24 所示。报表的名称默认同报表标题。

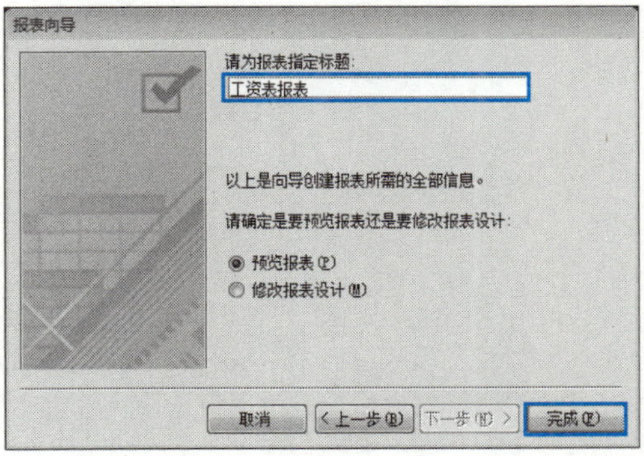

图 8-23　输入报表标题

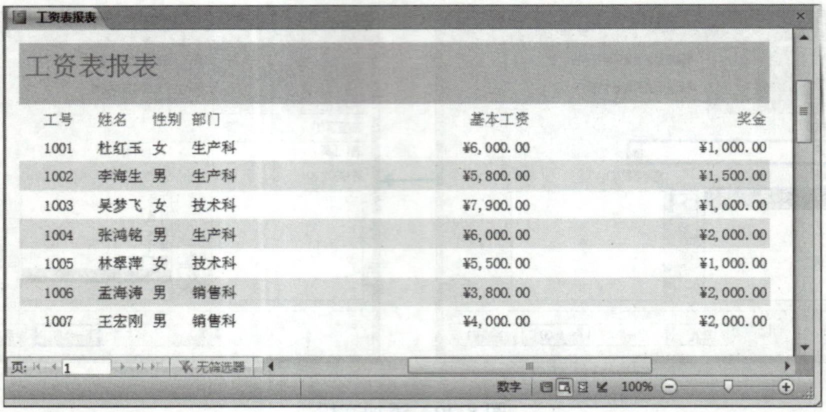

图 8-24 “工资表报表”效果

创建完报表后，如需打印预览报表，可在导航窗格中右击指定报表，在弹出的快捷菜单中选择“打印预览”选项，即可进入报表的打印预览视图。如需打印报表，只需在上述快捷菜单中选择“打印”选项，即可打印报表。

本章小结

本章主要通过 Access 2010 介绍数据库的基本知识。通过本章的学习，读者应重点掌握以下内容。

（1）掌握创建数据库的方法。

（2）掌握使用“表设计视图”创建表的方法。

（3）掌握使用“查询设计视图”创建选择查询的方法。

（4）掌握使用“窗体向导”创建窗体的方法。

（5）掌握使用“报表向导”创建报表的方法。

参考文献

[1] 何显文. 大学信息技术基础 [M]. 北京：电子工业出版社，2017.
[2] 何显文，钟琦，尹华. 大学信息技术基础 [M]. 北京：电子工业出版社，2017.
[3] 刘敏. 大学计算机应用基础 [M]. 武汉：华中科技大学出版社，2018.
[4] 贾如春，李代席. 计算机应用基础项目实用教程 [M]. 北京：清华大学出版社，2018.
[5] 娄岩. 大学计算机基础 [M]. 北京：科学出版社，2018.